当代中国社会道德理论与实践研究丛书·第二辑
主编 吴付来

人伦的文化基因与现代思考

关健英 著

The Cultural Gene of and Modern Reflection on Human Relationships

中国人民大学出版社
·北京·

总　序

党的十八大以来，党和国家高度重视思想道德建设，高度重视哲学社会科学繁荣发展，要求哲学社会科学工作者立时代潮头、发思想先声，积极为党和人民述学立论、建言献策。加强伦理学基础理论研究，推动思想道德建设，培育社会主义核心价值观是伦理学者不可推卸的责任。为此，中国人民大学出版社于2015年7月着手启动了"当代中国社会道德理论与实践研究丛书"第一辑，于2017年获得国家出版基金资助，10种图书于2019年3月出齐，产生了良好的社会反响。

第一辑立项实施以来，党和国家更加强调加快构建中国特色哲学社会科学，强调树立反映现实、观照现实的学风，加强全社会的思想道德建设的要求也更加迫切。为了进一步推动伦理学研究，激发人们形成善良的道德意愿、道德情感，培育道德责任感，提高道德判断和选择能力尤其是自觉践行能力，我们启动了"当代中国社会道德理论与实践研究丛书"第二辑的遴选出版工作。第二辑的基本思路是，在梳理新中国伦理学发展历程的基础上，从经济伦理、法伦理、生命伦理、政治伦理以及思想道德建设等领域，对当代中国社会最关切的伦理道德的理论与实践问题进行深入的研究和探讨，旨在发现新时代伦理道德领域出现的新问题，回应新挑战，推动国内伦理学的研究和社会道德的进步。

首先，本丛书以原创学术研究为根基，致力于推动伦理学的研究和发展，推动哲学社会科学的发展，建构中国自主的知识体系。2022年习近平总书记在中国人民大学考察时强调，"加快构建中国特色哲学社会科学，归根结底是建构中国自主的知识体系。要以中国为观照、以时代为观照，立足中国实际，解决中国问题，不断推动中华优秀传统文化创造性转化、创新性发展，不断推进知识创新、理论创新、方法创新，使中国特色哲学社会科学真正屹立于世界学术之林"。伦理学作为与人类道德生活、道德活动、道德发展密切相关的哲学二级学科，需要跟上时代的步伐，更好地发挥作用。人类社会每一次重大跃进，人类文明每一次重大发展，都离不开哲学社会科学的知识变革和思想引导所产生的影响。当代中国的社会主义道德实践也必定离不开伦理学的思想引导作用，本丛书的出版必将推进伦理学的研究和发展，推动中国自主的知识体系的建构。

其次，本丛书致力于倡导反映现实、观照现实的学术风气。2019 年 3 月习近平总书记在参加全国政协第十三届二次会议文化艺术界、社会科学界委员联组会时指出，学术研究应该反映现实、观照现实，应该有利于解决现实问题、回答现实课题。"哲学社会科学研究要立足中国特色社会主义伟大实践，提出具有自主性、独创性的理论观点，构建中国特色学科体系、学术体系、话语体系。"本丛书正是将理论与实践相结合，分析当前中国社会的道德状况和主要问题，力图用马克思主义理论指导下的伦理学基本原理解决社会现实的道德建设问题。本丛书的集中推出必将有利于倡导反映现实、观照现实的学术风气。

再次，本丛书的出版有利于加强社会主义道德建设。党和国家历来重视道德建设。2019 年习近平总书记在纪念五四运动 100 周年大会上的讲话中指出："人无德不立，品德是为人之本。止于至善，是中华民族始终不变的人格追求。我们要建设的社会主义现代化强国，不仅要在物质上强，更要在精神上强。精神上强，才是更持久、更深沉、更有力量的。"党的二十大报告也强调，要"实施公民道德建设工程，弘扬中华传统美德，加强家庭家教家风建设，加强和改进未成年人思想道德建设，推动明大德、守公德、严私德，提高人民道德水准和文明素养"。本丛书以道德实践和道德建设中的鲜活素材推动道德理论的发展，又以道德理论的成果指导道德实践和道德建设，有利于加强社会主义道德建设，能够为有关决策提供学理支持。

最后，本丛书致力于弘扬社会主义核心价值观，助推实现中华民族伟大复兴的中国梦。2014年5月习近平总书记与北京大学师生座谈时指出："核心价值观，其实就是一种德，既是个人的德，也是一种大德，就是国家的德、社会的德。"道德建设是培育社会主义核心价值观的重要实践载体，本丛书关注当代中国伦理道德的理论研究和实践方式的创新，积极探索道德建设的新形式、新途径、新方法，有利于弘扬社会主义核心价值观，为实现中华民族伟大复兴的中国梦提供强大精神力量和有力道德支撑。

本丛书是在加强社会主义道德建设、推动哲学社会科学发展、建构中国自主的知识体系的宏观背景下编撰的，对于推动中国伦理学发展，倡导反映现实、观照现实的学术风气，加强社会主义道德建设，弘扬社会主义核心价值观，实现中华民族伟大复兴的中国梦具有重要意义。

本丛书得到了中国人民大学伦理学与道德建设研究中心的学术支持，得到了国家出版基金的资助，中国人民大学出版社人文出版分社的编辑为本丛书的出版付出了艰辛的努力，在此一并致谢。书中难免存在疏漏，恳请学界同仁批评指正。期待本丛书作者和编辑的辛勤努力能够得到广大读者的认可与回应。

吴付来
2023年2月8日

目 录

导 论 人伦：百世可知的文化基因……………………………… 1

第一章 人伦：概念界说与哲学阐释 ………………………………… 4
    第一节 人伦相关概念界说 …………………………………… 4
    第二节 人伦的哲学阐释 ……………………………………… 17

第二章 "彝伦攸叙"与宗法人伦发端 ……………………………… 29
    第一节 "五品""五教"的人伦之光 ………………………… 29
    第二节 西周人伦观的社会背景 ……………………………… 40
    第三节 西周人伦观的主要内容与特点 ……………………… 51

第三章 无序时代的人伦变迁与"行同伦"构想 …………………… 64
    第一节 宗法废弛与社会失序 ………………………………… 64
    第二节 道德观念变迁与人伦失和 …………………………… 74
    第三节 "处士横议"与"所言异路" ……………………… 92
    第四节 儒家的"行同伦"及其思想贡献 …………………… 106

第四章 三纲、五常、六纪与人伦道德 ……………………………… 122
    第一节 汉初思想家的人伦观 ………………………………… 122

第二节　三纲五常人伦体系的提出 ………………………… 137
　　第三节　人伦纲常的神圣化 ………………………………… 161

第五章　浮靡时代的人伦道德 ………………………………… 175
　　第一节　社会变迁背景下的人伦嬗变 ……………………… 175
　　第二节　变迁中的人伦关系与人伦规范 …………………… 193
　　第三节　浮靡时代的人伦风尚 ……………………………… 208

第六章　人伦的本体言说与问题意识 ………………………… 231
　　第一节　宋明道学的伦理诉求 ……………………………… 231
　　第二节　宋明道学的本体言说 ……………………………… 240
　　第三节　道学人伦观及其问题意识 ………………………… 247

第七章　人伦、文化传统及其现代审视 ……………………… 263
　　第一节　人伦与文化传统 …………………………………… 263
　　第二节　传统人伦观的现代思考 …………………………… 270

参考文献 ………………………………………………………… 278

导论　人伦：百世可知的文化基因

未来的社会是什么样子的？这个问题不仅仅可以引发普通人足够的好奇心，更可以促使哲学家极深研几，承担继往开来的文化使命。孔子的"十世可知"命题，说的是今人可以预知几百年之后社会的礼乐文化和典章制度。孔子说，文化发展总是有所"因"，在因循中创新，在损益中发展，正如殷因于夏，周因于殷。如此可以推断，未来社会的文化不仅十世可知，而且"百世可知"。

"百世可知"实际上是关于文化传统及其继承与创新问题的讨论，蕴含着儒家关于文化发展规律及其精神内核的问题意识和哲学思考，成为中国传统文化一以贯之的问题。战国儒家对孔子的"十世可知"命题进行阐发，提出社会发展中"可变"与"不可变"的问题，器物度量、文章服色、器械徽号等可与时而变，太过则损之，不足则益之，这是社会发展过程中可以变革而且必须与时俱变的，亲亲尊尊长长、男女有别，是一个社会不可改变的东西。顾炎武回溯历史，认为古代圣王治理天下，必始自人道。从春秋到七国，从七国到秦统一，先王之礼代有变革，但仍然存在"未尝有异乎三王"① 的百世可知的传统。在中国文化看来，新的文化不是凭空而生，而是在其文化传统中孕育生息，并于损益之中创造发展。在社会发展过程中，物质文化和制度文化与时俱变，精神传统则代代相继，百世可知。

---

① 《日知录》卷七。

人伦观念是中国伦理文化的精神传统。文化是一个国家、一个民族的灵魂。每一种文化都有其独特的精神气质，由此而使这种文化与他种文化区别开来。与西方文化比较而言，中国传统文化是伦理型文化。人伦道德在中国传统文化乃至中国古代社会中居于核心地位。西方文化中的 ethics 一词源于希腊语的 Ethos，意思为风俗习惯；中国文化认为"伦理"乃人伦之理，即人与人之间的伦理关系及相应的规范要求。中国文化是人本主义文化，既重天道，又重人道；既主张天人合一，又强调人是万物之灵；既认为人道不离天道，又认为天道远人道迩。"道"从首辵，人道即人之所行，人之当行。中国文化肯定人在宇宙中的地位，人之所以为万物之灵，是宇宙中最尊贵的存在，究其根本是为人之道。禽兽父子聚麀，人类父子有亲；两足无毛无以别人禽，人道使人卓然不群。人伦是人类区别于其他存在物的本质规定性，是为人之道的核心。孟子所说的"人之所以异于禽兽者"①，《礼记》阐发的"人道之大"②，朱熹所言的"天地之常经"③，中国传统伦理文化念兹在兹的"人禽之别"，指的就是人伦关系和人伦规范。无论社会如何变迁，人伦关系和人伦规范都是社会赖以存在的精神传统，是一个民族代代相因、百世可知的独特标识。

人伦观念是中国各民族共同的文化创造。中华民族共同体形成的过程是多元起源、不断融合为多元一体的过程，在文化上亦呈现出满天星斗般不同类型文化的交相辉映、相互交融。在中国这片古老的土地上，不同历史时期曾经有不同的氏族、部族、民族繁衍生息，它们既各自创造了自己的文化，又共同创造了中华文化。在中国传统文化形成的过程中，伴随着民族间的冲突与交流交往交融，也必然产生各个民族的文化与华夏文化之间的冲突和融合。经过中国历史上几次大的民族融合，中华民族逐渐汇聚合流，在民族融合的历史进程中渐趋生长在一起，成为血脉相连、血浓于水的中华民族共同体。在此过程中，传统伦理文化成为融五方之俗、各个民族伦理观念而成的中国各民族共同的精神创造，而不是汉族或者某个民

---

① 《孟子·离娄下》。
② 《礼记·丧服小记》。
③ 《四书章句集注·论语集注·为政第二》。

族的伦理文化。各个民族，包括在历史过程中消失的、已经融入中华民族共同体的少数部族、民族，共同熔铸了中国传统文化的精神气质，共同创造了中国传统人伦观念。传统文化谨"华夷之辨"、严"夷夏之防"是思想史上的客观事实，各少数民族认同中国大一统的政治传统，认同车书一家的中华文化传统，认同仁义道德的人伦传统，同样是历史事实。中国传统人伦观念是由生活在中国这片土地上的各个民族共同创造的精神成果，是中华民族的道德家园，中华民族是中国传统人伦观念的创造主体。

人伦观念是"变"与"常"之辩证的创新发展。西周是中国传统文化"伦理型"精神气质的塑型期，也是中国传统人伦观念的发端期。自春秋以降，西周的宗法制度渐趋式微，但宗族、家族作为宗法制度的遗存，在中国古代社会一直存在。中国的朝代更迭史，就是一个个家族的兴衰史；历史上的世族大家、豪门大姓及其门风家风所发挥的重要影响，都说明人伦观念的影响在中国古代社会一直延续着。随着社会发展，时至今日，历史上的宗法制度早已成为遥远的历史遗迹，传统的宗族、家族在工业社会大潮的冲击下瓜瓞飘零，传统的家庭结构已然发生改变，传统的家庭观念、生育观念、交往观念正在经历洗礼，陌生人社会、有边界感的交往业已为当代中国人所熟悉、所接受，个体强烈的权益意识与规则意识正在对人伦关系和道德感产生压力，AI技术、脑机接口、辅助生殖、基因编辑、星际移民等正在从科幻作品进入现代人的生活。所有这些表明，与新时代相适应的新的人伦观念正在除旧布新地生长中。人伦规范必然因时而变，但重人伦的精神传统仍然绵延不绝、薪尽火传，重人伦的文化基因已经镌刻在中国人的思维观念、价值取向和行为方式中。尊宗敬祖的追远传统，孝亲敬长的伦常传统，人际交往的和合传统，修养和教化并重的人文传统，以及那些遍布华夏大地体现中国人慎终追远的宗祠、族祠、祖庙，那些在传统节日里中国人无论多远都要回家的匆匆脚步，那些遗珠般散落在历史长河中的嘉言懿行，那些经史子集、历史遗存、文物古迹承载的文化乡愁，无不说明具有鲜明中华民族特色、独属于中国人的人伦观念，经过创造性转化与创新性发展，仍然是中华民族独特的精神标识，仍然对中国人的精神世界发挥着持续影响。

第一章 人伦：概念界说与哲学阐释

从生物学意义上说，人是进化的结果。人的生命存在是人类社会得以存在的自然基础，这是人类历史的第一个前提，也是人类道德发生的生物学前提。揭示生命进化的客观规律是生物学家的任务，超越实然的、经验的层面，去追问人的普遍本质，思考人的意义和价值问题，则是哲学家的天职。

第一节 人伦相关概念界说

按照生物学家的观点，人类与黑猩猩在进化上大概有 99.5% 是共同的。因此，如果仅仅从进化的角度看，人类不过是适应环境变化而存续至今的物种之一，既非唯一的存在，也非凌驾于其他万物之上的存在。因此，所谓人是万物之灵并非生物学意义上的实证结论，而是哲学意义上的价值判定。自然进化的只是人的生物形式，仅仅从生物学角度不足以说明人的本质。人与动物的本质区别不在于人的自然属性，而在于人之为人的本质规定性，即能够制造和使用工具、会思考、有语言等。中国文化认为，人的社会本质——"伦"，是人禽之别的根本。从进化的意义上说，无论是作为类的存在还是作为个体生命的存在，自然生命都是道德主体的生物学基础，有"人"之后才会出现"伦"；从哲学的意义上说，人的独特性或者卓越与高贵体现在其社会本质和文化层面，有"伦"才会有真正的"人"。

一、"人""伦"释义

人,西周晚期的籀文写作"𠆢"。"人"是一个象形字,象形是中国古人造字法"六书"之一,通过"画成其物"来组成一个字的基本结构。从字形上看,许慎的《说文解字》将"人"的字形结构解释为"象臂胫之形";段玉裁说,"人"的字形意谓人身体"上臂下胫"①。关于"人"的含义,许慎的《说文解字》解释为"天地之性最贵者也"。许慎将"人"定义为"最贵者",集中反映了先秦以来人们对"人是什么"这一问题的基本共识。

荀子说:"人之所以为人者,非特以其二足而无毛也"②。"二足而无毛"是以人的生物形态而言,是对人的外在生物学特征的事实描述。而人之所以为人,绝非仅仅因为"二足无毛"的生物学特征。孟子说"人之所以异于禽兽者几希",又言"舜明于庶物,察于人伦"③。在生物学方面,人与禽兽的相同之处多于相异之处,故人禽之别"几希"。但正是这"几希"的差异弥足珍贵,它使人成为人,使人与禽兽截然分野,高下立判。先秦思想家们定义"人",重点不在对人的生物学特征进行事实描述,而旨在对人在宇宙中的地位进行价值评价。《尚书·泰誓》中说:"惟人万物之灵。"汉儒孔安国注曰:"天地所生,惟人为贵"。《孝经》中说:"天地之性,人为贵"④。"性"训为"生",言天地所生万物,唯人为贵。董仲舒也说:"天地之精所以生物者,莫贵于人"⑤,"人受命于天,固超然异于群生"⑥。在中国古人的宇宙生成论中,天生万物,人与其他自然物一样受命于天,但人最为高贵、最有价值,故乃"天地之心"。

何谓"天地之心"?《礼记·礼运》对此做了如下阐发:

---

① 《说文解字注·第八篇上》。
② 《荀子·非相》。
③ 《孟子·离娄下》。
④ 《孝经·圣治章第九》。
⑤ 《春秋繁露·人副天数》。
⑥ 《汉书》卷五十六《董仲舒传》。

> 故人者，其天地之德，阴阳之交，鬼神之会，五行之秀气也……故人者，天地之心也，五行之端也，食味、别声、被色而生者也。故圣人作则，必以天地为本，以阴阳为端，以四时为柄，以日星为纪，月以为量，鬼神以为徒，五行以为质，礼义以为器，人情以为田，四灵以为畜。

独阳不生，独阴不成，人乃二气相交而生，体现了天地之德。人既有形体，又有精神，禀五行秀异之气，故有仁义礼智信五常之德。万物包括人在内悉由五行而生，独人最得其秀，故为五行之端。五行有味，人可食之；五行有声，人可听之；五行有色，人可用之。在古人看来，创造生命的谓之"人"，比如，果实的"心"在宋元之前的文献中写作"果人"，明代之后改作"果仁"。之所以称之为"果人"，是因为它不仅居于果实中心，而且能够生长出新的草木。人为"天地之心"，不仅仅指人处在天地之中，更是指人的主体地位，强调人的生命力、创造力以及责任与担当。人的这种尊贵性，郑玄称之为"气性纯"。段玉裁认为，虽禽兽草木亦是天地所生，但只有人是"天地之心"，禽兽草木则不能称为"天地之心"，可见人是天生万物中"极贵"[①] 的存在。因此，儒家认为，人不仅是"天地之心"，而且要"为天地立心"，创设出人的价值序列，彰显人的主体地位。

从上述对"人"的定义和阐发中不难看出，传统文化中关于人的存在的问题有三个特点：其一，生物学意义上的人，不是思想家们关注的重点，道德意义上的人才是他们研究的对象。其二，在宇宙的所有存在中，人是最灵秀、最高贵的存在，人为万物之灵。其三，人的灵秀和高贵，"人之所以为人者"的秘密，不在于其自然属性，而在于其文化，在于人禽之间"几希"的差异——人伦道德。

"伦"，先秦古籍常用之字，在《尚书》、《诗经》、三礼及先秦子书中频现，含义不一。《尚书》关于洪范九畴有"彝伦攸叙"之说[②]，舜帝有"八音克谐，无相夺伦，神人以和"[③] 之论，《中庸》曰"今天下车同轨，书

[①]《说文解字注·第八篇上》。
[②] 参见《尚书·洪范》。
[③]《尚书·舜典》。

同文，行同伦"，《礼记》言"乐者，通伦理者也"①，先秦儒家屡言"中伦""人伦""尽伦""立伦""明人伦"等观点。在中国古籍中，"伦"大体有四个方面的意思。

第一，"伦"是以"类"而言，不同类则无伦。汉代经学家郑玄对"伦"的解释为："伦，犹类也"②。许慎《说文解字》云："类，种类相似，唯犬为甚。"段玉裁认为"类"的本义是犬类相像，"引申假借为凡相似之称"③。只有同类才相似，犬与犬相类，人与人相类。但并不是所有同类的都有"伦"，犬虽相类但无伦，草木虽相类但也无伦。许慎说"伦"字"从人"，故而古人所言的"伦"，只能是"人伦"，是人与人之间的相互关系，动物之间没有伦理关系，人与动物之间也没有伦理关系。从"伦"的这个含义可以看出，古人对伦理的看法是以人为中心的，伦理主体只能是人，伦理关系只能是人与人之间的相互关系。需要注意的是，在周朝的宗法伦理体系中，奴隶地位低下，身份低贱，甚至不及匹马束丝贵重，因此在周朝的宗法伦理体系中，伦理主体不包括奴隶。儒家主张爱自亲始，由亲亲而仁民，由仁民而爱物，仁心渐次外推，由人而及物，民吾同胞，物吾与也，人与物之间并不发生直接的伦理关系，故孟子说："君子之于物也，爱之而弗仁"④。宋儒解释孟子这里所说的"爱"，不是"仁"，而是"取之有时，用之有节"⑤之意。儒家主张恩及禽兽，"子钓而不纲，弋不射宿"⑥，并不是孔子认为人与鸟兽之间有伦理关系，而是通过孔子以仁德之心对待禽兽，来证明孔子"待物如此，待人可知；小者如此，大者可知"⑦。

第二，"伦"是有伦理关系的人们之间的次序、辈分、分别。许慎将"伦"释为"辈"，段玉裁注曰："军发车百辆为辈，引申之同类之次曰

---

① 《礼记·乐记》。
② 《礼记注疏·乐记第十九》。
③ 《说文解字注·第十篇上》。
④ 《孟子·尽心上》。
⑤ 《四书章句集注·孟子集注·尽心章句上》。
⑥ 《论语·述而》。
⑦ 《四书章句集注·论语集注·述而第七》。

辈"①。"同类之次",即人与人之间的次序、序列、辈分、尊卑关系。《中庸》曰:"今天下车同轨,书同文,行同伦。"朱熹释"伦"为"序","次序之体"②。刘熙的《释名》将"伦"解释为"水文相次有伦理也"。费孝通先生说:"儒家最考究的是人伦,伦是什么呢?我的解释就是从自己推出去的和自己发生社会关系的那一群人里所发生的一轮轮波纹的差序"③。水波纹一轮轮荡漾开去,渐次展开,前后有序而无僭越。人与人之间的次序如同水波纹一样,先后分明,差序有等,伦次有常。因此,中国古人将人与人之间的血缘关系以及由血缘关系所派生出的主要的社会关系称为"天伦""人之大伦",认为这是合于宇宙秩序的人伦之道,它无所逃于天地之间,是不可忤逆、僭越的天然秩序。《礼记》将"孝"解释为"畜",即"顺于道,不逆于伦"④,阐明了孝道是古人基于尊重与维护父母子女之间天然秩序而制定的社会秩序、人伦之道。

第三,"伦"是伦理关系中蕴含的"道"与"理",是处理人与人之间关系的基本规范。《说文解字》将"伦"解为"辈也。从人仑声。一曰道也"。这里所说的"道"就是规范。《礼记·祭统》提出"祭有十伦",郑玄注"伦"为"犹义也","十伦"即指十种规范、要求。《尚书·洪范》中的"彝伦攸叙"一句,汉人孔安国释"伦"为"道理",唐人孔颖达疏为"常道伦理"。孟子曰:"圣人,人伦之至也"⑤。朱熹认为圣人不但能服膺人伦规范,完成人伦义务,而且能将其做到极致,圣人是尽人伦的典范,"人伦"就是"所以为人之道"⑥,是"义理之次第"⑦。段玉裁认为,历代注家都将"伦"解释为"理",许慎解释为"道",二者是一个意思,"粗言之曰道,精言之曰理。凡注家训伦为理者,皆与训道者无二"⑧。《荀子·解蔽》中之"是故众异不得相蔽以乱其伦"句,王先谦注其中之

---

① 《说文解字注·第八篇上》。
② 参见朱熹《孟子集注》《中庸章句》中的相关诠释。
③ 费孝通:《乡土中国》,三联书店,1985,第25页。
④ 《礼记·祭统》。
⑤ 《孟子·离娄上》。
⑥ 《四书章句集注·孟子集注·离娄章句上》。
⑦ 《四书章句集注·论语集注·微子第十八》。
⑧ 《说文解字注·第八篇上》。

"伦"为"理"。刘师培曾说:"伦理者,犹言人人当守其为人之规则,而各遵其秩序尔"①。在这个意义上,中国古人所言的"伦"就是"伦之道""伦之理",就是人与人之间的伦理关系中所蕴含的规矩、道理、法则,就是处理社会生活中各种人伦关系所必须遵守的人伦规范。比如"五伦",既是社会生活中君臣、父子、夫妇、长幼、朋友之间的基本伦理关系,又指蕴含在这五种人伦关系中的应然之则,以及处理这五种人伦关系所应该遵守的五种规范。

第四,"伦"亦指"勤勉""辛劳"之义。《尔雅》训"伦"为"劳","伦,劳也"②,认为"伦"与"勤""敕"等字同义,是"劳苦"之义。晋代郭璞注为"伦理事务以相约敕亦为劳"③;宋代邢昺解释为:"伦者,理也。理治事务者必劳"④。郭璞和邢昺释"伦"为劳苦、辛劳,是通过以"理"释"伦"而得出的。这里所说的"理",不同于前文所言道理之"理",不是伦理规范之谓,而是"治理"之谓。《说文解字》曰:"理,治玉也"。古人认为玉之未理者为璞,剖析治玉为理,如段玉裁认为"理"的引申之义为"善治"。古人以"理"释"伦",治理则必辛劳,进而认为"伦"有"劳苦"之义。

在"伦"这四个方面的意思中,前三个为常用,最后一个少用。中国传统伦理文化中的"人伦"基本上涵盖了"伦"的前三个方面的意思。所谓"人伦",包含"人之伦"与"伦之理"两重含义,指的是人与人之间的伦理关系及其相应的伦理规范。"人之伦",即人与人之间的伦理关系;"伦之理",即与伦理关系对应的伦理规范。因此,中国文化中的"伦理"一词,在词源和文化的意义上均与西方不同。西方文化中的"伦理"(ethics)源自希腊文,早在荷马史诗《伊利亚特》中就已经出现了。ethics是指一群人居住的地方、生活的场所,后来,其含义扩大、转化,表示风俗、习惯以及所形成的人的品格、德性、精神气质。在中国古代,"伦""理"二字连用成为一个词,最早见于秦汉以前各种礼仪

---

① 刘师培:《伦理教科书》第1册,国学保存会编辑印行,1905,第1页。
② 《尔雅·释诂》。
③ 《尔雅注疏·释诂第一》。
④ 同上。

论著的选集——《礼记》："乐者，通伦理者也"①。所谓"伦理"，即伦之理、人伦之理，指的是人与人之间的伦理关系以及蕴含在其中的道理、规范。

二、人伦关系

人伦关系是社会生活中人与人之间的伦理关系。马克思在《关于费尔巴哈的提纲》中写道："人的本质并不是单个人所固有的抽象物，实际上，它是一切社会关系的总和"②。人无疑首先是作为一个生命个体而存在，饥而欲食，渴而欲饮，寒而欲衣，但这只是人的生物学特性，而非人的本质。根据经典作家对人的本质的理解，"社会关系的总和"是指人在本质上是一种关系中的存在。

清代学者章学诚提出过一个观点：道起于三人居室。"三"非确数，代表两个以上的人之间的相互关系，意思是说道德是在人与人的相互关系中产生的。古人在创立文字时已经注意到这一点，并在汉字的字形结构中体现出来。比如"仁"字，其结构从"人"从"二"，旨在说明"独则无耦，耦则相亲"③ 之义。"独"，是不与他者发生关联的离群索居之人；"耦"，则表明人处在关系之中。比如"我"字，《说文解字》释义为"施身自谓也"，段玉裁认为"我"是一个人在众人之中的自称，"厕于众中，而自称则为我也"④。比如"孝"字，是上下结构，上为"老"的省形字，下为"子"字，其形为"从老省，从子"，其义为"善事父母者"，"子承老"⑤，表明孝道体现在"子"（儿子及子孙）对"老"（父母、祖父母、曾祖父母、高祖父母，也包括追孝的祖先）的关系中，如果抛开子与老之间的关系，孝便无从体现。刘师培也表达了类似的观点，"于万物之中而有人，于众人之中而有己"⑥。从上述理解中可见，每个人都是社会关系

---

① 《礼记·乐记》。
② 《马克思恩格斯全集》第3卷，人民出版社，1960，第7页。
③ 《说文解字注·第八篇上》。
④ 《说文解字注·第十二篇下》。
⑤ 《说文解字》之"孝"。
⑥ 刘师培：《伦理教科书》第1册，第5页。

中的一分子，是各种交错的社会伦理关系中的一个纽结。没有他人，没有与主体共在的他者，道德便无从体现。没有他者、众人、社会群体，没有各种社会关系，"我"的道德身份乃至作为一个人的身份便无从确证。社会的伦理道德建立在对这种关系的确认上，一定是在人与人的相互关系中表现出来的。

人伦关系不是凭空产生的，人伦关系的社会基础是社会的生产和生活，有什么样的社会生产和生活，就会有什么样的人伦关系。历史唯物主义对人的本质的揭示，同样适用于对中国传统人伦关系的理解。

第一，人伦关系不是抽象的，它是人的社会关系在伦理维度的客观反映。在历史唯物主义话语中，人不是抽象的存在物，人伦关系也不是抽象的关系。人的生命活动在人类的两种生产中进行，人的本质在人类的两种生产中呈现出来。就物质资料的生产而言，物质资料生产需要人们之间的交往、分工和协作，人们要对生产的物质产品进行分配和交换，因此在生产、分配、交换中必然会产生人与人、人与群体的关系，同时也必然会产生调节这种关系的规则（这种规则最早表现为风俗、禁忌，后来又表现为法律、道德）。这种关系既是生产关系，同时也是伦理关系。就人自身的生产而言，生命体繁衍、延续，必然结成人与人之间的各种关系。"一开始就纳入历史发展过程的第三种关系就是：每日都在重新生产自己生活的人们开始生产另外一些人，即增殖。这就是夫妻之间的关系，父母和子女之间的关系，也就是**家庭**"①。没有生育就没有类的延续，物质资料的生产以及人的社会生活就没有前提条件。没有人自身的生产，血缘关系、家庭关系就无从出现，人伦关系也就无从产生。纷繁复杂的社会生活，归根到底是由物质资料的生产和人自身的生产构成的。随着社会不断发展，社会生活渐趋丰富多元，社会关系渐趋复杂多样，但人类的两种生产从古至今一直是推动社会向前发展的动力，两种生产理论也是我们在现代语境下理解人伦的"恒"与"变"、"损"与"益"规律的出发点。

第二，人伦关系具有普遍性，它普遍地存在于一切社会领域。人类的生产、分配、交换本质上都是人类的交往实践活动，随着社会不断发展，

---

① 《马克思恩格斯全集》第3卷，第32页。

自然分工发展为社会分工，社会分工不断精细化，人们之间的交往关系在不断发展，实践在不断深化。人类的实践一方面在人与自然物之间的关系中进行，表现为主体作用于自然物的纵向的行为活动，另一方面在人与人之间的关系中进行，表现为主体间的交往活动。"人类社会的实践活动，不仅是认识主体与活动主体通过一定的工具（以工具为中介），从而与需认识与改造的客体发生联系的纵向性的主-客图式的行为过程，而且是横向的主体间'主-主'关系发生与展开的过程"①，即人与人之间的交往活动是人类不可或缺的实践活动形式，伦理关系遍布于人类生活的一切领域，蕴含在主体间的一切关系中。

第三，人伦关系是生产关系的附属物，蕴含在人与人之间的权力关系、法律关系、财产关系中，其核心是人与人之间的利益关系。伦理关系是人类最古老的社会关系，只要有人群的地方，就会有伦理关系。正是在社会实践中，在主体与主体的相互交往中，在种种交错的社会交往关系中，人的本质得以确证。我们如果认同马克思关于人是社会关系的存在的经典论述，就必然会认同人作为道德主体而存在，人也是伦理关系的存在的观点。在社会伦理关系网络中，每个人都是一个结点。杨国荣先生认为，广义的家庭关系，包括配偶、亲子等关系形式，是人类原始的、奠基于血缘关系之上的人伦，是社会的"原初人伦"②。它的最大特点是以生育和血缘来维系，在此基础上产生家庭关系，并进一步发展：在空间上延展形成邻里关系、乡党关系。在中国传统社会中，血缘决定了地缘，地缘是血缘的空间表现。血缘在中国传统社会中决定了人的社会身份，比如"皇亲贵胄""官宦世家""书香门第"等，均说明血缘与地缘、血缘与权力、血缘与财富、血缘与知识相结合，进一步强化了"原初人伦"的血缘意义。费孝通先生说："血缘所决定的社会地位不容个人选择"③。这种"原初人伦"固化了人与人之间的血缘关系，衍生出以血缘关系为中心的社会伦理关系网络，成为既存社会秩序的黏合剂和稳定器。

---

① 龚群：《当代中国社会伦理生活》，四川人民出版社，1998，第61页。
② 杨国荣：《伦理与存在——道德哲学研究》，上海人民出版社，2002，第26页。
③ 费孝通：《乡土中国》，第72页。

三、人伦规范

人伦是人伦关系中蕴含的道理，有规范的含义。按照《说文解字》的解释，"规"意谓"有法度也"；"范"同"笵"，古人以竹为范，"笵，法也"。古人为什么把"规范"解释为"法"呢？在中国古代，"法"在广义上指稳定的、恒常的规范。管子将"法"形象地比作"尺寸也，绳墨也，规矩也，衡石也，斗斛也，角量也"①，《尔雅》把"法"与"矩""范"都释为"常"，《说文解字》释"法"（古字"灋"）为"刑"，段注引申为"模范之称"。可见，在中国古代，"规范"指那些必须遵守的规矩和法度。今《辞海》"规范"条解释为"标准，法式"，与古义相同。

规范是人类社会普遍存在的现象，也是人类社会特有的现象。人类社会的规范有道德规范（包含人伦规范）、法律规范、行政规范，它们既各有侧重又相互交叉，构成了社会的规范体系。我们可以从以下四个方面来理解人伦规范。从人伦规范的基本属性来说，人伦规范是社会规范之一；从人伦规范的社会历史本质来说，人伦规范具有主客观统一的特性；从道德哲学层面来说，人伦规范是人的本质规定性；从文化角度来说，人伦规范具有鲜明的民族性。

第一，人伦规范是社会规范之一。人伦规范属于道德规范范畴，但并非所有道德规范都是直接意义上的人伦规范。一些道德规范通过代际关系表现出人与人之间的伦理关系。比如，我们都知道社会公德是在社会公共生活领域中人们应该遵守的最基本的社会生活准则，除了私人方面的道德要求、人际方面的道德要求之外，保护自然资源和生态环境方面的道德要求也是社会公德的基本内容之一。社会公德这三个方面的内容中，前两个方面当然是人伦规范，而保护自然资源和生态环境方面的道德要求并不是直接意义上的人伦规范。这里所说的"直接意义上的人伦规范"，指的是主体与主体间的直接伦理关系（我与你的关系）所产生的规范性准则，是在社会物质资料的生产和人自身的生产中、在人们的利益关系中产生的"伦理应该"。保护自然资源和生态环境方面的道德要求，其价

---

① 《管子·七法》。

值目标是代际公正，是当代人对下一代人、对后代子孙的道德责任，作为道德主体的"我"（当代人）与"他者"（后代子孙）之间是间接的伦理关系。

第二，人伦规范具有主客观统一的特性。在《哲学的贫困》中，马克思指出："人们按照自己的物质生产率建立相应的社会关系，正是这些人又按照自己的社会关系创造了相应的原理、观念和范畴"①。在结成的社会关系中，人们按照"社会关系"创造出社会的观念和范畴。道德准则不是凭空产生的，不是思想家们的主观臆造。

在不同形态的人类社会中，人们之间的人伦关系不同，道德规范自然不同。比如在原始社会，原始平等、原始民主、共同劳动、平均分配是原始共同体内部人与人之间的行为规范。氏族领袖非但没有劳动豁免权，反而要身先士卒，形劳天下。先秦典籍对此记载颇多，反映了在原始社会同一血缘所组成的氏族内部人们之间的相互关系。一方面，从人类道德发生发展史来看，一定的人伦规范所反映的是一定的人伦关系，人伦规范与人伦关系之间是一一对应的关系，其内容具有客观性。同时，人伦规范作为道德上的"应当"，一经出现就会对主体产生道德上的约束，不以道德主体的主观意愿为转移，其约束力具有客观性。另一方面，人伦规范既然作为对人伦关系的反映形式，那么就必然凝结着人对作为主体存在境遇的人伦关系的某种思考、反省和批判，包含着道德主体对既存人伦规范的传承、转化和创新，因此人伦规范又具有主观性。

第三，人伦规范是人的本质规定性。人伦规范以"应该"的形式来表达人们对"人"的理解。人类在不断认识改造自然，在给自然界打上人的烙印的同时，也在不断深化对自身的认识，不断在给人与人的关系打上人的烙印，这就是文化。在某种意义上，人类历史上的各种伦理学理论就是对"人是什么"以及"人应该是什么"问题的提出和回答。

在西方历史上，斯芬克斯之谜是古希腊的一个具有深刻伦理隐喻的神话传说，"认识你自己"的箴言镌刻在德尔斐神庙的石柱上，似乎在昭示"人是什么""人应该是什么"是永远未能解开的斯芬克斯之谜。总体上，

---

① 《马克思恩格斯选集》第1卷，人民出版社，2012，第222页。

古希腊哲学从关注自然宇宙论转向关注人自身的美德，致力于探讨城邦之善与个人对城邦的道德义务之间的关系，提出了智慧、勇敢、节制等道德规范。在中国古代，思想家们以"中国式"方式提出和回答了"人是什么"的问题：恪守人伦规范即为人，反之则为禽兽。孟子对人伦规范大加阐发，首提五种"人伦"。孟子认为，若无人伦规范，则人"近于禽兽"，规定了在君臣、父子、夫妇、长幼、朋友这五种人伦关系中关系双方各自的道德"应该"，并且由五伦始，扩展到社会生活中的其他人伦关系，由此构成了社会伦理关系网络和伦理规范体系。孟子说："杨氏为我，是无君也。墨氏兼爱，是无父也。无父无君，是禽兽也"[1]。在儒家看来，人与禽兽的分野不在于人的自然属性，而在于人的文化特质，"无父无君，则人道灭绝，是亦禽兽而已"[2]。

第四，人伦规范具有鲜明的民族性。文化是一个国家、一个民族的灵魂。伦理道德是一个民族文化的核心，体现着一个民族独特的精神标识。世界上每个民族都有自己的伦理文化，亦有独属于自己的人伦规范。生育以及由此而产生的亲子之间的血缘关系，是人类存在的自然基础。在此基础上结成的家庭关系以及扩展而成的人与人的关系，是人类社会重要的社会关系和文化现象，这在任何文化系统中并无不同。但在各个不同的文化系统中，人伦规范及其在社会生活中的地位却不尽相同，由此体现出各个民族独特的文化个性。

古希伯来宗教文化是西方文化的源头之一，与古希腊文化共同构成了西方文明"两希传统"的双重渊源[3]，共同铸就了西方伦理思想的精神气质。《圣经·旧约》摩西十诫中的"要孝敬父母""不可杀人""不可奸淫""不可偷盗""不可做伪证""不可贪取别人的财物"等，是古希伯来文化的道德规范，是对亲子关系及社会生活中其他人与人之间关系的伦理约束。由于西方文化的特定社会背景因素，这些约束人与人之间关系的道德规范并没有进一步上升为社会生活中的核心规范，而是从属于十诫中约束

---

[1] 《孟子·滕文公下》。
[2] 《四书章句集注·孟子集注·滕文公章句下》。
[3] 参见《伦理学》编写组：《伦理学》，高等教育出版社，2012，第40页。

神与人之间关系的道德规范："只敬拜耶和华神""不得崇拜偶像""不得妄称耶和华的名字""要守安息日"。在摩西十诫中，十种道德规范既是关于人对神之伦理义务的规定，也是关于人与人之间义务的规定，但归根结底，是关于人对上帝的单向的、绝对的伦理关系和伦理义务的规定。这决定了西方文化是宗教型文化，而非世俗伦理型文化。西方文化从源头开始，就人与人之间的关系而言，虽倡导理性主义和信仰自由，但"仍然给宗教和宗教伦理留下了足够的生存空间。这一点可以说是中西伦理思想传统之间的最大分别"①。

　　古代中国则表现出完全不同的情形。西周建立后，统治者创立了宗法制度，强化了血缘关系在社会政治生活中的基础地位。"宗"，从"宀"从"示"。"宀"谓屋，"示"谓神。居住在屋中的神，不是西方文化中被神秘化的、超自然的上帝或者其他神主，而是有血缘关系的人们的共同祖先，人们当尊之宗之。血缘首先是生物学意义上的，人禽同之，但只有人才会赋予其文化意义。中国文化认为，"祖"是"始"，《说文解字》释"祖"为"始庙"。人的血缘之始为"祖"，由己之身向前追溯，父之父以上均可称"祖"。血缘的传承则为"宗"。血缘传承有嫡有庶，嫡长子是"宗子"或者"大宗"，庶子是"别子"或者"小宗"。大宗与小宗是相对而言的。总的原则是大宗统率小宗，小宗听命于大宗。尊祖与敬宗紧密相联，"尊祖故敬宗。敬宗，尊祖之义也"②。一方面，尊祖必须敬宗，人们总是通过对"宗"（宗亲、宗族、宗室）的敬重以及由此而来的归属感，来确立自己与始祖远庙的血缘关系和文化关联；另一方面，敬宗体现尊祖，每个人都成为庞大的血缘关系网络中的一分子，以维护祖先血缘的可持续性，确认自身血缘的可追溯性。以周为例，周天子既是血缘之祖，同时也是天下宗主。从血缘的延续性来看，诸侯、卿大夫、士人以及他们的血缘传承均同在宗法网络之中，此即所谓百世不迁之宗；从血缘的凝聚力来看，为避免小宗后人因距离祖先年代渐远而产生陌生感和疏离感，则要五世而

---

① 《伦理学》编写组：《伦理学》，第54页。
② 《礼记·大传》。

迁，即"别子为祖，继别为宗"①，强化小宗对血缘的归属感和认祖归宗意识。由此，中国古人结成了以血缘关系为自然基础、以人伦关系为纽带、以人伦道德为主要规范的伦理型社会。

宗法制以血缘关系为基础，社会的基本关系是血缘关系，家是国的基础，国是家的放大。虽然自春秋以降，西周的宗法制渐趋式微乃至于崩坏，但重视人伦关系和人伦规范的文化传统却一直延续下来，成为中国人最重要的精神基因。比如将基于血缘关系而产生的"孝"看作最根本、最重要的人伦规范，《论语》有言"孝弟也者，其为仁之本与"②，《孝经》开宗明义曰："夫孝，天之经也，地之义也，民之行也"③。在中国历史上曾经出现过一些门阀世族、豪门大姓，备受古人赞誉的"十世义居""五世同堂"，遍布各地的宗祠、族祠、祖庙，这些都说明宗族、家族以及宗法观念在中国古代社会一直延续着。时至今日，传统的宗族、家族受到工业社会大潮的冲击，传统的家庭结构在悄然改变，但中国文化的基因已经镌刻在中国人的思维观念、行为方式中。尊宗敬祖、孝亲敬长的人伦传统以及与此相关的一系列人伦规范，以其鲜明的民族特色，成为中华民族独特的精神标识。

第二节 人伦的哲学阐释

一般而言，伦理问题始自对经验世界的认识和实践。但这并不意味着人们的道德思考止步于关注道德现象本身，杨国荣先生曾说："对经验世界的考察与形上的追问之间并非彼此悬隔"④。道德的普遍性原则以及人的普遍意义问题，是道德哲学的基本问题。在中西文化的传统语境中，我们都可以找到关于"人为什么有道德"这一问题的丰富思想史资源。但由于不同的文化背景，中西伦理思想史对"伦理""道德"概念有截然不同的理

---

① 《礼记·大传》。
② 《论语·学而》。
③ 《孝经·三才章第七》。
④ 杨国荣：《伦理与存在——道德哲学研究》，"自序"第1-2页。

一、人伦与人的存在

作为一种反思性的存在，人总是要追问人之道德的由来，总是要寻求道德的经验世界背后的普遍性原理。人的道德思考始于对自身存在的沉思，人总是在对自己与他者关系的审视中认识和确证自己的存在。人伦构成了人的存在境遇，因此而具有了本体论的意义。

马克思说："凡是有某种关系存在的地方，这种关系都是为我而存在的；动物不对什么东西发生'**关系**'，而且根本没有'**关系**'；对于动物说来，它对他物的关系不是作为关系存在的"①。在经典作家的论断中，"关系都是为我而存在"中的"我"包含两种含义：一是指作为"类"而存在的人，二是指作为道德主体而存在的个人。无论是作为"类"还是作为个人，"关系"都是属人的，动物则根本没有"关系"。因此，关系不仅构成人类的两种生产得以展开的社会历史舞台，而且成为人与动物的本质区别。正是在这个意义上，人不是抽象的存在，而是关系中的存在。"关系"确证了人的存在，人伦无疑具有了本体论的意义②。

当代哲学家布伯（M. Buber）把人的关系分为我-它关系和我-你关系。前者是主体与对象的关系，主体与对象之间并无直接的关系；后者是我与你的关系，这种关系是直接的、相互的，是人与人之间的真实关系。列维纳斯（E. Levinas）的他者伦理则把我与他人的关系看作存在的一个本质方面。每一个主体既是"我"，同时也是"他者"，每一个"他者"同时也是作为主体的"我"。进而，列维纳斯将主体与他者的关系认定为一种责任关系，他认为，责任是对相对于主体的"他者"的责任，而非对自己而言。"我是谁"这个关于人的存在的本体论问题，只有在我与你、我与他者的关系及其相应的义务和责任中才能确证，"我通过与你的关系而成为我"③。

---

① 《马克思恩格斯全集》第 3 卷，第 34 页。
② 参见杨国荣：《伦理与存在——道德哲学研究》，第 25 页。
③ 同上。

儒家从伦理关系的角度将人与他种存在物——"禽兽"——进行比较，对人的存在问题展开本体论的探究。孟子将之表述为"人之所以异于禽兽者"，荀子则称之为"人之所以为人者"。关于孟、荀的"人禽之别"，我们先从二者之同说起。他们认为，人与禽兽在生物学特性上并无区别，比如在血缘传承上均有父子关系，在性别上均有雌雄之分，等等。孟子站在性善论的立场上大谈善端，但也仍然承认人禽之异"几希"。荀子认为，人之生而具有的"饥而欲食，寒而欲暖，劳而欲息，好利而恶害"① 的本性更接近于动物性。朱熹注"几希"为"少也"，也认为人禽"少异"，"人物之生，同得天地之理以为性，同得天地之气以为形"②。儒家并不否认人禽之同，但其关注和强调的重点显然在于人禽之别。儒家关注的是"人之所以异于禽兽者"和"人之所以为人者"背后的"之所以"，通过对"人禽之别"的追问与沉思所指向的是"人究竟是个怎样的存在"这一哲学问题，故儒家的人禽之别可说是一个关于人的存在的道德形上学问题。

　　儒家承认人存在的生物学前提。人是感性的生命存在，是鲜活的、有血有肉的生命体，受本能驱使来完成个体生命的保存和类的延续。生物本能人人皆具，无待而然，禹桀相同。但生物本能仅仅使人成为自然生物界的一类存在，徒具人之形，儒家直接将之归于"禽兽"一类。孟子将"仁"看作人的本质规定，认为若无道德，人则没入禽兽一类。他说："人之有道也，饱食、暖衣、逸居而无教，则近于禽兽"③。他又说："仁也者，人也"④。荀子认为人与道德须臾不可分开，有道德则为人，舍弃道德则为禽兽，"故学数有终，若其义则不可须臾舍也。为之，人也；舍之，禽兽也"⑤。二程认为，人如果完全按照物欲的牵引，唯欲是从，则背离人道而归于禽兽，"苟惟欲之从，则人道废而入于禽兽矣"⑥。朱熹说，道德上的缺失使人"名虽为人，而实无以异于禽兽"⑦。

---

① 《荀子·荣辱》。
② 《四书章句集注·孟子集注·离娄章句下》。
③ 《孟子·滕文公上》。
④ 《孟子·尽心下》。
⑤ 《荀子·劝学》。
⑥ 《二程集·河南程氏经说》卷三《诗解》。
⑦ 《四书章句集注·孟子集注·离娄章句下》。

在儒家的话语中,"禽兽"是与作为道德的人相对的存在。儒家认为,人禽之别,别在有无道德。人之所以是万物之灵,成为宇宙中最尊贵的存在,是因为道德是人的存在方式,是人之为人的不可或缺、"不可须臾舍"的本质规定。在儒家这里,道德不仅是人之所以为人的本质特征之一,而且是决定性的唯一;也就是说,道德成就了人作为主体的存在。这样,儒家就在主体与道德规范之间建立起不二的关系:人,道德地存在着。儒家关于人的存在的道德形上学问题,始于对"人禽之别""人之所以为人者"的追问,终于对人的存在之"应该"的伦理思考,结论是道德成就了人的存在,人是一种道德的存在。

在儒家这里,作为人的本质规定的道德,是在人伦关系中体现出来的。费孝通先生说,在这个世界上,如果有一种完全不是出于个人意志的选择,同时又对自己具有最大的影响,这就是谁是你的父母。谁是我们的父母,是在我们来到这个世界之前的既成事实,这就是亲子之间的血缘以及在此基础之上的家庭关系。血缘不仅给予人自然生命,而且同时赋予人"原初的"伦理身份;它不可选择,不可摆脱,无可逃于天地之间。因此,当我们说人存在于社会关系中时,这种社会关系首先表现为家庭关系。《周易》云:"有天地然后有万物,有万物然后有男女,有男女然后有夫妇,有夫妇然后有父子,有父子然后有君臣,有君臣然后有上下,有上下然后礼义有所错"①。在儒家的宇宙-社会-伦理生成模式中,夫妇为人伦之始。男女构精,万物化生。血缘是每个个体的生命之源,同时使每个生命从来到世间始就落入一张已然形成的血缘关系网络中。生命的诞生意味着人伦身份的获得,意味着他不仅作为一个个体生命,同时也作为社会关系中的人而存在。

总体上看,中西文化都认同从"关系"的角度去规定人,将他人看作自己无法回避的存在,将"关系"看作人存在的本质。然而,中西文化对"关系"的理解存在差异,这种差异表现在两个方面。其一,对"关系"中人的理解不同。在西方文化中,我-你关系中的双方,是作为个体的"人"。从古希腊开始,"个人及其身份特性便凸显于公共视阈之中:人从

---

① 《周易·序卦》。

一开始就被置于城邦-国家的公共视阈之中,而不是置身自然人伦关系之中"①。与西方个人主义文化传统不同,中国文化传统是整体主义的,个人被纳入血缘关系及由血缘关系推扩而成的社会关系网络中,人伦的意味被无限放大、强化,个人是被置身于家庭、家族、社稷、天下中的人,是置身于一定人伦关系中的人。其二,西方文化中的"关系"之维具有超验的倾向,而中国文化中的人伦关系是现实的社会关系。在布伯之我-你关系中,布伯提出"终极的你"概念,并将其置于我-你关系的中心。在列维纳斯之我-他者责任关系的背后,蕴含着无限者的存在。这必然会使关系的现实之维有所弱化,并将这种关系引向宗教意义上的超验存在②。在中国文化中,人伦关系来自人们的生活,它是经验的、日用的、现实的社会关系。

二、人伦与天道

儒家的道德形上学命题"人是一种道德存在",作为对人的本质的应然判断,必须回答人伦关系和人伦规范所从由来的依据何在的问题,必须回答人伦的价值根源何在的问题。在中国文化中,天不远人,天人合德,人伦源自天道。

"天",是一个非常古老的概念。有学者认为,甲骨文中即有"天"字;也有学者考证甲骨文中没有"天"字,"天"字在周朝的金文中始见。不过,可以肯定的是,在先秦典籍中,"天"字俯拾即是,天的观念是一种盛行于子学时代的哲学理念。孔子言"天命",墨子讲"天志",屈原作《天问》,荀子有《天论》,《庄子》外篇有《天道》,可见在先秦时期,"天"已经成为哲学思考的重要主题。

什么是"天"?"天"的初始含义是有形的自然存在。《尔雅·释天》说:"穹苍,苍天也。"郭璞注云:"天形穹窿,其色苍苍,因名云"③。天在人的头顶之上,状似穹窿,其色苍苍。《说文解字》云:"天,颠也。至

---

① 《伦理学》编写组:《伦理学》,第54页。
② 参见杨国荣:《伦理与存在——道德哲学研究》,第26页。
③ 《尔雅注疏·释天第八》。

高无上,从一、大。"关于"颠",《尔雅》《说文解字》解释为"顶也",意思是人的头顶为"颠",在《说文解字》中"颠""顶"互训。段玉裁对"天"的注释为:"至高无上,是其大无有二也,故从一、大"①。"天之苍苍,其正色邪?其远而无所至极邪"②,庄子从扶摇直上九万里的鲲鹏视角,对这个苍蓝色、辽远无极的自然存在发出追问。屈原《天问》以极具浪漫色彩和奇特想象的诗句,向人们头顶的苍天发出诘问:"遂古之初,谁传道之?上下未形,何由考之?冥昭瞢暗,谁能极之?"天地在成形前,又从哪里得以产生?明暗不分混沌一片,谁能够探究其中原因?中国古人对天的理解,始于形下的、经验的、具体的观察,并进一步去追寻现象背后的义理、具体背后的抽象、形而下者背后的具有普遍性的所以然,从而形成了非常具有中国文化意味的"天"的哲学。

冯友兰先生说天有五义:与地相对的物质之天,人格意义上的主宰之天,所谓人生中的无可奈何者的运命之天,宇宙规律的自然之天,作为宇宙最高原理的义理之天③。傅佩荣先生以主宰之天、造生之天、载行之天、启示之天、审判之天这五种性格来统摄先秦的"天"概念④。焦国成教授通过对《说文解字》以"至高无上"释"天",阐述了"天"的五种含义:一是作为至上之神的天,古人认为在头顶之上居住着一个主宰的神秘存在,他创造万有,至高无上;二是自然存在的天体、天象、气象,古人认为这是无法更改的自然存在;三是人不能操控的命运、偶然的遭际;四是规律、法则、原理意义上的天;五是没有后天人为干预的事物的天然状态⑤。这些阐释涵盖了中国传统文化中"天"的本体论含义。

张岱年先生说过,在中国传统哲学中,本体论与伦理学有着密切的关联,"本体论为伦理学提供普遍性的前提,伦理学为本体论提供具体性的验证"⑥。中国传统哲学中的天人关系,是形而上的天道天理与形而下

---

① 《说文解字注·第一篇上》。
② 《庄子·逍遥游》。
③ 参见冯友兰:《三松堂全集》第 2 卷《中国哲学史》上册,河南人民出版社,1988,第 43 页。
④ 参见傅佩荣:《儒道天论发微》,中华书局,2010,"新版序"第 2 页。
⑤ 参见焦国成:《中国伦理学通论》上册,山西教育出版社,1997,第 34 - 35 页。
⑥ 张岱年:《中国伦理思想研究》,江苏教育出版社,2005,第 139 页。

的社会生活、伦理原则、日用人伦之间的关系。两千多年前的战国时期，屈原在其《天问》中，在对自然现象进行追问的同时，也对社会政治背后的终极原因进行追寻："何亲就上帝罚，殷之命以不救？"是什么原因使纣王亲受天罚，殷商难免倾覆命运？"天命反侧，何罚何佑？"天命究竟使何人受到惩罚，又使何人受到庇佑？屈原追问权力更迭以及个人命运背后的终极原因，亦是对自己政治上坎坷际遇的不平之问。汉代的司马迁说："夫天者，人之始也。父母者，人之本也。人穷则反本，故劳苦倦极，未尝不呼天也；疾痛惨怛，未尝不呼父母也"①。他虽然将"天"与"父母"并列，但显然作为"人之始"的"天"，与作为"人之本"的父母相比，更具有本体的意义。司马迁一生都在"究天人之际"，通过史家之笔探寻总结王朝递嬗、道德变迁、社会更迭背后的终极原因。

在先秦哲人们的道德思考中，人的道德、人伦的终极依据在于"天"。儒家关注天道，"易有太极，是生两仪。两仪生四象，四象生八卦"②，由太初的混而为一生出天地两仪，由天地两仪生出金木水火，由金木水火生出八卦，这是一个由秩序而至和谐的宇宙生成图式。《周易》有言，"形而上者谓之道"③，在这里，"道"不再是原始的宗教观念和形下之器，"道"跃升为宇宙的本体，具有终极的、普遍的意义。显然，儒家言天道，论述的重点不在于宇宙生成模式的推演，而在于天道与人道二者并而论之，由天道而人道，并最终落实到"人道"上。《中庸》言"天地之道"诚而无贰，是为了说明"圣人之道"广大而精微。朱熹认为，《中庸》是子思继承孔子天道、人道之意而立论阐发，《中庸》是子思"反复推明"此意。因此，朱熹亦皆"天道"与"人道"并而论之。《中庸》言："天下之达道五，所以行之者三，曰：君臣也，父子也，夫妇也，昆弟也，朋友之交也。"何谓达道？"达道者，天下古今所共由之路"④，就是《尚书》之所谓"五典"、孟子之所谓"五伦"。

---

① 《史记》卷八十四《屈原贾生列传》。
② 《周易·系辞上》。
③ 同上。
④ 《四书章句集注·中庸章句》。

《周易》云："夫大人者，与天地合其德，与日月合其明，与四时合其序，与鬼神合其吉凶。先天而天弗违，后天而奉天时"①。《礼记》也说："故人者，其天地之德，阴阳之交，鬼神之会，五行之秀气也"②。中国文化是重人伦道德轻自然存在的。所谓"轻"自然，不是拒斥自然，不是人与自然的二元对立，而是将其纳入天人合一的总序列中，将宇宙自然的问题归于人的问题，将宇宙自然看作人伦的本原和价值依据。思孟学派认为，天之德性与人之心性相通，人之心性是禀受天之德性而来，即《中庸》所说："天命之谓性，率性之谓道，修道之谓教。"孟子也说："尽其心者，知其性也；知其性，则知天矣。存其心，养其性，所以事天也"③。在思孟学派看来，天、性同一，天道与人道、天命与德性密不可分，此即"人禽之别"背后的"之所以"。"小人乱天常以逆大道，君子治人伦以顺天德"④。在中国文化观念中，天不远人，天道就在日用人伦之中，天及天道是一个与人及人的生活世界相关无二的问题。天道与人道人伦并不是分为两截，"道"在天地之间则气化流行，生生不息，"在人物则人伦日用"⑤。因此，在儒家看来，"天"为人伦道德之本，是人伦关系和人伦规范的价值根源，天人合一即天人合德。所以，张岱年先生说："宇宙本根，乃人伦道德之根源；人伦道德，乃宇宙本根之流行发现。本根有道德的意义，而道德亦有宇宙的意义"⑥。

三、人伦与人性

人伦道德是先天的，还是后天的？它是源于人性，还是与人之本性抗衡？人性论是中国哲学的元问题。中国传统文化关于人伦的哲学阐释，必须回答人伦与人性的关系问题。

"性"字出自"生"字。《说文解字》对"生"的解释是："生，进也。

---

① 《周易·乾·文言》。
② 《礼记·礼运》。
③ 《孟子·尽心上》。
④ 《郭店楚简·成之闻之》。
⑤ 《绪言》卷上，见《孟子字义疏证》。
⑥ 张岱年：《中国哲学大纲》，中国社会科学出版社，1982，第173页。

象草木生出土上。"草木破土而出就是"生"，既指生命，做名词，也指出生，做动词。"性"字较"生"字晚出，不见于金文，始见于《尚书》《诗经》，《尚书》之《汤诰》篇有"恒性"，《召诰》篇有"节性"。《诗经·大雅·卷阿》有"弥尔性"。一般认为，"生"是"性"的母字，"性"是"生"的衍生字。"性""生"通用，是先秦典籍的通例。

清代学者阮元作《性命古训》一文，用训诂方法考证"性"之本义。今人傅斯年先生以阮元的方法为仪型，沿此思路作《性命古训辨证》一书，认为先秦时期没有独立的"性"字，先秦古籍中的"性"字均应为"生"字。徐复观先生则认为，周初已有"性"字，可作"本能"理解，"由现在可以看到的有关'性'字早期的典籍加以归纳，'性'之原义，应指人生而即有之欲望、能力等而言，有如今日所说之'本能'"①。按照徐复观先生的理解，《尚书·召诰》中的"节性"一词之意为"节欲"，《诗经·大雅·卷阿》中的"弥尔性"一句之意为"满足了你的欲望"。徐复观先生进而认为，"性"字确由"生"字孳乳而来，但不可据此将先秦典籍中的所有"性"字一概武断地解释为"生"，而应该根据上下文语境来确定，先秦典籍中的"性"字究竟是"生"之本义，还是作"本能""欲望"讲。徐复观先生所言确有一定道理。告子言："生之谓性"②。这个著名命题仅见于《孟子》，语焉不详，略而不具。综合告子言"食色性也""性无善无不善也"等命题，告子所言之"性"确指人的食色本能。可推知在告子这里，"生之谓性"之"生"，已转义为人的食色本能。

《说文解字》云："性，人之阳气，性，善者也。从心，生声。"以阴阳的观念来解释人之性情，认为阳气为性，阴气为情，性善情恶，这是自董仲舒以来汉代流行的人性论观点在《说文解字》中的直接体现。董仲舒认为，既然先秦"性""生"通用，那么理解"性"就仍然要从"生"字入手，"生之自然之资谓之性。性者质也"③。他所说的"自然之资""质"

---

① 徐复观：《中国人性论史·先秦篇》，九州出版社，2014，第6页。
② 《孟子·告子上》。
③ 《春秋繁露·深察名号》。

是对告子"生之谓性"的进一步说明，指的是人生而具有的自然禀受，即荀子所谓"生之所以然者"①、"天之就也，不可学，不可事"②的自然的、原生态的禀赋。董仲舒反对孟子的性善论，亦不完全认同荀子的性恶论。董仲舒认为，人的"性"有善有恶，善的性为"性"（朱贻庭先生称之为"狭义的性"③），恶的性为"情"，人身有性有情，人性有善有恶，与天之有阴有阳对应，"身之有性情也，若天之有阴阳也"④。董仲舒的人性论，是对先秦告子、孟子、荀子之人性论观点的综合。他认同告子"生之谓性"的观点，但不同于告子的是，他把性理解为人质朴的自然之资、人的天然禀赋；他反对孟子的性善论，但又认为性中有善质，如禾中有米；他同意荀子关于人性可矫治、可教化的观点，但并非如荀子一样把人性定性为"恶"。总之，较之先秦的性善论、性恶论，董仲舒提出了"性三品""性善情恶"，对人性的认识更加深入，同时又引入阴阳观念来说明人性，其人性论的涵容更多。宋儒的"理本论"则按照这一思路，将性善情恶发展为天地之性与气质之性的双重人性论。天地之性是至善的，气质之性则有善有恶。天地之性乃"人所受之天理"⑤，可称之为"性"，在天为理，在人为性，"性即是理，理则自尧舜至于涂人，一也"⑥。气质之性因为禀气清浊之不同，则有善有恶。

孔子较少谈"性"，《论语》中只有两处关于"性"的记载：一是《公冶长》篇，"夫子之言性与天道，不可得而闻也"；另一是《阳货》篇，"性相近也，习相远也"。孔子不以善恶来谈性，只言"性相近"。人之性大体相近，按照宋儒的理解，孔子所说人人相近之性是气质之性，"此所谓性，兼气质而言者也"⑦。可见，孔子谈"性"，是以"类"言之，认为人之"性"大体相近，"习"使之相远。而程朱认为孔子"性相近"之"性"是气质之性，这是对孔子之"性"的一种误读。孔子说"我欲仁，

---

① 《荀子·正名》。
② 《荀子·性恶》。
③ 朱贻庭：《中国传统伦理思想史》，增订本，华东师范大学出版社，2003，第214页。
④ 《春秋繁露·深察名号》。
⑤ 《四书章句集注·论语集注·公冶长第五》。
⑥ 《二程集·河南程氏遗书》卷十八《伊川先生语四》。
⑦ 《四书章句集注·论语集注·阳货第十七》。

斯仁至矣"①，强调的是人后天的道德努力，为仁由己，并没有说仁是主体与生俱来的品德。孔子批评宰我对"三年之丧"的质疑，强调的是子女为父母守丧三年的内在情感根据是"心安"，"食夫稻，衣夫锦，于女安乎?"②，也并没有说孝是主体与生俱来的德性。可见在孔子那里，"性"是一个与"习"（习染、习行）相对的概念，人性大体相近，但每个人的人伦道德则因主体的主观努力、后天习染等因素而相去甚远。孟子明确提出性善论，认为人伦道德出自人的良知良能，"人之所不学而能者，其良能也；所不虑而知者，其良知也。孩提之童，无不知爱其亲者；及其长也，无不知敬其兄也"③。在孟子看来，爱亲敬长的人伦道德，人人"无不知"，是人本有的"良知良能"。何谓"良知良能"？按照宋儒的解释，"良者，本然之善也"，"良知良能皆无所由，乃出于天，不系于人"④，即人伦道德来自人的本然之善，是人与生俱来的，人性即是天理，天理即是人性。

荀子的性恶论则认为，所谓性，是人先天即有、原生态、非后天获得的，人的道德则不然，"礼义者，圣人之所生也，人之所学而能，所事而成者也。不可学、不可事而在人者，谓之性；可学而能、可事而成之在人者，谓之伪。是性伪之分也"⑤。荀子用"性伪之分"划定了人性与人伦道德的界限，将人性界定为人的先天的自然属性，而将道德界定为可主动学习、可教化而成、后天的获得性品格。爱亲敬长等，在孟子看来是先验的人伦道德，在荀子看来只是"伪"的结果，即通过后天的教化、修养、习染方可获得。

自孟子道性善，言"人之所以异于禽兽者"，将爱亲敬长的人伦道德看作人本有的"良知良能"，人性问题遂成为中国哲学解释人伦道德的元问题。与先秦汉唐对人性的理解不同，宋代理学的人性论是人性二元论或者两重人性论，而此前人性论大抵为性一元论。张岱年先生认为，人性二

---

① 《论语·述而》。
② 《论语·阳货》。
③ 《孟子·尽心上》。
④ 《四书章句集注·孟子集注·尽心章句上》。
⑤ 《荀子·性恶》。

元论始创于张载，精练于程颐，大成于朱熹①。人人都有"天地之性"，太虚之气是气的本来状态，它澄澈纯粹，是至善的。每个人的人伦道德都来自至清至纯的太虚之气，这是宇宙全体之性，是人人共有的天地之性。但每个人的人伦道德因其禀气不同而各有不同，气杂而不纯，有清有浊，因此每个人又有特殊的"气质之性"。天地之性是善的来源，是人伦道德的应然状态；气质之性有善有恶、可善可恶，是人伦道德的实然状态。朱熹继张载、二程之后，其两重人性论更为系统和精致。从其本体论的理本论出发，朱熹认为，人之所以生，是理与气相合的结果，人的语言动作、思虑营营，乃为气；人的孝悌忠信、仁义礼智，乃为理。正因为人有理有气，所以在人性上，人有天地之性与气质之性。由张载首创、二程精练、朱熹集大成的道学两重人性论，是对先秦、汉唐人性论的理论总结。它首先阐释了人伦道德既源出于天又根植于性，论证了人伦道德的神圣性和天然合理性；同时，它既说明了人伦纲常之于人的可能性，又指出了人伦教化和人伦修养之于人的必要性。两重人性论系统而完备，将人伦上升为天理，又将人伦根植于人性，具有鲜明的宋明新儒学特质。两重人性论不但终结了此前关于人性的争论，更可谓有功于圣门，有补于后学，影响深远。

可见，无论是先秦的单一人性论，还是汉代的性善情恶人性论，抑或是宋明理学的双重人性论，都与人伦观密不可分。人性问题作为中国传统文化的元问题，是中国传统人伦观的哲学基础之一。

---

① 参见张岱年：《中国哲学大纲》，第 211 页。

第二章 "彝伦攸叙"与宗法人伦发端

人类的伦理思考源自人对自身存在的反思。根据现有文献,中国伦理思想肇始于西周时期。从原始的风俗统治,到西周时期中国伦理思想的发端,标志着中国人文精神的出现,而其中最具标志性的思想史事件之一,是出现了"五品""五教"的人伦观念。

第一节 "五品""五教"的人伦之光

从伦理思想史来看,先有人的交往和实践,而后方有与之相应的某种道德观念的出现,经过思想家的凝练和总结,形成人们对于一定道德现象的较为系统的看法和观点。蔡元培先生说:"伦理界之通例,非先有学说以为实行道德之标准,实伦理之现象,早流行于社会,而后有学者观察之、研究之、组织之,以成为学说也"①。西周是中国传统伦理思想的发端期。在此之前,理论层面的人伦观念尚未清晰,系统的人伦规范尚未出现。从"五品""五教"的论述中可见周初中国古人人伦观的萌生。

一、从"兽处群居"到"同姓不婚"

根据社会形态理论,原始社会是人类最早的社会形态,在时间区段上

---

① 蔡元培:《中国伦理学史》,商务印书馆,1999,第4页。

大体上相当于考古学家所说的旧石器时代晚期。马克思曾经提出一个著名论断：根据男女两性关系可以判断出人的整个文明程度。考察人类幼年时代的社会生活和原始先民两性间的"道德"风貌，回顾人类孩提时代懵懂的道德过往，于现代人而言，这不仅仅是令人饶有兴味的回溯，更为伦理思想史的研究所必需。

历史唯物主义认为，人类社会的发展，从根本上受两种生产，即物质资料的生产和人自身的生产的制约。在原始社会早期，人自身的生产，即男女两性关系，完全受原始本能和原始冲动的支配。《管子》中说，古者"未有夫妇妃（配）匹之合，兽处群居，以力相征"①；《列子》中记载，在禹的时代，遥远的北方有一个风俗奇异的国度，"男女杂游，不媒不聘"②。在古代志怪小说和流传下来的民间传说中，也有关于伏羲女娲兄妹在昆仑山结为夫妇、创生人类的故事。从这些古籍记载和神话传说中，可追踪到人类两性关系的一些古老遗迹。在原始先民那里，没有性禁忌，没有辈分和血缘意识，不知人伦为何物，更遑论婚姻和家庭。被今人视为与动物行为相类的男女两性关系，于原始先民而言是自然而然的行为。

在漫长的历史过程中，原始先民所结成的群体和群体内部的两性关系在受本能支配的同时，也在接受着自然律的无情选择。"兽处群居""杂游"的两性关系逐渐被自然法则淘汰，父母与子女（长辈与晚辈）之间的性行为首先被禁止。之后，同一血缘的兄弟姐妹之间的性行为被禁止，由此形成了人类最早的以血缘为纽带、内部成员之间不得通婚、较为固定、较为成型的社会组织形态——氏族。原始的氏族组织经过分化和发展，逐步扩大并形成部落。氏族和部落的形成，使个体被固定在某一个确定的原始共同体中。考古学家认为，这一时期开始于距今1万年前，延续至公元前2000年，时间区段处于新石器时代。

先秦典籍中的很多神话传说和司马迁的《史记》均记载了母系氏族群婚的遗迹。古史认为，黄帝是其母望北斗而生，炎帝是其母感神龙而生。

---

① 《管子·君臣下》。
② 《列子·汤问》。

《诗经》曰："天命玄鸟，降而生商"①。契是舜的司徒，殷人始祖。相传其母简狄，"见玄鸟堕其卵，简狄取吞之，因孕生契"②。不止殷人，周人始祖后稷同样是有母而无父。据司马迁记载，"姜原出野，见巨人迹，心忻然说，欲践之，践之而身动如孕者。居期而生子，以为不祥，弃之隘巷，马牛过者皆辟不践；徙置之林中，适会山林多人，迁之；而弃渠中冰上，飞鸟以其翼覆荐之。姜原以为神，遂收养长之"③。有邰氏女姜原外出游玩，踩了巨人脚印，身怀有孕，后生下后稷。以为不祥，将其丢弃，但这个孩子有如神灵庇护而不死。姜原又把他捡回来，起名为"弃"，这就是周人始祖后稷（弃）。这些传说赋予炎、黄以及殷人和周人祖先神秘色彩，反映了母系氏族时期人们只知其母不知其父、所生孩子由母亲抚养的两性婚俗。《庄子》《商君书》《吕氏春秋》《淮南子》等都对"民知其母而不知其父""知母不知父"的性俗有过描述，可作为这种两性关系的文献佐证。

在此时期，男子称"氏"，代表这个氏族的居住地，如尧为陶唐氏，舜为有虞氏，禹为夏后氏；"姓"从"女"从"生"，则表明这个氏族的母亲血统，比如黄帝姬姓，炎帝姜姓。同一血统的人不得通婚，不同血统的人才能结合。炎、黄这两个血统不同的部落在阪泉大战后，逐渐融合为一个部落。后来，人们把古史传说中的这种婚俗称为"同姓不婚"，"同姓则同德，同德则同心，同心则同志。同志虽远，男女不相及，畏黩敬也。黩则生怨，怨乱毓灾，灾毓灭姓。是故娶妻避其同姓，畏乱灾也"④。《左传》中也有很多关于春秋时期人们婚娶的记载，并明确表达了"同姓不婚"的主张，"男女同姓，其生不蕃"⑤，"内官不及同姓，其生不殖"⑥。古人首先是基于繁衍健康后代的考虑，反对同姓血缘族内通婚；他们认为，同一氏族内部的男女不得有性关系，否则就会导致氏族灭亡。只有不

---

① 《诗经·商颂·玄鸟》。
② 《史记》卷三《殷本纪》。
③ 《史记》卷四《周本纪》。
④ 《国语·晋语四》。
⑤ 《左传·僖公二十三年》。
⑥ 《左传·昭公元年》。

同血缘的氏族部落才可以通婚，繁衍后代。

"同姓不婚"这个古老的性习俗，既是原始的性禁忌，也是原始的性道德规范。同一氏族内部男女之间的性行为被禁止，这是人类进化过程中的自然选择，也是生命繁衍过程中人类对性本能的自我约束。这是幼年时代的人类最早的行为规范，标志着"从动物到类人，从野蛮到文明，从实然到应然的进化和提升过程"①。但"同姓不婚"是人类对自身生产的朦胧的、自发的认识，是自然律而非道德律使然，而不是人类对人伦关系的自觉反思和理性总结，人类甚至尚不知"人伦"为何物。此时的人类尚处于从蒙昧、野蛮到文明的漫长历史进程中。

二、原始共同体中的人伦

道德是具体的、历史的。旧石器时代晚期以及新石器时代早期，人类的石制工具生产效率低下，因此人与人之间的合作就显得十分必要，"旧石器时代的社会组织的实质是协作"②。在血缘共同体的协作中，原始集体主义的道德观念逐渐形成。所有氏族成员视氏族和部落的整体利益高于其他一切，任何将个人从整体中分化出去的企图，任何破坏共同体利益的行为，都被看作最大的恶。马克思根据摩尔根对古代社会的研究，在谈到原始社会个人与共同体之间的关系时指出，"个人的安全依靠他的氏族来保护；血缘关系是相互扶助的强有力的因素；侵犯个人就是侵犯他的氏族"③。维护氏族和部落共同利益的道德要求，是原始集体主义最突出的特征，原始先民在此基础上形成了氏族成员彼此平等、共同劳动、平均分配、相互扶助等单纯质朴的道德品质。正因如此，原始共同体中的人伦"道德"表现出以下四个特征。

第一，维护血缘关系，氏族共同体利益至上。马克思说过，"我们越往前追溯历史，个人，从而也是进行生产的个人，就越表现为不独立，从

---

① 宋希仁：《家庭伦理的人类学研究：解读恩格斯的家庭伦理学》，《伦理学研究》2002年第1期，第61页。
② 斯塔夫里阿诺斯：《全球通史——1500年以前的世界》，吴象婴、梁赤民译，上海社会科学院出版社，1999，第69页。
③ 《马克思恩格斯全集》第45卷，人民出版社，1985，第411页。

属于一个较大的整体"①。在原始先民那里，这种"不独立"，或者说出于生存需要而依附于原始共同体的行为，于个人而言是必须做出的选择。道德的基础是利益。在原始氏族中，血缘是将人们结合起来的天然纽带，它是维护共同体利益的强有力基础，给个人提供生存的安全感。个人的存在与整体的存在息息相关，个人的发展也只有依赖于整体的发展才能获得。"在原始社会中，所有的美德都仅是保证一种需要：氏族、部落或公社共同生存与发展的需要"②。对于每个个体来说，无条件地维护和服从整体利益，是天然而神圣的道德义务，也是最大的"善"。在原始集体主义的道德观念中，对个人道德品质的要求成为维护共同体利益不可或缺的一部分。在生产工具极为简陋、生存环境极为恶劣、生产力水平极为低下的原始社会，个人的德性在某种意义上关乎整体的存续和发展。劳动是获取生活资料的基本手段，因此，共同劳动、勇敢顽强、吃苦耐劳自然就成为氏族成员的第一品质。在当时，凡是有劳动能力的人都必须参加劳动，任何人都没有豁免权。氏族首领与大家一样，必须劳动，而且必须带头劳动。先秦文献中关于大禹"尽力乎沟洫"③、"形劳天下"④、"身执耒臿以为民先，股无胈，胫不生毛"⑤ 的记载，再现了原始集体主义道德对于劳动的推崇，说明热爱劳动、身体力行是氏族首领的首要德性。

第二，共同体内部崇尚人人平等、财产共有、平均分配、相互扶助的规范。先秦各家对原始社会的道德风貌均有描述。儒家将其称为"大同"："大道之行也，天下为公，选贤与能，讲信修睦。故人不独亲其亲，不独子其子，使老有所终，壮有所用，幼有所长，矜寡孤独废疾者，皆有所养，男有分，女有归。货恶其弃于地也，不必藏于己；力恶其不出于身也，不必为己。是故谋闭而不兴，盗窃乱贼而不作，故外户而不闭。是谓大同"⑥。道家和法家将那个理想的时代称为"神农之世"："神农之世，

---

① 《马克思恩格斯文集》第8卷，人民出版社，2009，第6页。
② 夏伟东：《道德本质论》，中国人民大学出版社，1991，第36页。
③ 《论语·泰伯》。
④ 《庄子·天下》。
⑤ 《韩非子·五蠹》。
⑥ 《礼记·礼运》。

卧则居居,起则于于。民知其母,不知其父,与麋鹿共处,耕而食,织而衣,无有相害之心。此至德之隆也"①。"男耕而食,妇织而衣,刑政不用而治,甲兵不起而王"②。血缘共同体内部的所有人,无论是氏族首领,还是鳏、寡、孤、独,彼此之间都是平等、扶助的关系。"它的全体成员都是自由人,都有相互保卫自由的义务;在个人权利方面平等,不论酋长或军事领袖都不能要求任何优先权;他们是由血亲纽带结合起来的同胞。自由、平等、博爱,虽然从来没有明确表达出来,却是氏族的根本原则"③。恩格斯通过对人类历史的研究指出,"这种十分单纯质朴的氏族制度是一种多么美妙的制度呵!没有士兵、宪兵和警察,没有贵族、国王、总督、地方官和法官,没有监狱,没有诉讼,而一切都是有条有理的。一切争端和纠纷,都由当事人的全体即氏族或部落来解决,或者由各个氏族相互解决"④,他将这种十分单纯质朴的原始集体主义道德称作"古代氏族社会的纯朴道德高峰"⑤。

第三,氏族道德仅限于同一血缘共同体内部,共同体是人们的界限。原始集体主义道德只是在特定的界限内才可被称作"道德高峰",它并不是针对各个氏族而言,并不具有普遍主义的性质,而只是在同一血缘共同体内部即氏族和部落的界限内发挥作用。血缘纽带使原始集体主义表现出它的道德高度,这种道德高度同时就是它的限度。氏族成员的所有美德,包括共同劳动、相互扶助、彼此平等、平均分配等,都局限在氏族和部落的界限内,凡是部落以外的,便是不受法律保护的。"部落始终是人们的界限,无论对其他部落的人来说或者对他们自己来说都是如此:部落、氏族及其制度,都是神圣而不可侵犯的,都是自然所赋予的最高权力,个人在感情、思想和行动上始终是无条件服从的。这个时代的人们,虽然令我们感到值得赞叹,但他们彼此完全没有差别,他们都还依存于——用马克思的话说——自然形成的共同体的脐带"⑥。

---

① 《庄子·盗跖》。
② 《商君书·画策》。
③ 《马克思恩格斯文集》第4卷,人民出版社,2009,第102页。
④ 同上书,第111页。
⑤ 同上书,第113页。
⑥ 同上书,第112-113页。

第四，氏族道德具有原始性和野蛮性。"共同体的脐带"使原始集体主义在表现出人类道德最初具有的道德光辉的同时，也表现出人类道德最初的残忍和野蛮。古代血族复仇的习俗起源于氏族，在氏族部落中，"**为被杀害的同氏族人复仇**是被公认的一项**义务**"①。原始人的道德义务，是习俗使然。在原始社会中，习俗即原始法律；在它面前，个人只须服从，而不能质疑。共同体的利益，为氏族复仇提供了充分的道德理由；它既是每个原始先民的生存需要，也是他们的道德需要。人们对同一氏族之人的友爱、无私，与对其他氏族之人的仇恨、残忍，出自同一种道德——原始集体主义。同时，原始先民对个人与整体关系的看法必然地带有原始思维的印记。原始先民没有清楚明白的自我意识，他们不但没有把自己同自己周围的自然存在物区分开来，也不能很清晰地区分"我"与"我们"、个人与整体之间的关系。原始先民很难从共同体中生长出个体意识，无法意识到主、客体的区分，这必然使原始集体主义表现出自发的、朦胧的一面。因此，原始集体主义还不是人类的道德自觉，还没有进化为主体的道德理性，还带有原始思维的深刻烙印。

马克思将其称为"共同体的脐带"是非常深刻的。一方面，原始氏族是原始个人的母体，原始集体主义的道德观念像"脐带"一样为个人赖以存在的母体输送着营养，维系着原始共同体的存在和发展；另一方面，随着社会的发展，缠绕在个人身上的"共同体的脐带"注定要被剪断，就如同氏族组织注定要消亡一样，人类个体意识的萌生是道德发展的历史必然。

三、"五品""五教"萌生

王国维先生在《殷周制度论》的开篇曾有一著名论断，"中国政治与文化之变革，莫剧于殷周之际"②。这种殷周之际的剧变不仅指武王克商所带来的政治格局之变和统治权力的递嬗，而且指文化的觉醒与开新和人伦道德在西周社会所奠定的基础性地位。

---

① 《马克思恩格斯全集》第45卷，第411页。
② 王国维：《殷周制度论》，载《王国维文集》第4卷，中国文史出版社，1997，第42页。

在《尚书》中，有两段关于人伦的记载，辑录如下：

> 帝曰："契，百姓不亲，五品不逊。汝作司徒，敬敷五教，在宽。"①

> 王乃言曰："呜呼！箕子，惟天阴骘下民，相协厥居，我不知其彝伦攸叙。"箕子乃言曰："我闻在昔，鲧堙洪水，汩陈其五行。帝乃震怒，不畀洪范九畴，彝伦攸斁。鲧则殛死，禹乃嗣兴，天乃锡禹洪范九畴，彝伦攸叙。"②

这是《尚书》中关于人伦的最典型的两段论述。第一段出自《舜典》，大意是：在舜帝时代，天下万民不相亲睦，人与人之间的五种关系不相和顺；舜帝任命契做司徒，职掌教化，教民以人伦规范。第二段出自《洪范》，大意是：克商之后，武王向大臣箕子询问治国理政的根本方法；箕子说，禹的父亲鲧治水不利，上天没有将此方法传给他，大禹治水成功，上天赐给他一种治国的常理常道，此即"彝伦"，按此方法治国，使秩序分明、天下安定，此即"攸叙"。

《尚书》这两段话中的"五品""五教"是古人关于人伦关系和人伦规范的观点。狭义的"彝伦"，指的是"人伦"，是各种伦理关系及其相应人伦规范。王夫之认为，"兴亡之故，系于彝伦，岂不重与"③，这里所说的"彝伦"，即君臣父子之道。广义的"彝伦"，指的是宇宙万物和社会的恒常之道，内涵要比"人伦"宽泛。顾炎武说："'彝伦'者，天地人之常道。……不止《孟子》之言'人伦'而已"④。《尚书》中的"彝伦"是广义的治国之道，其中包括人伦之道。关于"彝伦攸叙"反映的究竟是中国历史上哪个时期的社会道德状况，历来说法不一。有观点认为，《舜典》是尧帝对舜的训诫，故而以上第一段话反映的是原始社会后期尧舜时代的社会道德状况⑤；也有观点认为，《虞书》乃战国儒生的托古之作⑥，故

---

① 《尚书·舜典》。
② 《尚书·洪范》。
③ 《读通鉴论》卷十五。
④ 《日知录》卷二。
⑤ 参见《辞海》，上海辞书出版社，1999，第1866页。
⑥ 参见朱自清：《经典常谈》，三联书店，1998，第28页。

而这段话虽是尧帝给舜的训诫，但反映的是战国时期儒家的人伦观点。张岱年先生认为《虞书》是周初史官追述虞夏时期的事迹而作，《洪范》是西周时期的作品①。

笔者认为，这两段话所反映的时期既不是尧舜的古国时期，也不是战国时期，它们反映的是周初人们对"伦"的认识以及当时的人伦观。兹从文献、方法论等角度进行论述。

第一，关于反映伦理思想的历史文献真伪问题。按照史学与考古学的说法，西周建于公元前11世纪。周朝距今年代久远，其伦理道德风貌如何，考古的物证和文献非常重要。如果没有新的地下物证，文献就成为思想史研究的第一重要材料。孔子认为，研究上古文化，文献非常重要，春秋时期的杞国为夏朝之后，但却不能通过研究杞国去了解夏朝之礼；宋国为殷人之后，但却不能通过研究宋国去了解商朝之礼，因为"文献不足"，"足，则吾能征之矣"②。先秦时期典籍付诸秦火，只有卜筮、医书等得以幸免。在汉初的文化重建中，取消书禁，文景时期鼓励民间献书，伏生所献《尚书》等先秦典籍才得以重新面世。汉武帝立五经博士，今文经学大兴于天下。西汉末期古文经学兴起，遂有今、古文经学之争。今、古文经学之争从深层看是利益之争，但又表现为学术话语之争、治学方法之争，以及文献版本、真伪之争。今、古文经学之争是一桩历史谜案，以围绕着《尚书》的古今之争、真伪之争为最。直至清代，学者阎若璩通过训诂考证，旁征博引，考证出东晋梅赜所献《古文尚书》为伪书，可说是千余年来围绕《尚书》之争的一个定论。但仅此，《尚书》仍然谜团重重。孔子的时代去夏商已远，他认为文献不足无以证夏商之礼，那么，经历从籀书到小篆、隶书的文字变迁，经历了秦朝的焚书之火，经历了古籍流传过程中的文字错讹、人为篡改，等等，恐怕只有获得新的地下物证，《尚书》的谜案才有望解开。因此，各种文献考证可以说都是言之成理、持之有故之一说。至2008年，学界通过对清华简的考证研究，证实了梅赜所献的《古文尚书》系伪造，从物证的角度证明了清代阎若璩的考证结论。张岱

---

① 参见张岱年：《中国哲学史史料学》，三联书店，1982，第5-6页。
② 《论语·八佾》。

年先生综合清代学者的考证和今人郭沫若、庞朴、金景芳诸先生的研究，认为《尚书》是关于尧、舜以及夏商周至秦穆公时期的历史文件的汇编，这种观点是中国哲学文献研究的通行观点。那么，关于前文提到的《尚书》中关于人伦的两段记载，既然确认它们是周初的史官所记，它们自然反映的是西周初年社会的伦理道德状况。

第二，关于研究伦理思想史的方法论问题。既然"文献不足"，那么如何可以确定地说中国人伦观念和人伦规范发端于西周之初，而不是更早的尧舜时代，也不是晚一些的春秋战国时期？这涉及我们以什么样的方法论原则去研究伦理思想史。人类的道德属于精神文化的范畴，是一种社会意识形式。思想史的发展表明，从来不存在什么"纯粹的"思想逻辑，道德起源于人们的生产、生活实践，只有结合社会的物质资料生产和人自身的生产，"把对道德起源的考察，同人本身、同人的活动发展过程、同人的社会属性的变化历程等联系起来考察"①，才是研究人伦观念和人伦道德问题时所应坚持的正确方法论原则。在原始社会，人们在两性关系方面尚处在较为"宽松的"状态，先民们尚处在男女群婚时代，有氏族而没有家庭，有两性而没有夫妇，有生育而没有父子。在这种情况下，自然也就没有《舜典》中所言的"五品"：父、母、兄、弟、子。换句话说，没有夫妇关系，自然就没有夫妇之人伦规范；没有父子关系，自然就没有父子之人伦规范；没有兄弟关系，自然就没有兄弟之人伦规范。父母子女之间的关系、兄弟之间的关系是伴随着家族（家庭）的出现而出现的。据此推断，"五品""五教"的人伦观念不可能出现在原始社会时期。

第三，"五品""五教"反映的是西周社会的人伦关系和人伦规范。关于"品"，《说文解字》解释为"众庶也"，三人为众，"品"是多人之义。汉儒孔安国注曰"五品谓五常"，其实是一种误解。"五品"是以关系而言，"五常"是以五种关系的规范而论，孔安国显然是将二者混论了。关于这一点，唐人孔颖达的疏已经指出。孔颖达认为，"品"是"品秩"，在家庭内部指的是"一家之内尊卑之差，即父母兄弟子是也"②。"五品不

---

① 罗国杰：《伦理学》，人民出版社，1989，第 28 页。
② 《尚书正义·舜典第二》孔颖达疏。

逊",指的是这五种人伦关系失序,父子之间、兄弟之间没有尊卑差等。为了改变这种社会道德失序的状况,必须实行教化。"五教",指的是用五种人伦规范去教化民众,"教之义、慈、友、恭、孝,此事可常行,乃为五常耳"①。因此,"五品"不是指父、母、兄、弟、子五人,而是指五种关系,即作为伦理关系主体的父、母、兄、弟、子与对应的伦理主体之间的关系,即父-子、母-子、兄-弟、弟-兄、子-父母关系。这是家庭中的伦理关系。我们注意到,这五种关系有两个特点。一是分为两类,即亲子关系与兄弟(长幼)关系;二是交互主体,既有父母对子的角度也有子对父母的角度,既有兄对弟的角度也有弟对兄的角度。在宗法血缘的社会体系中,父义、母慈、兄友、弟恭、子孝可以说是五种基本的人伦规范。

综上所述,《舜典》中的"五品""五教"反映了西周社会的人伦关系现状和人伦规范要求。西周是宗法社会,家庭中的血缘关系推而广之,成为纲纪天下的宗法纽带。在宗法体系中,嫡长子为大宗,诸弟为小宗。同宗的血缘关系为父子之伦,大宗小宗的关系为兄弟之伦。"五教"指的是用"(父)义、(母)慈、(兄)友、(弟)恭、(子)孝"去规范西周的人伦关系。义、慈、孝指的是父(母)子之伦的伦理规范——父义、母慈、子孝,友、恭指的是兄弟之伦的伦理规范——兄友、弟恭。西周的社会结构中,周天子处在权力的顶端,但后世强调君臣、君民之间的规范——"忠",在西周的伦理体系中并不存在。这是因为,在西周宗法社会中,周天子是最大的"宗主",是普天之下最大的家长;西周宗法人伦规范"孝"和"友",调节的是周天子与其他所有社会成员之间的关系,均具有"忠"的功能。

有什么样的社会存在,就相应地有什么样的社会意识,就相应地有什么样的人伦道德。在西周,重视人与人之间的伦常关系("五品"),强调处在"宗"中的人必须服膺人与人之间的规范(义、慈、友、恭、孝),是宗法制社会结构的必然要求。符合宗法制的人伦道德萌生,是一种合乎历史逻辑的必然。

---

① 《尚书正义·舜典第二》孔颖达疏。

第二节　西周人伦观的社会背景

中国传统伦理思想发端于西周，人伦关系和人伦规范在西周初期开始确立。人总是一定文化中的人，道德总是一定社会的道德。殷周之际的权力更迭，武王克商的社会剧变，引发了周人的人伦思考，开启了周人在宗法制的框架下对人伦关系和人伦规范的建构。中国古代农耕文明的生产方式，社会生活中强有力的血缘宗法纽带，成为西周人伦观深厚的社会基础。

一、权力更迭引发的人伦思考

公元前11世纪，在周武王大军的进攻下，载祀近六百的商王朝政权轰然崩塌，商纣王于鹿台之上自焚而死。这就是频繁出现在史书上的武王克商这一重大历史事件。"天命玄鸟，降而生商"，殷人人为地神化自己的血统，无非是要在商王与天帝之间建立起关联，证明殷人的高贵性和商王统治权力的不可置疑性。据司马迁记载，面对日益强大的大小邦国，纣王口言"不有天命乎，是何能为"①，仍然相信天帝对商族的护佑。在殷政权废墟上建立起来的周同样必须回答天与人之间的关系问题，解决统治权力的合法性问题。正是在这样的历史背景下，权力更迭引发了周人的人伦思考。

第一，周人的人伦思考始于他们创造性地发现了"德"在权力更迭中的重要性。周人认为，武王克商是天命护佑的结果。从殷人的历史来看，从商汤到帝乙共二十九位商王，他们遵守天命，明德恤祀，谨慎从事，因此一直得到天帝的护佑。即便商朝末期，纣王残暴失德，天帝仍然容忍其五年，给他改过的机会。罔顾天帝好意的纣王最后失去天帝的护佑，遭到天罚，国祚终结，自绝于天，"惟时上帝不保，降若兹大丧"②，"商罪贯盈，

---

① 《史记》卷四《周本纪》。
② 《尚书·多士》。

天命诛之"①。可见，周人同殷人一样，崇奉并遵从天的绝对权威。但与殷人不同的是，周人创造性地改造了被殷人完全视为至上人格神的"天"。在殷人那里，天被认作左右人事的主宰之神，自然也是权力的主宰。周人接纳了"天"概念，并在天与人之间建立起沟通和关联，用"德"去沟通天与人，在天的绝对权威中彰显人的作用。周人认为，天命非恒久不变，天与人之间可以沟通、关联。在周人看来，这个能够沟通"天命"与"权力"的纽结就是"德"，"德"既是获得统治权力的必备条件，也是天祚永续的重要保证。这就是周人的"以德配天"理论。"以德配天"在天的绝对权威中为人争取到彰显主体性的空间，既承认天命，又认为天命并非一成不变；既遵从天命，又认为人可以与天相互沟通；既敬畏天命，又创造性地提出了"德"并以之沟通天与人。由此，"德"成为周人德治主义政治伦理的"精义大法"②之一，周人以此纲纪天下，开中国古代德治主义之先河，作为政治伦理的"德"由此成为周人人伦思考的起点。

第二，周人的人伦思考是基于他们对周初五种社会关系的考量。周代殷而兴，强调以德配天，创立宗法制，构建起以血缘为纽带的家国同构的社会网络体系。在这一体系中，主要有五个方面的关系。

一是周人与天的关系。在周人那里，"天"不是自然之天，人与天的关系不是人与自然的关系。周人的"天"和天命观是政治伦理意义上的，因此天人关系本质上是人与人的关系。如前所述，周人承续殷人对天的敬畏，同时对天进行创造性的改造，将天看作可与人沟通的存在，"皇天无亲，惟德是辅"③，人不再完全消极地听命于天，而是作为道德主体拥有了与天沟通的资格。周天子自称"元子"，即上天之子，是天的意志和好恶在人间的代言人。"天"作为至高无上的存在，具有生杀予夺权力的人格神意味。在"天视""天听""天罚"面前，人的主体性地位是不完全的。周人虽然强调"德"的重要性，但认为人作为天的子民，仍然要听命于天，其德性在于"配天"。

---

① 《尚书·泰誓》。
② 王国维：《殷周制度论》，载《王国维文集》第4卷，第55页。
③ 《尚书·蔡仲之命》。

二是周人宗族内部的各种关系。首先是周人与祖先之间的关系，周人强调作为宗法伦理规范的"孝"。武王伐纣的道德理由之一是殷人不敬祖先，"郊社不修，宗庙不享"，"遗厥先宗庙弗祀"①，导致天怒人怨，亡国灭身。周人把对去世祖先的孝称为"追孝"，表现为对祖先的祭祀。"相维辟公，天子穆穆。于荐广牡，相予肆祀。假哉皇考，绥予孝子"②。这是《诗经》对周天子祭祀先祖场面的描述：周天子主祭，诸侯全部到场；天子庄严肃穆，充满虔诚，祭台上陈列着进献给祖先的牺牲。其次是子女与父母之间的关系。周人强调作为家庭伦理规范的"孝"。周公代成王告诫康叔："奔走事厥考厥长。肇牵车牛，远服贾，用孝养厥父母"③。意思是要求周人为父母奔走效劳，农事之余赶着牛车，贩卖货物，以此来奉养父母。最后是兄弟之间的关系。周人重视作为家庭伦理规范的"友"和"恭"。在周朝，兄弟关系首先是宗亲之间的关系，比如周公与康叔之间的关系，他们同为周室宗亲，兄友弟恭是处理这类小宗与小宗之间关系的宗法规范。直到春秋时期，孔子还称鲁（周公之后）卫（康叔之后）之政乃"兄弟也"④。周武王虽然与周公诸人也是兄弟关系，但武王为天子，兄弟关系要从属于君臣关系。所以，在周朝，兄友弟恭是处理宗亲间关系的宗法规范，也是家庭内部的人伦规范。"不友"与"不孝"一样被视为最大的恶，"元恶大憝，矧惟不孝不友"⑤。最终，所有"小宗"都要服从于宗法制中的"大宗"，都要听命于"元子"（周天子）。

三是周人与殷遗民的关系。武王克商后，没有对殷贵族和殷民赶尽杀绝，而是保存殷祀并采取迁移安置之策，将纣王之子武庚封在殷旧都，将纣王之庶兄微子封在宋，将纣王之大臣箕子封在朝鲜，将殷遗民迁于东都洛邑。这是周朝宗法关系之外的一种特殊的关系，也是西周社会必须处理的一种重要的伦理关系。周公按照两个伦理规范来处理周人与殷遗民的关系：一是"保殷民"，"服惟弘王，应保殷民"，弘王道，存殷祀，实行德

---

① 《尚书·泰誓》。
② 《诗经·周颂·雍》。
③ 《尚书·酒诰》。
④ 《论语·子路》。
⑤ 《尚书·康诰》。

治，凝聚人心；二是"新殷民"，"亦惟助王宅天命，作新民"①，通过教化使殷遗民改过自新，从根本上归顺西周。

四是周朝统治者与民的关系。"民"是西周伦理思想中的一个非常重要的概念，也是周公理论创建中"天"与"人"沟通的一个重要环节。按照周人的思想逻辑，天命无常，"惟德是辅"。那么，该如何考量王之"德"？周人引入一个重要的变量——民。周人认为，殷纣王之所以灭亡，是因为他罔顾民之死活，残害百姓，结怨于民。而"天"与"民"之间可以沟通，民意可以上达于天，"天矜于民，民之所欲，天必从之"，"天视自我民视，天听自我民听"②。在这里，"天"经周人改造后，成为可视可听万民疾苦、可体现民心民意的至上存在。对于周朝统治者而言，处理自己与民的关系的最主要规范是"敬德保民"。这奠定了中国古代民本主义之传统。"保民"既是周朝社会生活中的人伦规范，也是周朝的政治伦理规范。"民"，也成为与"德"同等重要的周人德治天下的"精义大法"。

五是周人与其他少数部族的关系。周朝确立了"五服"③的天下观和王朝治理体系，"先王之制，邦内甸服，邦外侯服，侯卫宾服，夷蛮要服，戎狄荒服"④。所谓"服"，即"服其职业"⑤，意谓周天子不仅是地理意义上的天下中心，而且是权力的中央、文化的象征。五服体系中，在贡赋和治理方式上可采取不同的制度，但在王朝认同和文化认同方面则是一致的。例如，肃慎是满族的族源，据史记载周朝肃慎即生活在黑龙江流域。《尚书》云："成王既伐东夷，肃慎来贺"⑥。《国语》云："昔武王克商，通道于九夷百蛮，使各以其方贿来贡，使无忘职业。于是肃慎氏贡楛矢石砮，其长尺有咫。先王欲昭其令德之致远也，以示后人，使永监焉，故铭

---

① 《尚书·康诰》。
② 《尚书·泰誓》。
③ "五服"在中国古代有三种含义：一指天子、诸侯、卿、大夫、士五种不同的服式；二指古代表示血缘关系亲疏的丧服制度，分斩衰、齐衰、大功、小功、缌麻五种规格；三指周朝建立的治理体系，以王畿为中心，由近及远为甸服、侯服、宾服（绥服）、要服、荒服。此处指的是第三种含义。
④ 《国语·周语上》。
⑤ 《国语集解·周语上》韦昭注。
⑥ 《尚书·周官》。

其栝曰'肃慎氏之贡矢'"①。在西周的天下视角中，肃慎虽然生活于"北土"，但隶属于周朝的五服制度和朝贡体系。因此，在周朝的宗法制中，各少数部族虽然不在血缘宗法体系中，但却与西周宗室有着重要的关系。周幽王时，申国（在今河南）是周之宗子国，申侯之女申后是周幽王的王后，申后生子宜臼，被立为太子。后来，周幽王宠爱褒姒，废申后，立褒姒为后，废宜臼太子之位，立褒姒所生之子伯服为太子。宜臼出逃申国，申侯遂联合犬戎和缯国攻打西周。周幽王为犬戎所杀，西周覆灭。可见，一方面，周人是姬姓贵族，犬戎是少数部族，他们频繁接触，甚至影响权力格局；另一方面，"四夷左衽，罔不咸赖"②，少数部族隶属于周朝的治理天下的五服制度，要向周天子纳贡，与周朝有重要的政治关系和伦理关系，影响周王室的权力格局甚至影响中国历史走向，是中华民族历史的重要组成部分。

二、宗法制的人伦关系基础

与西方文化比较而言，中国传统文化是伦理型文化，伦理道德在中国传统文化乃至中国古代社会中居于核心地位。中国传统文化塑型于西周时期。

在进入文明社会以前，人类走着大体相同的道路，以血缘关系为纽带建立的氏族，是早期人类社会的基本组织形式。人类进入文明的路径是多样的，有以古希腊为代表的"古典的路径"，也有以古代中国为代表的"亚细亚的路径"。与古希腊不同，上古中国在氏族没有完全解体、血缘关系没有彻底被打破的情况下进入文明、建立国家。氏族中的男性家长变成掌握权力的"王"。家庭（家族）中的差序关系、尊卑等级，与统治被统治的权力关系一致。西周建立后，确立了宗法制，强化了血缘关系在社会政治生活中的基础地位。简要地说，宗法制是以父系血缘为基础的宗族组织和政治制度，是宗族与政治的合一，是族权与君权的合一。宗法制既是血缘社会发展的必然结果，同时又加强了血缘联系的纽带，成为人伦关系

---

① 《国语·鲁语下》。
② 《尚书·毕命》。

和人伦规范的基础。

在宗法体系中，同一血缘的祖先需要后代十孙的血食供奉。除历史文献之外，出土的大量周朝青铜器也可以证明这一点。各种饪食器（鼎、鬲、镬等）、盛食器（豆、簠、簋等）、盛酒器（尊、罍、彝等）、饮酒器（爵、角、觚等），既是贵族日常生活的器具，同时也是周人祭祀祖先的礼器，以此表明祭祀祖先是子孙应尽之责，不断强化后人对血缘的记忆和认同。宗法制是由原始氏族演变而来，它是父系式的，西周宗法等级制中的周天子，即是由父系家长转化而来的君父。据《说文解字》云，"父"字是"矩也，家长率教者，从又举杖"，这个字本身含有两重意味：一是道德意味，"率教"即道德表率和人格楷模，是教化天下的道德首善，代表人物就是尧舜禹和周文王；二是统治和权力的意味，即所谓的"君父"，既是宗法制中的"大宗"，也是天下共主。西周社会结构的基础是血缘关系，既强调尊祖，又强调敬宗，由此形成虽有大宗小宗的亲疏远近，但共同尊奉同一血缘祖先的宗法网络。西周社会就是以血缘为自然基础、以周天子为核心、以伦理为纽带的政治-伦理结构。

王国维先生说："欲观周之所以定天下，必自其制度始矣。周人制度之大异于商者：一曰立子立嫡之制。由是而生宗法及丧服之制，并由是而有封建子弟之制，君天子臣诸侯之制。二曰庙数之制。三曰同姓不婚之制。此数者皆周之所以纲纪天下，其旨则在纳上下于道德，而合天子诸侯卿大夫士庶民以成一道德之团体"①。所谓的"立子立嫡之制"，就是要确立严格区别庶嫡关系的继承制。天子之位世世相传，由周天子的嫡长子继承，这一系统是为"大宗"，比如周文王的嫡长子周武王即为"大宗"，而周武王的同母弟及庶兄弟，如周公等，皆为诸侯，即为"小宗"。周天子以"大宗"的身份对土地和权力进行再分配，"大宗"与"小宗"的关系由血缘上的兄弟关系转变为政治上的君臣关系，所有小宗皆统于大宗，形成"大宗能率小宗，小宗能率群弟"②的情形。在此基础上，通过胙土、赐姓、联姻，将异姓功臣纳入姬姓的宗法等级秩序中。周朝的分封制中，

---

① 王国维：《殷周制度论》，载《王国维文集》第4卷，第43页。
② 《白虎通·宗族》。

天子分封诸侯是最高层级，诸侯分封小宗内的兄弟是次一层级，士阶层尊奉卿大夫为宗子则是再次一层级。通过封建亲戚，诸侯国的数量在增加，周朝王室的疆域渐次外扩。同姓诸侯国称为"宗国"，周武王之弟康叔被封于卫，周公被封于鲁（伯禽就国），周成王之弟叔虞被封于晋，曹、滕、蔡、随、邢等国俱出于姬姓。根据《荀子》《左传》等中的记载，周朝分封的诸侯国多达几十个，其中多数是姬姓的周室宗亲。周是天子国，诸侯是兄弟国。周天子是最大的宗主，同时是"天下一家"的最大的"家长"。

在分封同姓宗室的同时，西周对异姓功臣进行分封。辅佐周文王、周武王的芈氏被封于楚，帝尧的后裔被封于蓟，辅佐文王的太公望（姜子牙）被封于齐。楚在南，与濮、扬越交接。蓟在北，与北戎比邻。齐在东，与东夷杂处。它们拱卫周室，以藩屏周。除此之外，西周兴灭国，继绝世，对殷遗民进行分封，封武庚于殷旧都，封微子于宋，封箕子于朝鲜，其目的是不绝殷人之祀。钱穆先生说，分封周室同姓乃"家族系统"的分封，分封殷人是"历史系统"的分封，前者意味着周朝统治疆域的扩大，后者意味着殷周文化的延续①。对异姓功臣进行分封，则属于"功臣系统"的分封，比如吕尚、芈氏。周的政治中心在宗周镐京和成周洛邑，经过武王成王两代的分封，封国东有齐、鲁，东南有吴，北有燕，诸侯林立。不仅如此，周朝还建立了五服制度，以周天子为中心、呈辐射状，即便是远离权力中心的边远之地，也被纳入治理范围。由此，形成"溥天之下，莫非王土；率土之滨，莫非王臣"②的情形，部族间武力征服与宗法体制相结合的联盟逐渐形成。宗法体系是宗统、族统、君统，它既是宗法政权，也是文化-伦理共同体。

在周朝这种家国同构、宗法伦理一体的结构中，天子必然处于核心地位，由此而形成了多层次的等级关系，即从天子到诸侯、卿大夫、士、庶人的金字塔式结构，每一层面的社会成员都有相应的规范要求，每一个社会成员都处在这个宗法等级的网络之中，都要尊祖敬宗、听命于周天子。在宗法组织中，族权和君权至上，宗法制下的道德伦理观念，既是宗法等

---

① 参见钱穆：《中国文化史导论》，修订本，商务印书馆，1994，第30页。
② 《诗经·小雅·北山》。

级制度的反映，又反过来为宗法等级制度服务，正如侯外庐先生所说："为了维持宗法的统治，故道德观念亦不能纯粹，而必须与宗教相混合。就思想的出发点而言，道德律和政治相结合"①。在宗法制下，人伦规范成为一种特殊权力，发挥着调控社会的重要作用。

西周的宗法制式微于春秋时期，从制度的角度看，宗法制已然是历史的遗迹。但宗法制的遗存（如宗族、家族）在中国古代社会一直存在。中国的朝代更迭史，就是一个个家族兴衰史。翻开中国历史，从来不乏关于巨室、大姓、高门、宗族的记载。在现代工业大潮和城市化进程冲击之下的今天，关于祖先的伦理记忆，与人们的生活渐行渐远，成为现代人的一种文化乡愁。

三、农耕文明对人伦的强化

中华文化自源头起，即呈现出多元一体、多样的发展势态，有学者将其形象地比喻为"满天星斗"。黄河中下游地区的大地湾文化、仰韶文化、大汶口文化，长江流域的河姆渡文化，内蒙古和西辽河流域的红山文化，黑龙江流域饶河的小南山遗址等，共同构成了中国文化源头的灿烂星空，实证了中华民族一万年的文化史。自五帝时代始，黄河流域的文化得到了更大的发展。黄河流域不是指黄河本身，而是指黄河及其众多支流，以及各个支流汇入黄河所形成的冲积平原。唐尧、虞舜的活动区域在黄河的东部和北部，汾水流域，在今天山西省境内；夏朝人的活动区域在黄河南岸，伊水、洛水流域，在今天河南省境内；周人一路南迁，活动区域在黄河西岸，泾水、渭水流域，在今天陕西省境内。古时候的黄河流域气候温暖，水系众多，水域宽阔，薮泽遍布，植被丰富，覆盖着疏松肥沃的原生或次生黄土，易于耕作。黄河流域虽然也频发自然灾害，但总体说来给先民提供了宜居的自然环境和适宜的农业生产条件。

地理环境不是一种文明类型发生的最根本原因，也不是道德产生的决定因素。但是，农耕文明所依赖的一定自然地理因素确实对一定伦理文化的形成具有重要的影响。在周朝，宗法制的社会结构与农耕生产方式相结

---

① 侯外庐、赵纪彬、杜国庠：《中国思想通史》第1卷，人民出版社，1957，第95页。

合，强化了已有的人伦关系和人伦规范。

首先，中国古代农耕文明的生产方式与中国古代伦理型文化具有重要关联。游牧民族逐水草而居，工商业依赖于城市和人口，而农耕文明则依赖于土地，所以土地是农耕文明的命脉。在农耕生产方式之下，人们对于土地的情感不言而喻，但同时又难以言喻。农业生产深耕易耨，由此而产生的关于土地的认识是中国古代先民认识自然和改造自然的重要组成部分。他们对土地和土壤进行分类认识，首先区分"土"和"壤"的不同含义。"土"，据许慎的解释，两个"一"象地之上、地之中，一个"丨"象物之出，"土，地之吐生万物者也"①。"壤"，许慎解释为"壤，柔土也"②。段玉裁注解为，万物自生为"土"，耕作树艺为"壤"③。许慎对土、壤的区分很有见地，他对字的解释建立在先秦人们对于土地的认识基础之上。在先秦，人们认识到，"壤"是稼穑之本，那时人们即从土壤分类的角度，将中国九州土壤进行分类，分为白壤、黑坟、白坟、赤植坟、涂泥、坟垆、青黎、黄壤④诸种，并认识到要根据各地不同类别的"壤"来种植作物，制定贡赋标准。对土地的认识不仅影响到古代的土地贡赋制度，而且因为农业取资于土地，人们往往在易于耕作的土地周边聚族而居，由此而形成了费孝通先生所提出的"乡土社会"⑤。"土地"不是单纯的农业概念、地理概念，而是兼具身份含义、地域含义、生产方式含义等文化意蕴。人们在某块土地上累世居住，聚居为族，聚族成群，结成一定的生产关系和人际关系，从"土地"上生长出人们的人伦道德。

农耕文明取资于土地，同时对水有极大的依赖。古人相地而居，水源是一个很重要的因素。一条河流要流经很多诸侯国，如果上游国切断水流，下游国的农业生产就会受到影响。先秦古籍中几乎都有关于水患的记载。在治理洪水的实践中，古人发明了水利灌溉的技术。根据古籍记载，先秦的水利技术很发达。水利工程很难由个人或者单个家庭独立完成，必

---

① 《说文解字》之"土"。
② 《说文解字》之"壤"。
③ 参见《说文解字注·第十三篇下》。
④ 参见《尚书·禹贡》。
⑤ 费孝通：《乡土中国》，第4页。

须依靠整体的力量来集结和统筹。耕地灌溉和排水需要彼此合作、配合而不是相互掣肘。对于个人或者单个家庭来说，统合于整体之中，未必是出于自愿的联合，但出于耕作的需要又不得不如此。"在东方，由于文明程度太低，幅员太大，不能产生自愿的联合，因而需要中央集权的政府进行干预。所以亚洲的一切政府都不能不执行一种经济职能，即举办公共工程的职能。这种用人工方法提高土壤肥沃程度的设施归中央政府管理，中央政府如果忽略灌溉或排水，这种设施立刻就会废置，这就可以说明一件否则无法解释的事实，即大片先前耕种得很好的地区现在都荒芜不毛"①。因此，在农耕文明中，共同体行使某种"公共职能"，更加需要整体的稳定性以及整体内部的协调性，人伦道德的调节作用显得尤为重要。

从人与空间的关系来看，乡土社会基本上是不流动的社会，人们生于斯、长于斯、老死于斯，常态的生活是终老是乡。从人与人的关系来看，由于人口不流动，每个人都是他人眼中的熟人，人与人之间关系的调节靠的是世代沿袭下来的传统习俗以及被这种习俗浸染的个人良心，而非契约。孟德斯鸠说过，法律与各民族的谋生方式有着非常密切的关系。所以，在乡土社会中没有法律甚至也不需要法律，一切都靠约定俗成的"规矩"和公序良俗来调节，形成了"基于情感和血缘关系的发达的自发伦理规范和礼俗体系"②。这种文化模式一经形成，就成为个体存在和社会运行的文化母体，既规范着个体的行为方式，也影响着社会的伦理体系。因此，古代中国不是法理社会，只能是礼俗社会；不会产生法治型文化，只能产生伦理型文化。

其次，农耕文明重视经验，强化了尊老敬长的人伦传统。孔子说"使民以时"③，孟子讲"不违农时"④，儒家把尊重农时、按自然节律进行农业生产看作德治仁政的重要内容。自然的寒暑冷暖、四时变化、春生夏长、秋收冬藏，对于耕作的人们来说，有着生产上的重要指导意义，人们逐渐在节律的变化中掺杂进好恶的情绪情感和价值评价。中国文化所特有

---

① 《马克思恩格斯文集》第2卷，人民出版社，2009，第679-680页。
② 衣俊卿：《现代化与文化阻滞力》，人民出版社，2005，第210页。
③ 《论语·学而》。
④ 《孟子·梁惠王上》。

的阴阳观念就是一例。阴阳的初始意义来自人们的经验性观察,山之南为阳,山之北为阴,向日者为阳,背日者为阴。人们根据生活、生产中的经验,将经验性的观察与节气、与四时相匹配,认为阳气运行于春夏,阴气运行于秋冬,阳气主生养,阴气主肃杀。可见,阴阳观念是农耕文明的产物。如果这种阴阳观念仅仅被应用在农业生产中,倒也不失为对自然现象的一种素朴的、经验性的认识,而进一步赋予阴阳哲学的、政治的、伦理的诸多意义和善恶的价值评价,认为父为阳子为阴、夫为阳妻为阴、君为阳臣为阴,并得出"阳尊阴卑"的人伦尊卑结论,使阴阳观点成为人伦关系和人伦规范的哲学基础,则是农耕文明下中国古人的理论创建。

经验对农耕文明有着特别重大的意义。知识的传授有两条途径,一是靠书本和专门传授知识的教育者来传播,二是靠代际的口耳相传。孔子的时代始开私人教育之风,打破了学在官府的教育垄断局面,可见在孔子之前特别是农耕时代早期,文化传播的载体主要是"人"——经验丰富的老人。《孟子》记载:"天下有达尊三:爵一,齿一,德一。朝廷莫如爵,乡党莫如齿,辅世长民莫如德"①。农业社会里人口鲜有流动,人们被固定在土地上,随着季候轮换进行耕作。在周而复始的劳作中,经验的效用性显而易见。经验带来效率,使人们对经验愈发崇拜。"抄作业"不但简便有效,而且在道德上是安全的,谁还愿意打破它呢?"前人所用来解决生活问题的方案,尽可抄袭来作自己生活的指南。愈是经过前代生活中证明有效的,也愈值得保守"②。年龄标志着资历和经验,代表着资源优势,意味着权威和话语权,在安土重迁、知识更新迟缓的农业社会里尤其如此。在一定意义上,年高即是德高。因此,儒家把长幼之伦看作五伦之一,"长幼有序"就是后来者对经验和资历的尊重。中国古代设三老制,秦有乡三老,西汉有县三老,东汉有郡三老、国三老,其主要功能就是掌管社会教化,"举民年五十以上,有修行,能帅众为善,置以为三老"③,年龄和道德威望是三老的首要条件,也是唯一条件。尊老尚齿作为中国人

---

① 《孟子·公孙丑下》。
② 费孝通:《乡土中国》,第51页。
③ 《汉书》卷一上《高帝纪上》。

的道德传统，就是尊重经验、崇尚德行的例证。在长者身上，经验权威与道德权威合而为一，长者因此而具有了不可抗拒的人格魅力，成为垂范众人的样板和表率。因此，在中国古代，自周朝就形成了尊老尚齿、长幼有序的人伦传统。

第三节 西周人伦观的主要内容与特点

在西周农耕文明的经济样态下，在血缘型的社会网络和宗法制的社会结构中，必然会产生宗法伦理，因此而决定了西周人伦观的基本内容，对中国古代社会产生了重要影响。

一、西周人伦观的主要内容

第一，"彝伦攸叙"。据《尚书·洪范》记载，周朝立国后，周武王即向殷政权遗臣箕子问政，请教治理国家的"彝伦攸叙"。箕子向周武王阐述国家治理的"洪范九畴，彝伦攸叙"。"洪范"，即"大法"；所谓的"洪范九畴"，即治理国家的九类大法。《诗经》有言："民之秉彝"[①]，据汉儒传注，"彝"为"常"[②]，此乃引申义。《说文解字》认为，"彝，宗庙常器也"。"彝"是饮酒之器，它既是酒器，也是礼器。宗法社会中，不同地位的人使用不同的酒器，象征人们尊卑有序，由此引申为"彝常""彝伦"。"叙"，是"次序"之义。《尚书·皋陶谟》言"天叙有典"，《说文解字》解释为"次弟也"，段玉裁注认为"叙"同"序"[③]。"彝伦攸叙"就是周朝治理国家的常道常法的次序、准则（包括伦常在内），是周朝统治者治国理政的根本大法，包括五行、五事、八政、五纪、皇极、三德、稽疑、庶徵、五福、六极。其中，"敬用五事"是指，"一曰貌，二曰言，三曰视，四曰听，五曰思。貌曰恭，言曰从，视曰明，听曰聪，思曰睿。恭作

---

① 《诗经·大雅·烝民》。
② 《毛诗正义》卷第十八。
③ 参见《说文解字注·第三篇下》。

肃，从作乂，明作哲，聪作谋，睿作圣"①。意思是：在与人交往中，要注意交往态度是否恭敬，言辞是否适当，观察是否细致，听闻是否聪敏，思考是否睿智。态度恭敬，处理事情就可以端正严肃；言辞适当，天下就可以得到治理；观察细致，就可以明察一切；听闻聪敏，就会有智谋；思考问题睿智，就可以成为圣人。"三德"是指"正直""刚克""柔克"，是周朝统治者治理臣民的三种办法。"五事""三德"既是政治道德规范，也是处理共同体内部相互关系的人伦道德要求。顾炎武认为，所谓的"彝伦"，是"天地人之常道"，其内涵除了孟子所言的以五伦为主的社会生活中的伦常关系和人伦规范之外，还包括五行、五事、八政、五纪、皇极、三德、稽疑、庶徵、五福、六极②。可见，"彝伦攸叙"主要是指周朝统治者治国理政的根本准则，其中包括周朝的政治生活和社会生活中人与人之间的相互关系及伦理准则。

孔子认为，西周制度是在"二代"即夏商的基础上发展而来，尤其是对殷商制度的发展。孔子曰："周因于殷礼，所损益，可知也"③。西周代殷而立国，对于殷商的文化有损有益，有革除有继承。所"损益"者何？按照宋儒的理解，所损益者乃文质三统，比如商尚质，周尚文；商正建丑为地统，周正建子为天统。所"因"者，则是殷商的制度构建，比如殷商存续六百余年中，几十位商王在权力传承中对血缘关系的实践，即殷商建立的兄终弟及为主的继承制度。在对殷商制度的继承和改造的基础上，周朝创制出血缘宗法制度，并使之成为周朝的"彝伦攸叙"。在西周，天子、诸侯、卿大夫、士、庶人构成了周朝尊卑等级的金字塔，其中既有贵族与庶人的霄壤之别，也有贵族之间的严格等级之分，更有天下共主与天下臣民的森严界限。比如西周的诸侯，有爵位之分，分为公、侯、伯、子、男五个等级，是为"五等"。正如顾炎武所言，周人之所谓"彝伦"，远不止孟子的"五伦"所包含的内容。可见，重血缘、重差等、重尊卑、重次序不仅是周朝的人伦准则，同时也是周朝的政治法则，是周朝纲纪天下的社

① 《尚书·洪范》。
② 参见《日知录》卷二。
③ 《论语·为政》。

会总则。

第二，重孝重友。西周是宗法制社会，必然产生维护血缘宗法关系的伦理道德规范。殷周之际的社会剧变完成了统治权力的更迭，但以血缘为纽带的氏族遗存非但没有被打破，反而通过分封越来越得到强化。根据前文所引关于《尚书》的史料学方面的通行观点，《尚书》为周人所作，故《舜典》关于舜命契做司徒、敬敷五教的记载，描述的是西周时期的社会伦理状况。在周初，政权初定，宗法伦理关系网络尚未形成，因此才会出现"百姓不亲，五品不逊"的状况。汉儒孔安国传曰："逊，顺也"。"不逊"就是关系不顺、淆乱，社会失序。孔颖达说："品谓品秩，一家之内尊卑之差，即父母兄弟子是也"①。孔颖达认为"品"指的是家族（家庭）中存在的尊卑关系，这个理解是准确的。但孔注将"五品"解为"父母兄弟子"，则没有凸显家族（家庭）共同体中人与人之间的尊卑关系，也就是说，"五品"指的并非"父母兄弟子"五人，而是父（父-子）、母（母-子）、兄（兄-弟）、弟（弟-兄）、子（子-父）主体间的伦理关系。很显然，若要使这五种最主要的人伦关系和谐和顺、尊卑有序、秩序井然，最重要的人伦规范只有两个：孝与友。

周朝实行分封制，天子之位世代相续，由周天子的嫡长子世袭，此即"大宗"。周天子的嫡亲兄弟和其他儿子，封为诸侯，此即"小宗"。比如，周武王为天子，为大宗，其弟周公为诸侯，为小宗；周成王为天子，为大宗，其弟叔虞为诸侯，为小宗。在小宗（诸侯国）内部，诸侯是大宗，卿大夫、士则为小宗。同宗之内的代际关系是父子关系；大宗与小宗之间为兄弟关系。对于没有血缘关系的异姓功臣，则通过胙土、赐姓、联姻的变通办法，将其纳入"宗"的网络中。比如吕尚因辅佐武王克商有功，封国为齐，其女为周武王之后。周朝奉行"同姓不婚"之制，异姓通婚加强了血缘纽带。大宗统率小宗，小宗听命于大宗，周天子在血缘上是天下之大宗，在权力上是天下之共主；宗周是天子国，其他则是诸侯国。"在周代这种家国一体化的政治结构中，天子必然处于核心的地位（在周代的文献中，周天子自称为'余一人'，显然不与其他贵族同列），由此而形成了多

---

① 《尚书正义·舜典第二》孔颖达疏。

层次的等级关系,即从天子到诸侯、卿大夫、士、庶人的金字塔式结构,每一社会层面的成员都有相应的规范要求,每一个社会成员都处在这个由血缘而联结在一起的网络之中"①。另从文字使用的频率来看,周朝的金文中已有 100 多个"孝"字。可见,"孝"与"友"是宗法制社会结构中维系血缘关系网络的最重要的人伦规范。

西周以降,随着社会的发展,儒家将"孝"作为仁德之本,"孝"的人伦规范在中国古代社会生活中的地位越来越重要,成为最具中国文化特点的道德规范。"友"的人伦规范则发生分化,儒家保留了其家庭中兄弟伦理关系之规范的内容,又由"兄弟"推扩出"长幼"一伦,故孟子"五伦"中无"兄弟"之伦而强调"长幼有序"。此外,衍生出"友"的新内涵。孔子曰:"益者三友,损者三友。友直,友谅,友多闻,益矣。友便辟,友善柔,友便佞,损矣"②。曾子言"与朋友交而不信乎"③,孟子说"朋友有信"④,荀子曰"匹夫不可以不慎取友"⑤,这说明,随着社会的发展,宗法制逐渐瓦解,至春秋战国时期,"友"已不是宗法人伦规范,而发展为非血缘的人伦规范,即汉代通行的对"友"的理解——"同志为友"⑥。

第三,王为"民主"。在西周的宗法制中,贵族与庶民是最基本、最重要的两个阶级。因此,在西周社会,天子、贵族与民的关系,既是重要的社会关系,也是重要的伦理关系。调节这类关系的政治规范与伦理规范合一,这就是王为"民主"。

金文中已有"民"字。在《诗经》《尚书》等文献中,"民"是一个常见字。《说文解字》曰:"民,众萌也。""萌"之义为草木萌芽,段注引申为"萌,犹懵懵无知"⑦。按照这个理解,"民"的意思是人数众多的、生生不息的、懵懂无知之人。"庶",古注皆作"众"解。按《说文解字》之

---

① 关健英:《先秦秦汉德治法治关系思想研究》,人民出版社,2011,第 86 页。
② 《论语·季氏》。
③ 《论语·学而》。
④ 《孟子·滕文公上》。
⑤ 《荀子·大略》。
⑥ 参见汉代《白虎通》《毛诗传》以及郑玄、许慎对"友"的界定。
⑦ 《说文解字注·第十二篇下》。

意,"屋下众也,从广、光",段注认为"光"字"取众盛之意"①,故"庶"的意思是众民。在周朝的文献中,"民""庶"两字已连用,《诗经》云:"经始灵台,经之营之。庶民攻之,不日成之"②。这是对周文王与民同乐之德政的歌颂,庶民拥戴文王,为他筑造灵台。作为与贵族相对待、相区别的一个阶级,庶民的身份如何确认?他们是完全没有人身自由的奴隶还是有一定人身依附关系的农奴?郭沫若先生通过考证金文之"民"字,认为从字形来看,金文"民"是眼睛被刺瞎之人,认为这是奴隶身份的标记,"盖盲其一目以为奴征"③,以此推知西周的"民"是奴隶而非平民。翦伯赞先生认为,西周庶人最主要的成分是农奴而不是奴隶,包括种田的农奴("播民")、从事手工业的工奴("百工")和贱奴④。西周的庶民主要是农人和手工业者,与贵族有人身依附关系,但其地位较之奴隶要高。

之所以要明确西周庶民的身份,是因为要确认庶民与宗法等级制中的贵族之间的伦理关系。奴隶完全没有人身自由,是贵族的私有财产,其价值与物相类,但却是价值最低的物品。根据金文记载,5个奴隶才与匹马束丝等值。奴隶被视为物品,自然也就谈不上与贵族之间的伦理关系。而庶民则不然,他们从事社会生产,与贵族有一定的人身依附关系,处于宗法体系之底层,成为西周宗法等级金字塔中人数众多的一个阶层。他们是物质财富的生产者,是贵族的供养者,是西周社会的宗法等级社会关系网络中的重要组成部分,与贵族自然具有伦理关系。

在周朝的宗法制中,贵族与庶民之间的关系是建立在人身依附关系基础之上的人伦关系。相应地,调整这种人伦关系的人伦规范天然地具有不对等性。这种不对等,以周朝的"民主"概念最为典型。《尚书》云:"天惟时求民主,乃大降显休命于成汤","天惟五年,须暇之子孙,诞作民主,罔可念听"⑤。这是周公以周成王的口吻,训诫周室宗亲、天下诸侯。

---

① 《说文解字注·第九篇下》。
② 《诗经·大雅·灵台》。
③ 郭沫若:《十批判书》,人民出版社,1954,第34页。
④ 参见翦伯赞:《先秦史》,北京大学出版社,2001,第264页。
⑤ 《尚书·多方》。

周公总结夏、商两代兴衰的历史，认为商革夏命、周革商命是天帝俯视人间，为民做主的结果。因此，周人所谓的"民主"，即为民做主。在周人的天人关系中，天与民并不发生直接的关联，"民"不具有与"天"沟通的资格。"天"与"民"，要通过"德"（王德）的中介，民心民意方可上达于天，此即"天视天听"，实现天与人之间的有效沟通。按照董仲舒的说法，天地人三者，参（同"三"）而通之者为"王"。可见，"天"的权威最终要通过"王"的权力来体现，成汤、文王是"天"在人间设置的"民主"，"王"与"民"之间是政治上的统治与被统治的关系，在伦理上，"王"是天下首善、万民表率，"怀保小民""保惠于庶民"是最基本的王德。

二、西周人伦观的特点

第一，西周人伦观强化"九族"的血缘纽带，目的是维护宗法制度。西周人伦观是关于西周社会人伦关系与人伦规范的基本看法和观点，其最显著的特点是确定血缘关系网络中每个社会成员在人伦关系中的位置，进而规范其行为。自天子以至庶人，莫不如是。在天子、诸侯、卿大夫、士、庶人的宗法结构中，天子之下，每个人都要尊宗敬祖、听命于周天子；周天子则要追孝祖先，友爱宗室，怀保庶民。此即西周宗法的"伦理"，也是周初统治者的一大理论创建。在此人伦关系"网络"中，没有"陌生人"，所有社会成员均是基于血缘关系的或远或近的宗亲，推而广之，普天之下的所有人，在人伦关系上莫非宗亲，在政治关系上莫非王臣。以此结成的"道德之团体"，"纳上下于道德"①，并以人伦道德来纲纪天下。

西周的宗法集团，最典型的就是"九族"。"九族"一词最早见诸《尚书·尧典》："克明俊德，以亲九族。九族既睦，平章百姓。百姓昭明，协和万邦，黎民于变时雍。"大意是说，尧做部族首领，任用贤德之士，使九族亲睦，百姓显明，万邦和谐，风俗和美。顾炎武认为，"九族"自唐

---

① 王国维：《殷周制度论》，载《王国维文集》第4卷，第43页。

尧时代已有，并非始自周人①。从中国伦理思想发生史来看，唐尧时代相当于原始社会末期，人伦观念初萌，不可能形成血缘脉络清晰的"九族"概念。从文献来看，根据学界的考证研究成果，《虞书》是周初史官所作，追记上古尧舜事迹，大体反映的是周初的思想，"九族"概念应该是血缘宗法制度的产物。

"族"，按照《说文解字》的解释，"矢锋也，束之族族也"。段玉裁认为，"族"就是"镞"，五十根箭束在一起为"族"，引申为聚集之众②，指有血缘关系的人们聚族而居。按照儒家的理解，周人的"九族"是指"上自高祖，下至玄孙，凡九族"③，即以自己为基点，向上追溯四代，向下延续四代，即高祖、曾祖、祖父、父、己、子、孙、曾孙、玄孙。《礼记》对"九族"有具体的阐释，"亲亲以三为五，以五为九。上杀、下杀、旁杀，而亲毕矣"④。父、己、子三代人为"三"，以"三"为基点，向上向下各推一代为"五"；以"五"为基点，向上向下再各推两代为"九"。所谓"杀"，指的是随着血缘关系逐渐递减，丧服的服制不断减轻。根据周礼的规定，父亲去世要守丧三年，祖父去世，丧期为一年，曾祖、高祖去世，丧期为三个月，依次减杀。"九族"展现的是一个清晰的血缘传承脉络，世代绵延，他们的血缘出自同一男性祖先。父亲血缘关系为"宗族"，母亲血缘关系为"母党"，妻子的血缘关系为"妻党"⑤。有夫妇而后有父子，血缘是两性结合的婚姻的产物。何谓婚姻？"婚者，昏时行礼，故曰婚；姻者，妇人因夫而成，故曰姻"⑥。婚姻关系中的母亲、妻子、妇（子之妻、孙之妻）及其血缘关系为"党"（据《释名》，五百家为党），其虽不在宗族之列，但却是宗法体系中不可或缺的一部分。周朝实行同姓不婚之制，婚姻承担着明晰血缘谱系、构建血缘网络的重要功能。

周人主张"亲九族"，自高祖至玄孙，九族皆为同姓，目的是强化血

---

① 参见《日知录》卷二。
② 参见《说文解字注·第七篇上》。
③ 《尚书正义·尧典第一》孔颖达疏。
④ 《礼记·丧服小记》。
⑤ 参见《尔雅·释亲》。
⑥ 《白虎通·嫁娶》。

缘基础之上的宗族伦理关系。血缘传承是生物学意义上的行为，同时也具有文化的内涵，这是人与动物的本质区别之一。周人通过周礼来保证血缘纽带在社会生活中的地位，凸显了血缘的人伦意义。虽然春秋以后宗法制逐渐解体，但重视血缘亲情、注重人伦纲常的文化精神在中国社会中一直延续着，成为中国文化精神的重要组成部分。

第二，西周人伦观首倡"五品""五教"，确定了中国文化重人伦道德的文化基因。在谈到中西伦理文化差异时，学者们基本持一种共识性的观点，即重视人伦关系及其相应的人伦规范，是中国传统伦理文化的基本特质，甚至是其最重要的特质。张岱年先生从中国文化与西方文化不同的视角，指出中国文化是以人为核心的文化，"表现了鲜明的重人文、重人伦的特色"①；罗国杰先生认为，"同西方相比，中国传统伦理思想特别重视人伦关系"②；有学者指出，在中国古代，"伦常不仅对于个人的身份认同具有根本性的建构作用，而且也是社会、国家乃至世界秩序的规范性力量"③。

亲子关系、血缘关系与人自身的生产相伴而生，但比之其他文化类型，中国文化确乎更为注重人伦关系和人伦道德。儒家重视人伦，在儒家看来，一切社会问题不外乎道德问题，而道德问题则不外乎人伦问题。孟子认为，一个社会的重中之重，即政治、经济、文化的根本，在于"明人伦"④。朱熹认为，所有社会问题均在"民生日用彝伦"⑤ 之中。中国传统伦理文化不仅重视人伦关系，同时注重用各种人伦规范去调整、协调人伦关系，要求人们安伦、明伦、尽伦，反对"夺伦"（见《尚书》"无相夺伦"），以臻于人伦和谐。可以说，重视人伦关系和人伦规范这一基本精神，渗透在中国传统伦理文化所有的理论、德目中，贯穿在从先秦到近代思想史的发展过程中。从道德治理的层面看，在中国历史上，在社会体系崩坏、纲纪废弛、道德沦丧的朝代，人伦无不大坏；而整饬社会道德，修复道德伤痛，也无不从重建人伦开始。先秦子学时代是传统人伦观的理论

---

① 张岱年、方克立主编：《中国文化概论》，北京师范大学出版社，2004，第280页。
② 罗国杰：《中国伦理思想史》，中国人民大学出版社，2008，"绪论"第13页。
③ 《伦理学》编写组：《伦理学》，第35-36页。
④ 《孟子·滕文公上》。
⑤ 《四书章句集注·大学章句·大学章句序》。

构建期,"同伦"是各家为先秦社会打造的一个伦理方案,各家相互争鸣,人伦方案各有特色,其中以儒家"五伦"的人伦观对后世影响最大。两汉是传统人伦观的经学化和官方化时期,以儒家经学和《白虎通》为典型。魏晋至隋唐五代是传统人伦观的嬗变、伤痛时期,从魏晋风度到五代之乱,传统人伦屡有浇薄,但根底未改。宋明是传统人伦观的修复、强化、理学化时期。到了近代,中国传统人伦观经历近现代转型,传统道德受到时代大潮的冲击荡涤,传统人伦观被注入了新的因素。两千多年中,人事代谢,朝代更迭,宗法制度已成历史陈迹,传统人伦观也历经变迁,但其中重视人伦道德、重视人伦和谐的文化传统一以贯之,成为中国文化的精神基因。追根溯源,西周作为中国传统人伦观的发端期,是中国传统文化"伦理型"精神气质的塑型期。

第三,西周采取礼法并用的手段,用"礼"与"刑"来维护宗法人伦体系,惩治"不孝不友"。西周建立后,以周公为代表的周初统治集团制定周礼,以"礼"去规范人们的行为,维护"亲亲""尊尊"的宗法原则。《说文解字》云:"禮,履也。所以事神致福也。从示从豊,豊亦声。"从"禮"的字形来看,它由"示"和"豊"两个部分组成,"示"为神主,"豊"为行礼之器,可见其初始意思为祭祀,是周人敬祖尊宗的重要仪轨。由此引申,周朝的"礼"有道德规范的含义,但超出了道德规范的边界;"礼"具有法的性质,但又不限于法,其含义非常宽泛。"礼"是周朝的根本大法,是涉及社会生活之方方面面的具体典章制度,也是宗法制度下人们之间的人伦规范。从大的方面论,"礼"可"经国家,定社稷,序民人,利后嗣"①;从小的方面说,"礼"是婚丧嫁娶、祭祀、交往中的各种仪节,是人际交往的重要规范。周朝有丧礼、祭礼、士相见礼、昏礼、冠礼等。同时,"礼"也是人伦规范,"相鼠有体,人而无礼。人而无礼,胡不遄死?"② 是否有礼遵礼,也是周朝确定一个人是否有道德的基本标准。

周人礼法并用,"五刑"是维护宗法人伦体系的重要手段。周朝建立了中国最早的法律制度。据学者考证,甲骨文中没有"法"字,西周的金

---

① 《左传·隐公十一年》。
② 《诗经·鄘风·相鼠》。

文中出现了"法"的古字"灋"。《说文解字》云："灋，刑也。"许慎以"刑"释"法"，那么什么是"刑"呢？古代"刑""荆"通用，均指对人的处罚。根据许慎的解释，"刑，到也"，"荆，罚罪也"，又云"到，刑也"。"刑""荆"通用，"刑""到"互训。三字从刀，表明了古人对"刑"的看法。所谓"刑"，就是用刀等利器残害人的身体。史载，夏有《禹刑》，周有《吕刑》（《左传》记载周有《九刑》），《周礼》《尚书》都有周朝"五刑"的说法，指墨刑、劓刑、剕刑、宫刑、大辟五种肉刑（一说"五刑"为墨、劓、宫、刖、杀）。由此可以看出，西周的法主要是以"刑"表现出来，"舍刑而外，在当时亦即无所谓法之存在"①。周朝的"刑"承担着约束社会成员、调控社会关系的重要职能。"凡民自得罪，寇攘奸宄，杀越人于货，暋不畏死，罔弗憝"②，那些盗窃抢劫、作奸犯科、杀人越货的人，要诉诸刑罚加以严厉制裁，以维护宗法等级制度的权威。周公认为，"元恶大憝，矧惟不孝不友。子弗祗服厥父事，大伤厥考心。于父不能字厥子，乃疾厥子。于弟弗念天显，乃弗克恭厥兄。兄亦不念鞠子哀，大不友于弟。惟吊兹，不于我政人得罪，天惟与我民彝大泯乱，曰，乃其速由文王作罚，刑兹无赦"③，"孝"与"友"是宗法体系中最重要的人伦规范，前者调整亲子关系，后者调整兄弟关系。违反"孝""友"，是宗法体系中最大的恶。不孝、不慈、不友、不恭的行为，必须受到刑罚的制裁。

周人用"刑"惩治"不孝不友"，以维护宗法人伦，对中国古代社会产生了重要影响。中国古代的法律是儒家伦理法。以儒家人伦规范为法的道德内核，维护并强化"亲亲""尊尊"的宗法原则，主张亲亲相隐，春秋决狱，原心定罪，把不孝看作与谋逆、大不敬相等同的"十恶"之一。中华法系儒家伦理法的这些重要特点，都是周朝宗法人伦观在中国历史上的思想遗迹。

第四，西周人伦观既反映了人文精神之萌动，又带有天命决定论的痕

---

① 陈顾远：《中国法制史概要》，台湾三民书局，1964，第357页。
② 《尚书·康诰》。
③ 同上。

迹。通过追溯西周人伦观的发生史可知，周朝的人伦关系是武王克商后西周现实的社会关系，周朝的人伦道德是人伦关系的反映，是周朝政治道德和家庭（家族）道德的理论建构。

从政治道德来说，周人重视"彝伦攸叙"，将其看作治国理政的洪范九畴中非常重要的内容，"彝伦"秩序成为周初具有人文觉醒意味的政治伦理思考，开启了周朝政治伦理一体化的思想先河，使中国传统伦理文化自源头始，就与传统政治之间形成了密切的关联。以周公为代表的周初贵族认为，"皇天无亲，惟德是辅"①，他们用"德"来沟通天人关系；在殷人那里高高在上、生杀予夺、具有人格神属性的"天帝"，被周人改造为可以与人（以周天子为代表）沟通和互动的至上存在。"德"在《尚书》等反映西周思想的文献中，大都是"王德"之义；也就是说，"德"是王者之德，"德"专属于周天子而非所有社会成员。"周人所理解的'德'，并非一般的社会成员的人格属性，而是属于周王的懿行；它是王者的美德，为周王和周的统治集团所拥有；它与统治权力密切相关，决定权力的获得和稳定；它一端承接天命，一端关乎民生，用'德'将'天''民'整合到统治权力转移的链条中"②。因为有德，故可配德于天，"德"是周天子享有天命的道德"资格"或者道德理由。因为有德，故可凝聚人心、纳天下万邦于血缘网络之中，建立起天下一家的人伦社会。

从家庭道德来说，孝、友人伦规范的出现，是周人反思自身行为的结果。人伦道德不是人类一开始就存在的。"上世尝有不葬其亲者，其亲死，则举而委之于壑。他日过之，狐狸食之，蝇蚋姑嘬之。其颡有泚，睨而不视。夫泚也，非为人泚，中心达于面目。盖归反藁梩而掩之"③。上古之世，未有丧葬之礼，没有人伦道德。父母死后，随便丢到野外，人们习以为常。某日当一个人看到亲人的尸体被野兽撕咬、被蝼蚁啃食时，他内心哀痛，额头出汗，不忍正视，便将父母掩埋，葬礼和人伦之孝因此出现。周朝宗法人伦重孝重友，是周人对自身再生产和由生育而产生的血缘关系

---

① 《尚书·蔡仲之命》。
② 关健英：《先秦秦汉德治法治关系思想研究》，第81页。
③ 《孟子·滕文公上》。

进行反思的结果，为人类的行为注入了文化的内涵，人伦观念逐渐萌发，人伦规范开始出现，标志着周人对生命的思考、对行为的反思，标志着周朝人文精神的最初萌动。但是，西周人伦观毕竟无法摆脱"天"的羁绊。一方面，周人为人伦道德在天的权威中挤出一块地盘，彰显了人的主体地位；另一方面，天命又如同一个难以去除的文化魔咒，与周人的人伦观纠缠不已。

第五，西周将五方之民纳入治理体系，使夷夏关系成为传统政治伦理的重要议题。自古以来，中华民族在形成过程中即呈现出多途起源、多样发展的态势。在中国这片古老的土地上，不同的历史时期曾经有不同的氏族、部族、民族繁衍生息，它们既各自创造了自己的历史与文化，又共同书写了中国历史，共同创造了中华文化，共同开拓了中国疆域。商人已有"邦畿千里，维民所止"①意识；周人继之，以"中国"（成周洛邑）为中心确立了周朝的天下观。周人与其四边的少数部族不断接触，同时不断冲突。在周的东部，有淮夷、徐戎等少数部族；在周的西部，有昆夷、犬戎等少数部族；在周的南部，主要是长江流域的楚，"楚为荆蛮"②；在周的北部，有狄人、肃慎（女真及满族的祖先）等。《周礼》有"四夷、八蛮、七闽、九貉、五戎、六狄"③，《尔雅》言"九夷、八狄、七戎、六蛮"④，这些均是关于周朝民族（部族）关系的记载，说明周朝华夏族与周边部族的交往极为频繁，冲突频现，融合不断。在此过程中，周人与蛮、夷、戎、狄各族冲突不断，于史书上有"蛮夷猾夏"⑤的记载。他们在冲突中不断融合，华夏族以黄河中下游为中心的华夏文化系统不断壮大，形成以"夏""华"为族称的中华民族共同体的雏形。他们"宅兹中国"，在地域上区别于生活在"四方"的其他各族；他们的礼乐制度鉴于二代因革损

---

① 《诗经·商颂·玄鸟》。
② 《国语·晋语八》。
③ 《周礼·夏官司马下·职方氏》。
④ 《尔雅·释地》。
⑤ 《尚书·舜典》。"蛮夷猾夏"是舜对皋陶的训示，"猾"，汉儒训为"乱"。舜令皋陶为士，施五刑于四裔，使之无不信服，不敢猾夏。《虞书》是周初史官所作，反映周人的观点，因此，"蛮夷猾夏"反映的应该是周初时期西周宗室与蛮、夷、戎、狄等少数部族的冲突关系。

益，郁郁乎文，在文化认同方面有别于四夷；他们是夏商周各族漫长融合后的民族共同体，区别于当时尚未融入华夏的荆蛮、犬戎、淮夷、肃慎、鬼方、猃狁等其他族群。可以说，在距今三千年前，出现在黄河中游由若干古老民族集团冲突融合而形成的诸夏，就是最早的、以自在的民族实体形式出现的中华民族共同体。

西周伦理关系的基础是周朝的天下体系。治西周史的学者多从宗法关系角度论及西周伦理关系，实际上，西周伦理关系立足于宗法但不限于宗法，而是包括五个方面：宗室系统的血缘伦理关系，功臣系统的异姓伦理关系，遗民系统的新旧政权伦理关系，小民系统的王民伦理关系，四夷系统的夷夏伦理关系。以往的西周伦理研究关于前四个方面的伦理关系关注较多，但对于周朝的夷夏伦理关系较少论及；关于周朝政治伦理的研究较多，而对于周朝政治伦理中非常重要的概念"民"的族属鲜有讨论。事实上，周朝的政治伦理已溢出宗法格局。周人面对的已不仅仅是宗法体系内部的各种伦理关系，更是面向普天之下的各个族群；周天子敬德保民之"民"，乃是五方之民，自然包括当时华夏族之外的各个族群。关于这一点，集中体现在周人管理四方的"五服"之制中。五服是以王畿（"中国"）为中心向四方渐次辐射的广大地区，在此区域中，不仅包括宗室、功臣、殷遗民、小民，还包括地处荒远的四方之民，即蛮、夷、戎、狄。因此，西周政治伦理以血缘为自然基础、以周天子为中心、以伦理为纽带、纳夷夏于一体，是协调治理主体与治理客体之间关系的伦理原则和规范体系。将四方的部族纳入天下整体观，极大地丰富了西周的社会伦理关系格局。自周朝始，夷夏关系成为中国古代重要的伦理关系，对中华民族多元一体格局的形成产生了极为重要的影响。

第三章 无序时代的人伦变迁与"行同伦"构想

春秋战国的五百多年间,可谓中国古代社会的一大变局。这是一个变化的时代、一个无序的时代,也是一个充满多种可能性的时代。各家各派以天下为己任,给那个时代提供了各不相同的社会治理方案和伦理主张。《中庸》有云:"天下车同轨,书同文,行同伦。""同伦"是先秦时期各家的道德理想,各家的人伦观虽所言异路,但精彩各异,殊途同归,皆致力于天下"同伦"。

第一节 宗法废弛与社会失序

在春秋战国五百多年间,前半期是春秋时期,周室衰微,宗法废弛。后半期是战国时期,诸侯崛起,逐鹿天下。由于生产工具的革新,生产力极大提高,私田大量出现,土地所有制形式发生变革,新的社会关系开始形成。与之相适应,变法成为这一时期各国应对时代变局的重大举措。社会存在决定社会意识,随着春秋战国时期社会政治、经济方面的变化,西周确立的宗法伦理体系式微,社会的精神思潮、人伦道德必然随之发生变化。

一、"黍离之悲"

谈到西周,史家自然是言必称成康之世,这是西周早期,也是宗法制的鼎盛时期。西周后期逐渐衰败,周厉王为暴动的国人所逐,周幽王为入侵的犬戎所杀。至周平王,东迁国都于成周洛邑,史称东周。东迁后的周室并没有扭转颓势,周天子虽然仍是名义上的天下共主,但其地位早已不复往昔,血缘宗法的纽带已然松弛。

> 彼黍离离,彼稷之苗。行迈靡靡,中心摇摇。知我者,谓我心忧,不知我者,谓我何求。悠悠苍天,此何人哉!彼黍离离,彼稷之穗。行迈靡靡,中心如醉。知我者,谓我心忧,不知我者,谓我何求。悠悠苍天,此何人哉!彼黍离离,彼稷之实。行迈靡靡,中心如噎。知我者,谓我心忧,不知我者,谓我何求。悠悠苍天,此何人哉!①

这是让后世人们感慨万千的"黍离之悲"。黍与稷,均为五谷之一,是周朝的主要农作物。当人们来到废弃的旧都,当年宗周的繁华胜景早已不再,所到之处满目是茂盛的黍稷之苗。此情此景,怎不令人忧思无限。后人认为,这首诗是人们悲悯周室衰微之作,"闵宗周也。周大夫行役至于宗周,过故宗庙宫室,尽为禾黍。闵周室之颠覆,彷徨不忍去"②。"黍离之悲"向我们展示了人们对于西周国都的凭吊与怀念,对于世事沧桑变化的无尽感伤。

据史记载,周武王定都丰镐,周成王时期即已开始筹划新的国都,对洛邑进行选址考察。据20世纪60年代宝鸡出土的西周礼器"何尊"122字铭文记载,周成王五年(公元前1038年),西周迁往洛邑,"唯王初壅,宅于成周。复禀(逢)王礼福,自(躬亲)天。在四月丙戌,王诰宗小子于京室……曰:余其宅兹中国,自兹乂民"。成王迁都洛邑,是西周宗法血缘强化、政权稳定、周道始成的体现,故称洛邑为"成周",把周天子所居的成周洛邑称为"中国"。有学者认为,西周实行的是"双国都"制,丰镐与成周洛邑并为国都。距周成王都洛邑268年后,公元前770年,周平王再次东迁,成康亡世早已不复存在,宗法制的辉煌已成昨日之花。因

---

① 《诗经·王风·黍离》。
② 《毛诗正义》卷第四。

此，平王东迁不仅仅是国都迁址，更意味着西周所建立的宗法血缘纽带的逐渐松散甚至废弛。

周室东迁后，作为天子国，其疆域以洛邑为中心，势力范围及陕西东部、河南北部区域。但随着各诸侯国不断扩充，周室被迫割地，其势力范围逐渐仅限于洛邑及其周边几百里的范围，随之而来的是各诸侯国对周天子只有名义上的尊重，实际上均怀揣问鼎企图。古史相传，夏禹搜集九州之金，将天下山川物产之图铸于鼎上，铸成九鼎，象征天下九州。从此，鼎不仅仅是三足两耳的器物，更是国之重器、统治权力的象征。夏桀灭亡，鼎迁于商。殷纣灭亡，鼎迁于周。鼎代表着天命，代表着天子的权威。据《左传》记载，楚庄王曾问鼎于周。"楚子伐陆浑之戎，遂至于雒，观兵于周疆。定王使王孙满劳楚子，楚子问鼎之大小轻重焉"①。楚庄王于陆浑之战打败戎人后，在周室国都洛邑郊区进行了阅兵。周定王是东周的第九位天子，此时的周室，气运衰微，楚、齐、晋等各大诸侯国早已对周天子毫无尊敬，只是彼此忌惮，没有哪个诸侯国敢首先动手。楚庄王阅兵之举，无疑在挑衅周天子的权威。周定王派大夫王孙满前往楚庄王的军队劳军，楚庄王于是"问鼎之大小轻重焉"，其觊觎周室的不臣之心昭然若揭。王孙满回答："卜世三十，卜年七百，天所命也。周德虽衰，天命未改，鼎之轻重，未可问也"②。按照周人卜筮，周朝可享国三十世，载祀七百，此时气数未尽，天命未改。但周人自己也不得不承认，天命虽在，但是宗法疏离，周德已衰。

据《左传》记载，春秋时期，郑国与周天子交恶，"王夺郑伯政，郑伯不朝。秋，王以诸侯伐郑，郑伯御之"③。周天子剥夺了郑伯的权力，郑伯自此不朝见周天子。周天子联合其他诸侯伐郑。在这场战斗中，周桓王被郑国打败，肩上中了郑人一箭。此时王室的威风扫地，与诸侯无异。可见，春秋时期宗法制已渐趋废弛，宗法人伦关系疏离，以"孝"和"友"为主的宗法人伦规范的约束力渐趋减弱。

---

① 《左传·宣公三年》。
② 同上。
③ 《左传·桓公五年》。

《诗经》中亦有关于春秋时期宗法废弛的事例。黎，是商周时期的古国，在今山西境内。黎为周文王所灭，遂成为周朝宗法制中的一个封国，黎侯是黎国的国君。春秋时期黎侯为狄人所逐，流寓于卫国，居住在卫国的中露、泥中两个城邑。《诗经》之《式微》《旄丘》两篇均记载了此事。"式微式微，胡不归？微君之故，胡为乎中露？式微式微，胡不归？微君之躬，胡为乎泥中？"①诗中表达了对卫宣公的不满。武王弟康叔是卫国的开国之君，至卫宣公已经是第十三代卫君。根据周朝宗法制的规定，"小宗"要孝于"大宗"，诸侯要孝于宗室。卫国作为诸侯国，要尽"方伯连率之职"，即十国为连，各国相率互助，共同抵御戎狄入侵。"旄丘之葛兮，何诞之节兮？叔兮伯兮，何多日也？何其处也？必有与也"②。土山之上的葛藤，本该相连蔓，为什么长得如此疏阔？诸侯国之间的关系如同兄弟，本应患难相恤、忧思相及，为什么卫宣公不施以援手？"《旄丘》责卫伯也。狄人迫逐黎侯，黎侯寓于卫，卫不能修方伯连率之职，黎之臣子以责于卫也"③。此时的卫宣公已全然不顾自己作为方伯之责，弃而不救，既是对周天子的不敬，也是对兄弟国的不友，周朝宗法废弛可见一斑。

春秋时期，颛臾是鲁国的附属国，在鲁地七百里之中。鲁是周室宗亲，颛臾自然也就是周朝宗法体系中的一分子，鲁君将颛臾封在东蒙山下，令其主祭。春秋晚期，鲁国大夫季氏专权，欲讨伐颛臾。孔子认为颛臾是鲁的附属国，属于公室，乃"社稷之臣"④，反对讨伐之。宋儒认为，季氏伐颛臾之事仅见于《论语》而不见于其他文献，很可能就是因为孔子的反对而终止。通过季氏将伐颛臾这件事，可见宗法制已经对各国完全没有约束力，其权威受到巨大挑战。

"烨烨震电，不宁不令。百川沸腾，山冢崒崩。高岸为谷，深谷为陵。哀今之人，胡憯莫惩"⑤，《诗经》对当时自然界发生天崩地陷的自然现象

---

① 《诗经·邶风·式微》。
② 《诗经·邶风·旄丘》。
③ 《毛诗正义》卷第二。
④ 《论语·季氏》。
⑤ 《诗经·小雅·十月之交》。

的描写，何尝不是春秋时期社会沧桑巨变的写照。据史记载，春秋时期各诸侯国先后发生多次"民溃"事件，民闻公室之命，如逃寇仇，对宗法等级制产生了巨大冲击。宗法体系崩坏，宗法制下"天有十日，人有十等，下所以事上，上所以共神"① 的格局被打破，晋国姬姓贵族的八姓旧臣之族人，降为贱役，"栾、郤、胥、原、狐、续、庆、伯，降在皂隶"②。春秋时期齐国晏婴和晋国叔向曾纵论"季世"，这个时期是一个时代的末世，也象征着宗法制的末世。与此同时，其他社会阶层崛起，如宁戚以贩牛仕于齐桓公，百里奚奴隶之身为秦穆公所用。随着春秋时期私学的兴起，学术垄断被打破，原来处于周朝宗法体系"五等"贵族下层的"士"产生分化，庶民子弟通过受教育可以跻身士人阶层，他们既非出身贵族，又无恒产，靠俸禄生活，成为一个新兴的阶层，冲破了宗法制世族世官制度，对中国社会产生了巨大影响。

二、从"天下有道"到"天下无道"

在周朝的宗法制中，天子既是最大的家长，也是最高权力的象征，无论是制礼作乐，还是上征下伐，其最高决定权都在周天子手中，此即"礼乐征伐自天子出"。春秋时期，周天子的宗主地位虽在，但权威日渐削减，各诸侯国权力增大，诸侯不得变礼乐、专征伐的先王之制逐渐改变，出现了"礼乐征伐自诸侯出"的情形。据《论语》记载，孔子发现了春秋时期天下大势的时代巨变，他说："天下有道，则礼乐征伐自天子出；天下无道，则礼乐征伐自诸侯出。自诸侯出，盖十世希不失矣；自大夫出，五世希不失矣；陪臣执国命，三世希不失矣"③。孔子认为，"礼乐征伐自天子出"是"天下有道"的体现，而"礼乐征伐自诸侯出"则是"天下无道"的体现。朱熹认为，"先王之制，诸侯不得变礼乐、专征伐"④，因此孔子所言的"道"，不是指一般的社会关系和社会道德，而是指宗法制的社会关系和宗法道德。在孔子看来，宗法人伦关系和宗法人伦规范确立的西

---

① 《左传·昭公七年》。
② 《左传·昭公三年》。
③ 《论语·季氏》。
④ 《四书章句集注·论语集注·季氏第十六》。

周，是"天下有道"的体现，而宗法人伦关系和宗法人伦道德遭到破坏的春秋时期，则是"天下无道"。

在周朝的宗法制中，自天子以至庶人的社会等级十分森严。按照周制，天子要去诸侯国巡视，称为"巡狩"，诸侯要定期觐见周天子，称为"述职"。按照宗法原则，诸侯必须向天子纳贡。天子有天子的舞乐，诸侯有诸侯的舞乐。按照周制，诸侯有罪，天子讨而正之，诸侯不可随便发起征战，战争命令必须出自天子，此为"义战"。时至春秋，宗法制的政治规范和道德规范均已松动。比如，诸侯不再定期"述职"，甚至有诸侯不向王室纳贡，周天子不得不放下身段主动索要。比如，原来诸侯绝对不可以享用天子的音乐，但春秋时期晋国的晋悼公却用周天子的音乐招待前来出使的鲁国大夫叔孙豹，叔孙豹吓得不敢受用，晋悼公却不以为意。诸侯国之间一言不合即开战，据《春秋》记载，自鲁隐公元年（公元前722年）至鲁哀公十四年（公元前481年），春秋时期存续的242年中，大大小小的战争总计483次①，这仅是记载于史书的，实际则可能更多。这些战争不经周天子许可，而是由诸侯擅自发起，故孟子说"《春秋》无义战"②。诸侯通过战争扩大实力，试图与周天子抗衡比肩，其中以"春秋五霸"为最。"五霸"即"五伯"，按《尔雅·释诂》的解释，"伯，长也"，晋郭璞注为"官长"。许慎《说文解字》云："伯，长也"。在宗法人伦关系中，周天子是宗室家长，诸侯是"小宗"之长，故诸侯为"伯"。"伯"旧读为"霸"，后因春秋时期五个诸侯之长称霸天下，"五伯"遂为"五霸"。历史上，关于"春秋五霸"的说法不一，一说"五霸"指齐桓公、晋文公、秦穆公、宋襄公、楚庄王，一说指齐桓公、晋文公、楚庄王、吴王阖闾、越王勾践，一说指齐桓公、晋文公、秦穆公、楚庄王、吴王阖闾，等等。其中各说均认可的是齐桓公和晋文公，故史书上往往以"齐桓晋文"或者"桓文"来代指春秋时期先后称霸的五个诸侯国的国君。春秋时期，五霸驰骋天下，周天子也不得不对他们青睐有加。史载，齐桓公率众诸侯打败狄人，与楚结盟，周天子派人参加齐桓公主持的葵丘会

---

① 参见龚书铎总主编：《中国社会通史·先秦卷》，山西教育出版社，1996，第483页。
② 《孟子·尽心下》。

盟，并赏赐祭肉给桓公，齐桓公霸主地位得以确立①。宗法废弛，礼乐征伐出自诸侯，故孔子感慨"天下无道"。

春秋时期宗法人伦关系遭到全面破坏，不仅周天子失去权威，在诸侯国中，公室益卑，卿大夫专权的现象比比皆是。周朝的"五等之制"，卿位列诸侯之下，大夫位列卿之下，尊卑有序，不可躐等。春秋时期的晋国，韩氏、赵氏、魏氏、中行氏、智氏、范氏位列"六卿"，是晋的异姓，他们无视周天子，架空晋侯，执掌晋国国政。他们之间争权不断，最后韩、赵、魏胜出，各自确立势力范围，瓜分晋国的土地和人民，晋国名存实亡。至此，周天子不得不承认韩、赵、魏三家的诸侯地位。春秋时期的鲁国，鲁侯为鲁国之君，他对上要听命于周天子，对下要统领鲁国的各个小宗。鲁桓公死后，鲁庄公继立。鲁桓公的三个庶子（鲁庄公的三个弟弟），分别是庆父、叔牙、季友，因为都是鲁桓公之后，故称为"三桓"。他们逐渐成为鲁国的强宗，此即叔孙氏、孟孙氏、季孙氏三家大夫。三桓之中，以季孙氏势力最大。至此，宗法关系遭到破坏，鲁国三桓专权，小侯强于公室。按照周制，宴乐的舞列每佾八人，天子八佾，诸侯六佾，大夫四佾，士二佾。舞列人数有严格的规定，自上而下，依次递减。季氏身为大夫，只能用四佾（三十二人）的舞列，但却僭用天子八佾（六十四人）的礼乐。孔子对季氏这种僭越周礼的行为忍无可忍。宋代儒者说，"乐舞之数，自上而下，降杀以两而已，故两之间不可以毫发僭差也"②。因此，孔子所批评的"天下无道"也指春秋时期礼乐征伐自大夫出，甚至陪臣执国命的彝伦淆乱情形。

随着历史脚步的推移，周朝宗法制的血缘关系越来越趋于淡薄，中国古代社会发生了重大变化。当时尚有周天子，但周朝那种分茅裂土、封建亲戚、以藩屏周的宗法制已经不复存在。司马光认为，三家分晋已然标志着一个新的时代的开启，因此《资治通鉴》以"三家分晋"这一重大历史事件为标志，即周天子承认韩、赵、魏三家为诸侯，以周威烈王二十三年（公元前403年）作为一个新的时代——战国时代——的开端。其后至秦

---

① 参见《国语·齐语》。
② 《四书章句集注·论语集注·八佾第三》。

统一的两百多年中，各个诸侯国之间兼并战争不断，力量此消彼长，政治格局不断整合，战国"七雄"形成。诸侯国一方面掠夺土地和人口，积极变法，迅速发展国力；另一方面已公然与周天子叫板。在春秋时期，楚国自恃强大，已经称"王"。到战国时期，其他诸侯国也不再自称"公""侯"，而自称"王"①。孔子曾说："名不正则言不顺"②。战国时期越来越多的诸侯自称"王"，就连孟子觐见梁惠王（魏侯）也张口言"王"。可见在战国时期，人们已经公开不承认周为天子国，不承认周天子之天下共主的地位。至此，西周宗法完全废弛。

三、蛮夷猾夏与传统人伦观的丰富

"蛮夷""夏"代指是中国历史上丰富的民族现象。在古代文献中，"民""族"两字出现很早，在先秦典籍中已很常见。"民""族"两字连用的"民族"一词，见于中国史籍，而不是近代从日本传入中国的词汇③。"民族"是中国固有概念，但总体而言，民族作为一种人类共同体的共同利益及文化认同的含义并不明显。在《周礼》中有"令国民族葬，而掌其禁令"④的记载，其"国民族葬"中的"民族"不是一个概念，"族葬"才是。在周朝的社会治理中，百姓死后，五服之内的同姓要埋葬在一起，即"族葬"。被学者认为是史籍中明确出现"民族"一词并含义清晰的《南齐书·顾欢传》中的"民族弗革"，与明南监本、汲古阁本以及《册府元龟》参校，"民族"乃"氏族"之误，其义同"族类"一词⑤。虽然在历史上"民族"一词较为少用，且不排除有文字错讹，但古代文献中确实记载了大量丰富而翔实的多民族史实，二十四史均可谓中国古代多民族史撰述的杰作。在中国古代，多使用华夏、匈奴、鲜卑、契丹、女真等具体族称等来记述各民族的史实；强调夷夏之别，则用夏、华、诸夏、中夏等与蛮、

---

① 齐侯辟疆称"齐宣王"，魏侯䓨称"魏惠王"或者"梁惠王"。儒家认为此于礼不合，乃"僭称王"。
② 《论语·子路》。
③ 参见郝时远：《中文"民族"一词源流考辨》，《民族研究》2004年第6期。
④ 《周礼·春官宗伯·墓大夫》。
⑤ 参见《南齐书》卷五十四《校勘记》，中华书局，1999，第646页。

夷、戎、狄对称；强调具有共同利益和文化认同的人类共同体，则使用"族"或者"族类"。近代以来，发端于欧洲、席卷世界的民族主义思潮进入中国，与近代中国自强保种、救亡图存的时代诉求相呼应，中国固有的"民族"一词成为英文 nation 的汉译概念，其既指历史文化共同体，也指政治共同体。

在现代意义上，我们一般把民族理解为某一共同体，它是在人类发展不同的历史阶段中形成的。在历史的不同阶段，从原始社会到现代社会，民族有多种表现形态。在中国历史上的民族与现代意义上的民族概念不完全一致，比如先秦时期的民族共同体，表现为氏族、部落、部族，不同于欧洲历史上的民族概念，与斯大林所说的有共同语言、共同地域、共同经济生活、共同文化四要素的民族（нация）概念也不相同，当然也不同于西方学者的民族（nation）概念。在中国历史上，民族间的融合几乎从未间断。从世界范围来看，中国多民族融合的历史是世界民族发展史上独特的"中国现象"。不同于现代的民族概念，在不同的历史时期，"族"的所指不同，既有血缘、地域的意义，更包括文化的意蕴。

春秋时期，中国境内的民族主要包括两个部分，一是华夏族，又称华、华夏、夏、中夏、诸夏，二是少数部族四夷，这两个部分构成"五方之民"。在春秋时期，少数部族的统称不一，有时用蛮、夷、戎、狄，有时用夷狄、夷、戎狄、四夷，与华、夏、诸夏相对而言。在先秦，"族"指的是众人聚居，聚族而居的人们共同体必然存在共同利益和共同文化，与他族有着语言、风俗、伦理上的诸多不同。随着各个民族之间不断地接触、冲突、融合，一方面，民族（非现代意义上的民族）之间的分别意识逐渐产生，"非我族类，其心必异"① 成为春秋时期华夏族的基本观念。"非我族类"指的自然是春秋时期华夏文化系统之外的其他部族。在血缘上，他们不属于姬姓宗法血缘。在地域上，他们是生活在华夏族周边的少数部族，此即"内诸夏而外夷狄"。在文化上，指相对于华夏文化而言较为落后、蒙昧的文化。应该说，春秋时期人们产生"非我族类，其心必

---

① 《左传·成公四年》。

异"的狭隘的民族观念,延续周人"蛮夷猾夏"①的观点,是先秦时期人们关于民族间关系的认识的一种反映。另一方面,在民族融合的过程中,民族共同体意识也在逐渐萌生。

春秋时期,华夏族与其他民族(部族)间的关系仍然是春秋争霸政治格局中的重要组成部分。彼时长江流域的楚人尚未融入华夏文化圈,属于当时的南蛮。鲁成公想要背叛晋国与楚国结盟,鲁国正卿季文子认为不可,"楚虽大,非吾族也"②。不但姬姓将楚人排除在诸夏文化之外,楚人自己也认为自己不属于诸夏。春秋时期,楚武王欲伐随国,楚武王自称"我蛮夷也"③。东部的莱人为齐所灭,孔子仍然视之为"裔夷",言"裔不谋夏,夷不乱华"④。南方的楚人和北方的狄族非常强悍。他们觊觎中原腹地,楚人向北,狄人南下,南北夹攻,数度侵扰中原。楚灭邓国、榖国,狄灭邢国、卫国,这些中土小国都是周室的诸侯国或者附属国,它们的灭亡,相当于消除了周室与楚人、狄人之间的屏障,建藩屏周的目的无法实现,周室岌岌可危,"南夷与北夷交,中国不绝若线"⑤。此时,管仲相桓公,建议齐桓公以"尊王攘夷"为旗帜,联合周室诸侯,出兵御楚抗狄。管仲说:"戎狄豺狼,不可厌也;诸夏亲昵,不可弃也"⑥。管仲将诸夏与戎狄相区分,认为狄人豺狼之心,贪得无厌,必须消灭;各诸侯国都是姬姓宗亲,同根同种,必须出手相救。在管仲"诸夏亲昵"的口号下,齐国联合各诸侯国,北击戎狄,南御荆楚,奠定春秋霸业之基。"尊王攘夷"是管仲基于齐国自身生存和发展利益考量而采取的政治策略,它要解决三种重要的关系:一是齐桓公与周宗室的关系,虽然宗室式微,但作为权力象征仍在,齐桓公尊周天子,各诸侯马首是瞻,自然也必须尊周天子。二是齐国与其他诸侯国之间的关系,齐桓公一呼而诸侯响应,自然确立了诸侯之长的霸主地位。三是齐与以楚、狄为代表的当时所谓夷狄之间

---

① 《左传·僖公二十一年》。
② 《左传·成公四年》。
③ 《史记》卷四十《楚世家》。
④ 《左传·定公十年》。
⑤ 《公羊传·僖公四年》。
⑥ 《左传·闵公元年》。

的关系,"尊王攘夷"丰富了春秋时期华夏族与其他民族(部族)间的伦理关系。应该说,这三种关系是春秋时期重要的社会关系,也是重要的人伦关系。正是在处理这些关系中,中国文化的"夷夏之辨"成为春秋时期的一个重要思想主题。

夷夏关系是春秋时期华夏族与其他部族冲突关系的历史描述,某种意义上,这是历史巨变的春秋时期社会伦理关系和人伦规范的"丰富"与"建构"。所谓"丰富",是指各少数部族与华夏族的融合,自在形式的中华民族共同体处在形成过程中,表现出你中有我、我中有你的紧密联系,华夏族与各少数部族的关系成为中国古代社会的重要伦理关系,丰富了中华民族共同体的内涵;所谓"建构",是指夷夏关系进入中国传统伦理的思考视野,"夷夏之辨"或者"华夷之辨"成为中国传统伦理文化的一个重要思想主题,贯穿思想史始终,与中华民族共同体的形成相伴相随。先秦的华夏与蛮夷戎狄之区分,既指生活地域、生产方式的不同,也指血缘有别,同时亦指文化观念、人伦道德的差异。中国历史上的"夷夏之辨"包含这三个方面的含义,并且这三个方面的含义交互在一起,相互蕴含。民族融合的过程,是"中国"疆域不断开拓的过程,是华夏族与各少数部族的血缘不断融合的过程,也是华夏文化与其他部族或民族文化交互影响、共同创造中华文化的过程。在此过程中,华夏族的人伦道德观念不断"用夏变夷",同时少数民族的生活习俗、人伦观念亦对华夏族文化发生影响,以儒家人伦为核心的文化圈不断扩大,丰富了中华民族的人伦价值观,不断汇聚而成"服章之美,礼仪之大"的中华文化。

第二节 道德观念变迁与人伦失和

一、春秋战国时期的道德观念变迁

"无序",是一个旧秩序的解体,是新的秩序尚在构建中。我们说春秋战国是中国历史上的"无序"时代,指的是周朝确立的宗法秩序由松弛、式微直至最后解体。时代是伦理观念之母,春秋战国五百多年间沧桑巨变,宗法制瓦解,宗法体系孕育出的宗法道德自然无所附丽。旧的秩序被打破，新的秩序正在酝酿中，春秋战国时期的道德观念发生变迁。

第一，"利"的观念。"利"字在先秦古籍出现得很早。《说文解字》曰："利，铦也，刀和然后利，从刀，和省。《易》曰：利者义之和也。""利"的本义是一种锋利的耒类农具。庄稼成熟后用金属农具进行收割，有所收获即"利"。人们从生产经验中获知，从事稼穑将有所收获，有付出即有获得，这是人们对"利"的初始认识，主要指物质利益。许慎引《周易》观点来表达古人对"利"的认识，即正当的"利"与"义"并不矛盾。从这个基本的含义，人们对"利"的认识逐渐深入，由此引发了对"利"的思考："利"从何而来？如何才能得"利"？如何看待自己的"利"与他人的"利"？在二者发生冲突时如何取舍？

司马迁说："天下熙熙，皆为利来；天下攘攘，皆为利往"①。对"利"的追求是人类活动的基本驱动力之一。在资源供给相对匮乏的时代，如何协调人们之间的利益关系，如何规范人们的逐利行为，如何在个人利益与整体利益、自我利益与他人利益之间求得平衡，是人类最初的道德思考之一。先秦时期，是中国古代历史发展过程中社会发生巨大变化的时代，周朝宗法制度下的利益格局被逐渐打破，新的利益格局正在形成过程中。位列公卿的贵族可能沦为阶下囚，布衣平民可能发达晋身。在这个充满无限可能性的时代，"利"如同一个巨大的魔咒，若水之趋下，令人随波逐流，沉溺其中。

中国古人认为，"利"是天之德的体现，"利"本身没有善恶属性，但如何对待"利"，获取利益是否合"义"，则关涉道德。《周易》认为，天生万物，必使万物各得其宜，这是天对万物之利，君子应该法天而行，在获得利益的过程中，约束自己的行为，使天道得以体现，使自己与他人各得其所，各得其宜，这是君子之德，此即"利者义之和也"②。这无疑是中国古人具有辩证思维和道德智慧的观点。但是，在社会转型、利益矛盾突出的年代，"利者义之和也"更多具有应然的性质，而不是社会道德状况的实然。"及至周室之衰，其卿大夫缓于谊而急于利，亡推让之风而有

---

① 《史记》卷一百二十九《货殖列传》。
② 《周易·乾·文言》。

争田之讼"①。从一个社会、一个时代人们对"利"的看法中，大体可见该社会、该时代的道德状况。据史记载：

> 宋公及楚人战于泓。宋人既成列，楚人未既济。司马曰："彼众我寡，及其未既济也，请击之。"公曰："不可。"既济而未成列，又以告。公曰："未可。"既陈而后击之，宋师败绩。公伤股，门官歼焉。国人皆咎公。公曰："君子不重伤，不禽二毛。古之为军也，不以阻隘也。寡人虽亡国之馀，不鼓不成列。"②

这则史料记载的是春秋时期宋国与楚国的泓水之战。古代的战争多是车战，在战斗中，如果战车成列，易于调度，则容易取胜；如果战车不成列，则无法调度，处于劣势。按照古礼，战争中要以礼用兵，要等待对方战车成列后才鸣鼓开战。在战斗中，不重创敌人，不俘虏头发花白的人，这就是春秋之前的战争规则。宋襄公恪守古义，楚军未渡河，不开战；渡河后楚军战车未成列，不开战。等到对方排好车阵的时候，宋军哪里是强大楚军的对手，顷刻溃不成军，宋襄公左右卫军皆战死，宋襄公腿部受伤，后来也因腿伤而死。战争所追求的最大的"利"就是歼灭敌人、掠夺土地和人口，宋襄公弃战争之"利"于不顾，恪守古礼古义，其行为无疑既迂腐又愚蠢。泓水之战宋军大败后，"国人皆咎公"，这是当时国人对宋襄公的主流看法。故《淮南子》认为，"古之伐国，不杀黄口，不获二毛。于古为义，于今为笑。古之所以为荣者，今之所以为辱也"③。宋襄公的"不鼓不成列"为国人所咎，为天下人所笑，折射出春秋时期人们对"利"的理解以及社会主流的道德评价。

魏惠王三十五年（公元前335年），魏惠王卑礼厚币，广招天下贤者，孟子来到大梁觐见魏侯罃，即梁惠王。梁惠王说："叟不远千里而来，亦将有以利吾国乎？"④ 梁惠王所言之"利"，主要不是他个人的私利，而是

---

① 《汉书》卷五十六《董仲舒传》。
② 《左传·僖公二十二年》。
③ 《淮南子·泛论训》。
④ 《孟子·梁惠王上》。

魏国的利益，如朱熹所言"盖富国强兵之类"①。梁惠王开门见山而问"利"，"言利"是事关国家生存和发展的大事，具有充分的合理性。而孟子则以一句"王何必言利"，表达了儒家道德理想主义重义轻利的价值立场。在诸侯逐鹿、充满功利精神的战国时期，孟子的"何必言利"毫无疑问是迂阔之论。几百年后，司马迁在为孟子作传的时候，即以此事开篇：

> 余读孟子书，至梁惠王问"何以利吾国"，未尝不废书而叹也。曰：嗟乎，利诚乱之始也！夫子罕言利者，常防其原也。故曰"放于利而行，多怨"。自天子至于庶人，好利之弊何以异哉！②

笔者认为，令司马迁废书而叹的不是"利"本身，而是先秦社会人们对于"利"的看法。民从利之心，如水之走下，不可壅塞。孔子言富与贵是人之所欲，承认对合乎"义"之"利"的追求具有正当合理性。但是，如果一个社会人人"利"字当头，人人以利益为行为准则、评价准则，如果一个统治者开口即言"利"，所有治理举措都建立在"利"的基础上，那么这个社会无疑潜伏着危险。正因如此，司马迁以一位史家的洞察力，认为子罕言利是从"原"的角度防患于未然。正是因为"利"的观念深入人心，人人言利，孔子"罕言利"正是补偏救弊之举。荀子生活在战国末期，当此之时，贪利争利已经成为一个时代大潮，"众庶百姓皆以贪利争夺为俗"③。基于此，荀子认为，义与利是每个人的"两有"。人人既有"好义"之心，也有"欲利"之心。作为国家的管理者，不能消灭人们对利益的追求，也不要压制人们对道德的渴望，要在民之"欲利"和"好义"之间寻求一种恰当的平衡，但总的说来应该是"义克利"，而不是"利克义"，"义胜利者为治世，利克义者为乱世。上重义则义克利，上重利则利克义"④。战国末期的社会大势极大地激发了人们的逐利之心，荀子提出的"义利两有"，兼容当时大行其道的功利观点，是当时社会道德观念变迁的反映。

---

① 《四书章句集注·孟子集注·梁惠王章句上》。
② 《史记》卷七十四《孟子荀卿列传》。
③ 《荀子·强国》。
④ 《荀子·大略》。

第二,"圣人不凝滞于物"的观念。《诗经》云"周虽旧邦,其命维新"①。世事变易、革故鼎新是中国文化的基本观念之一。先秦各家均承认"变",这是春秋战国时期的一个基本事实存在。但关于如何看待"变",如何应对时代之变和社会之变,各家看法则不同。儒家主张"法先王",言必称三代。面对春秋战国时期的社会巨变,儒家认为,用古代圣王之道来治理当今之世,是正确的选择。孔子祖述尧舜,宪章文武,以周礼为遵。孟子认为三代圣人是人伦之至,道德楷模。荀子作为先秦思想集大成者,虽也以"先王之道"作为社会制度设计和道德构想的基本范本,但其思想总体而言,与先秦法家一致,是"法后王"的政治主张。韩非认为,"当今之世"不是有巢氏和燧人氏的"上古之世",不是夏禹的"中古之世",也不是商汤周武的"近古之世";时代在发展,古今异俗,事异则备变,"上古竞于道德,中世逐于智谋,当今争于气力",若恪守古制,"以先王之政,治当今之民"②,就如同守株待兔的宋人一样可笑。

先秦时期,各国为了自身的生存和发展,纷纷改变旧制。春秋时期,郑国子产铸刑书,晋国范宣子铸刑鼎。成文法公布是古代刑法改革的标志性事件。叔向和孔子都对成文法公布表示反对,子产则认为这种改变是"救世"举措③。战国时期,魏文侯任用李悝,创平籴法。秦商鞅立木取信,奖励耕战。这些措施极大地促进了经济发展,是战国时期社会变革的重要实践。可以说,先秦关于变与不变、法先王与法后王的理论争论,诸侯国因"变"而强、因"不变"而衰亡的政治实践,对理论之争做出了最好的回答,此即汉人所言,"不变法而亡","不相袭而生"④。因此,社会之"变"的事实是不以人们的主观意志为转移的,"变"是先秦时期的主流观念。

社会新旧之交所带来的变化是全方位的,这种变化给人们提供了改变命运的机会。在宗法制下,实行的是按爵位封赏,世卿世禄。宗法制被打破后,占主要地位的是按"功"行赏。春秋末期,晋国的赵氏,在与郑国

---

① 《诗经·大雅·文王》。
② 《韩非子·五蠹》。
③ 参见《左传·昭公六年》。
④ 《淮南子·泛论训》。

的战斗中，一方面以"顺天明，从君命，经德义，除诟耻"为伐郑的正当性理由，另一方面以论功行赏为激励机制，"克敌者，上大夫受县，下大夫受郡，士田十万，庶人工商遂，人臣隶圉免"①。如果在战斗中表现英勇，取得胜利，对于贵族系列的上大夫、下大夫，奖励其土地和爵位；对于平民，提高他们的社会地位；对于有一定人身依附关系的农奴，则免除他们的身份。在宗法制还没被取消的春秋末期，赵简子的激励政策无疑具有巨大的诱惑力，极大地激发了参战者的斗志，此战打败了郑国。赵简子按照军功论赏，激发士气，聚拢人心，壮大了自己的力量，为打败范氏、中行氏以及最后的三家分晋奠定了基础。

战国时期，秦孝公任用商鞅，开始变法。"令民为什伍，而相牧司连坐。不告奸者腰斩，告奸者与斩敌首同赏，匿奸者与降敌同罚。民有二男以上不分异者，倍其赋。有军功者，各以率受上爵；为私斗者，各以轻重被刑大小。僇力本业，耕织致粟帛多者复其身。事末利及怠而贫者，举以为收孥。宗室非有军功论，不得为属籍。明尊卑爵秩等级，各以差次名田宅，臣妾衣服以家次。有功者显荣，无功者虽富无所芬华"②。商鞅变法在经济方面的措施主要是废井田，开阡陌，奖励耕织；在法律方面的措施主要是实行连坐制度，鼓励告密者；在政治阶层方面的措施是取消贵族世袭爵禄，无军功者不能属籍贵族。商鞅变法的总体精神是论功行赏，贵族与平民一视同仁。据史记载，在法令颁布前，秦国有不同意见，大臣甘龙、杜挚认为"法古无过，循礼无邪"，但商鞅认为，百姓安于旧俗，学者囿于所闻，"治世不一道，便国不法古"，秦孝公支持商鞅，新法颁行；新法行之五年，"秦人富强，天子致胙于孝公，诸侯毕贺"③。

对于个人而言，变动的社会提供了更多的机遇。战国时期，秦军主将白起率军大胜赵军，包围了赵国都城邯郸。大敌当前，赵国形势万分危急。平原君赵胜奉赵王之命，去楚国求兵解围，商议合纵大计。平原君欲在他所养的门客中挑选二十个文武全才，和他一起前往楚国。经过仔细挑

---

① 《左传·哀公二年》。
② 《史记》卷六十八《商君列传》。
③ 同上。

选，最后还缺一人。平素里默默无闻的门客毛遂自荐愿往，"臣乃今日请处囊中耳。使遂蚤得处囊中，乃颖脱而出，非特其末见而已"①。这个变化的时代给了太多锥处囊中的人以上位的机会，抓住机遇，就可脱颖而出，实现个人价值。"战国四公子"之一的孟尝君，养有很多门客，其中有两个人被大家瞧不起，因为他们两人没有军功，在众多门客中是最下等的，大家羞与之同列。后孟尝君出使秦国，被秦昭王扣押。两个门客其中一人会"狗盗"之术，另一人会模仿"鸡鸣"。正是这两个人，在最关键的时候帮助孟尝君脱险，两个"鸡鸣狗盗"之徒从此出人头地。这类现象在战国时期比比皆是，范雎、蔡泽、苏秦、张仪等以游说起家，徒步而为相；孙膑、白起、乐毅、廉颇、王翦等以征战闻名，庶人而为将。清代史学家赵翼认为，战国时期打破世侯世卿旧制，"开后世布衣将相之例"②。

世事之变，既有历史合理性的考量，也有价值合理性的评判。历史合理性和价值合理性并不总是一致。在春秋战国时期，一些社会现象和道德现象，从历史发展的总过程而言，合乎历史发展的逻辑必然，总可以从时代大趋势中找到其所以然；但处在其中的人们，却在对这些社会现象之价值合理性的追问中，展现了内心的道德冲突和时代忧思。

战国时期，楚怀王内惑于郑袖，外欺于张仪，屈原不肯随波逐流，被怀王疏远，后被流放。屈原痛恨奸佞，心系怀王，形容枯槁，披发行吟于江畔，"举世混浊而我独清，众人皆醉而我独醒"③，表达了对奸佞、对流俗、对世态的愤懑之情与不妥协精神。司马迁借渔父之口，展现了战国时期的人们关于圣人处世之道的观点：

> 夫圣人者，不凝滞于物而能与世推移。举世混浊，何不随其流而扬其波？众人皆醉，何不哺其糟而啜其醨？何故怀瑾握瑜而自令见放为？④

在当时的人们看来，身居浑浊乱世，一个人特立独行，保持自己的道

---

① 《史记》卷七十六《平原君虞卿列传》。
② 《廿二史札记》卷二。
③ 《史记》卷八十四《屈原贾生列传》。
④ 同上。

德清白,是"凝滞于物"的迂腐之举,而随波逐流才是最好的生存之道。在他们看来,只有"与世推移""不凝滞于物"的人,才是真正有道德的"圣人"。

每个时代都会催生立于时代潮头的成功者。时代造就了他们,他们也成为时代关于成功者的范本。衡量是否成功的主要是功利标准,或称之为效用标准。世俗评价往往用效用标准等同或者吞没道德标准,甚至会根据成功者的事功来改写道德标准,从而推动社会伦理道德发生嬗变。从伦理道德变迁的历史大趋势来看,这是不以人的意志为转移的客观过程,但身处其中的思想家们则会深感焦虑,并进行深刻的思考。据《孟子》记载:

> 景春曰:"公孙衍、张仪岂不诚大丈夫哉!一怒而诸侯惧,安居而天下熄。"孟子曰:"是焉得为大丈夫乎?子未学礼乎?丈夫之冠也,父命之;女子之嫁也,母命之,往送之门,戒之曰:'往之女家,必敬必戒,无违夫、子!'以顺为正者,妾妇之道也。居天下之广居,立天下之正位,行天下之大道。得志与民由之,不得志独行其道。富贵不能淫,贫贱不能移,威武不能屈,此之谓大丈夫。"①

孟子与景春的对话正是当时人们道德标准变化的反映。从景春的提问中可见,时人关于"大丈夫"的标准是功利标准,而不是道德标准。在战国时期的合纵连横中,苏秦、公孙衍主张"合纵",即各国联合起来抗秦,苏秦曾经佩六国相印,公孙衍佩五国相印。张仪主张"连横",即与秦联合,防御或者进攻其他国家。他们"一怒而诸侯惧,安居而天下熄",纵横捭阖,威震天下,一时间风头无两。孟子认为,这些纵横家阿谀权势,以顺为正,毫无操守,根本不是道德君子,只有那些"富贵不能淫,贫贱不能移,威武不能屈"的人,才称得上"大丈夫"。

战国时期,是社会剧变的时代。始自西周的分封诸侯、沿袭几百年的世卿世禄制度,在战国时期发生剧变。"游说则范雎、蔡泽、苏秦、张仪等,徒步而为相;征战则孙膑、白起、乐毅、廉颇、王翦等,白身而为

---

① 《孟子·滕文公下》。

将"①，时代给了普通人"徒步而为相""白身而为将"的选择可能和晋升机会。与世推移，与时俱变，不凝滞于物，是顺应时代要求的成功者的选择。但同时这种选择所带来的时代的道德问题，令人焦虑和纠结，也发人深思。是耶非耶，是善是恶，很难一概而论。在史家笔下，给人们留下了春秋战国时期社会重利尚利、随时而变的丰富素材。社会风气一旦形成，其影响就是长期的、持续的。战国重利的流风遗俗，至汉初而仍未绝。

二、春秋战国时期的人伦失和

班固说，春秋战国时期是"贵诈力而贱仁义，先富有而后礼让"②的时代。春秋战国时期社会的政治、经济、道德观念上的变化，直接影响这一时期人们对人伦关系和人伦道德的看法。社会失序必然导致人伦失和，臣子篡弑其君，儿子忤逆其父，夫妇失和，兄弟算计，人们白日为盗，社会贪利成风。人伦关系的恶化反映在两性（包括夫妇）关系、家庭关系（父子关系和兄弟关系）、君臣关系上。

第一，两性（包括夫妇）关系方面。据史记载，春秋时期两性关系失序比较普遍，较为典型的是子娶庶母、父纳子妻、兄妹私通。儿子与其庶母虽然没有血缘关系，但在伦理上是母子关系，子娶庶母显然违反人伦。《左传》将这种两性伦理关系称为"烝"。晋杜预解释为"上淫曰烝"③，指的是儿子娶庶母，杜预的解释代表中国古代对这种人伦关系明确的价值立场。"烝报"（"报"为弟娶寡嫂）是原始两性关系的流风遗俗，在春秋时期非常普遍。晋献公娶庶母齐姜，晋献公的儿子晋惠公娶了其父的夫人贾君。再比如卫国的卫宣公也是如此。"初，卫宣公烝于夷姜，生急子，属诸右公子。为之娶于齐，而美，公取之，生寿及朔，属寿于左公子"④。卫宣公纳了自己的庶母夷姜为夫人，生子名急（也作伋），立为世子。伋长大后，卫宣公为其娶齐国之女为妻。为了迎娶齐国之女，卫国在黄河边筑造了一座新台。卫宣公见到齐女很美，遂纳为夫人。齐乃姜姓，宣公纳

---

① 《廿二史札记》卷二。
② 《汉书》卷二十四上《食货志上》。
③ 《春秋左传正义·桓公十六年》杜预注。
④ 《左传·桓公十六年》。

为夫人，故史书将其称为"宣姜"。卫宣公不但纳庶母为夫人，而且纳儿媳为夫人，时人将这件事编成民谣：

> 新台有泚，河水弥弥。燕婉之求，蘧篨不鲜。新台有洒，河水浼浼。燕婉之求，蘧篨不殄。鱼网之设，鸿则离之。燕婉之求，得此戚施。①

《毛诗传》曰："《新台》刺卫宣公也，纳伋之妻，作新台于河上而要之。国人恶之，而作是诗也"②。时人厌恶并鄙视卫宣公的乱伦行为，作诗而讽谏，向我们展示了春秋时期人伦失序的道德状况。卫宣公死后，其子顽烝其庶母宣姜，两人私通生了五个儿子。国人把这种儿子与庶母私通的现象形象地比作"墙有茨"，宫墙之上长满了蒺藜，明知有害，但如果去除蒺藜，就会伤到宫墙。意思是说，母子二人私通是不可宣扬的宫闱丑事：

> 墙有茨，不可扫也。中冓之言，不可道也。所可道也，言之丑也。墙有茨，不可襄也。中冓之言，不可详也。所可详也，言之长也。墙有茨，不可束也。中冓之言，不可读也。所可读也，言之辱也。③

春秋时期，齐国的齐襄公与其同父异母的妹妹文姜私通。文姜嫁给了鲁国的鲁桓公，但兄妹俩仍然有私情。后来，桓公与文姜两人入齐。两人的私情被鲁桓公发现。鲁桓公谴责文姜，文姜将此事告知齐襄公。齐襄公于是设宴，派人把醉酒的鲁桓公杀死④。人们对这种兄妹私通的乱伦行为厌恶至极，作诗讽之：

> 南山崔崔，雄狐绥绥。鲁道有荡，齐子由归。既曰归止，曷又怀止？葛屦五两，冠緌双止。鲁道有荡，齐子庸止。既曰庸止，曷又从止？蓺麻如之何？衡从其亩。取妻如之何？必告父母。既曰告止，曷又鞠止？析薪如之何？匪斧不克。取妻如之何？匪媒不得。既曰得止，曷又极止？⑤

---

① 《诗经·邶风·新台》。
② 《毛诗正义》卷第二。
③ 《诗经·鄘风·墙有茨》。
④ 参见《左传·桓公十八年》《公羊传·桓公十八年》《公羊传·庄公元年》。
⑤ 《诗经·齐风·南山》。

齐襄公这种"淫乎其妹"的行为被后人视为"鸟兽之行"①，人伦大坏，莫甚于此。

　　古人认为，天地不合，万物不生，夫妇结合的"大昏"乃"万世之嗣也"②。两性及夫妇伦理关系是重要的社会伦理关系，没有两性结合，就没有人自身的生产，就没有亲子关系和家庭人伦。古人认为，包牺氏（伏羲）仰观于天，俯察于地，近取于身，远取于物，观物取象而始作八卦。在伏羲所画的八卦中，☰是乾，为阳，为天，为男；☷是坤，为阴，为地，为女。在六十四卦中，"咸"（艮下兑上）卦专门论述的是男女两性关系。按照儒家的解释，"咸"是感应之义，柔在上刚在下，二气交感，万物化生。"恒"（巽下震上）卦专门讲夫妇关系和夫妇之道，"恒"的含义是"久"，意思是"夫妇之道不可以不久也"③。在古人看来，乾坤是造化之本，男女为人伦之源。人伦之道，始于夫妇之端。

　　天生万物，乾道成男，坤道成女，两性的出现是一个自然的过程。人类的两性行为最初是受生物本能的驱使，与自然界中的动物无异。随着人类的进化和自我意识的萌生，逐渐出现了对两性行为进行约束与限制的性禁忌、性习俗和性道德，逐渐萌生了"人伦"的文化意识。从上古时期男女杂处、不媒不聘的原始群婚，到母系氏族时期人知其母、不知其父，再到原始社会后期以男性为核心的两性关系，人类婚姻家庭的历史经历了漫长的发展过程。这个过程是人的道德发生过程，是人伦关系意识逐渐萌发和人伦规范逐渐萌生的过程。周朝确立了血缘宗法制度，两性关系、夫妇关系以及由此而生成的姻亲关系成为其中的重要组成部分。春秋以降，随着宗法制度式微，周礼对人的约束力逐渐松弛，加之仍然存在两性关系的原始遗风，两性及夫妇伦理关系更为思想家们所关注。《诗经》《周易》《左传》《国语》《礼记》以及先秦诸子著作中关于春秋战国时期两性及夫妇伦理关系的非常丰富的材料，反衬出这一时期两性及夫妇伦理关系失和的状况。

---

① 《毛诗正义》卷第五。
② 《礼记·哀公问》。
③ 《周易·序卦》。

第二，父子关系和兄弟关系方面。家庭中的父子关系和兄弟关系是西周宗法制中最为重要的伦理关系。周公制礼作乐立刑，从各个方面维护宗法人伦规范"孝"与"友"。春秋时期，随着宗法制的解体，诸侯间争霸，各诸侯国内部争权，弑杀不断。春秋时期，子弑其父、兄弟相残的人伦惨剧史不绝书。

春秋的齐桓公征杀四方，南至江、汉，北至辽西，西至晋阳、雍州，束马悬车登临太行。兵车之会三，乘车之会六，九合诸侯，一匡天下，中原诸侯皆从齐，天下大国之君无人可与之抗衡。但自管仲死后，齐国的危机逐渐显现。齐桓公有三位夫人，皆无子。六位如夫人生了六个儿子，都想成为太子。最初，齐桓公立郑姬之子昭为太子。后来，齐桓公身边的宠臣易牙和竖刁屡进谗言，齐桓公又答应立卫姬之子无诡为太子。管仲在世时，局面尚可控制。管仲死后，诸公子各有党羽，剑拔弩张，局面已然失控。据司马迁记载：

> 及桓公卒，遂相攻，以故宫中空，莫敢棺。桓公尸在床上六十七日，尸虫出于户。①

在司马迁的笔下，各个公子忙着争权，自相残杀，齐桓公死后，尸体在床上放了六十七天而无人收尸，不能下葬，以至于生出蛆虫，令人触目惊心。在残杀中，易牙、竖刁两人推立公子无诡为新君，将齐桓公草草出殡。太子昭流亡于宋。后来，宋襄公率兵伐齐，齐人杀死无诡，迎立太子昭为君，是为齐孝公。管仲、齐桓公死后的几十年间，齐国诸公子之间互相残杀，齐国的国力受到重创，齐桓公开创的霸业风光不再。司马迁盛赞齐桓公的伟业，称齐有"大国之风"。唐代司马贞感慨齐桓公虽建立了九合诸侯的伟业，但却不能消弭儿子们的人伦相残，以至于死后尸虫乱爬，由此引发"洸洸余烈，一变何由"②的史家之问。

《论语》中"其父攘羊，而子证之"的记载，则更能反映出社会转型时期普通人的人伦困惑：

---

① 《史记》卷三十二《齐太公世家》。
② 《史记索隐·述赞》。

> 叶公语孔子曰："吾党有直躬者，其父攘羊，而子证之。"孔子曰："吾党之直者异于是。父为子隐，子为父隐，直在其中矣。"①

周制五百家为党，党是聚群而居的组织。叶公所言，既是一个法律问题，也是一个人伦道德案例。从法律上看，涉及面对攘羊的父亲，儿子举证的正当性问题。从伦理上看，则是如何看待"其子证之"行为与儒家孝道的背离。在周朝的宗法体系中，不可能发生"其父攘羊，而子证之"的事件。按照周朝的宗法体系，"父"是九族的血缘核心，子与父血缘最近，服制最重。父之党为宗族，一家之父是小宗的家长，具有绝对的权力。"父，巨也，家长率教者，从又举杖"②。"孝"是宗法体系中最基本的人伦规范。"其父攘羊，而子证之"必然与宗法人伦完全背离。也就是说，"其父攘羊，而子证之"的出现，是宗法体系式微、宗法道德"孝"失去约束力的社会现实在家庭中的缩影。根据叶公所言，揭发、证明父亲攘羊的儿子，被大家认为是"直躬者"，说明在春秋时期随着宗法制的解体，宗法道德在社会生活中也发生松动。孔子敏锐地看到了这一点，因此他认为，在这个案例中，理想的解决方案是"父为子隐，子为父隐"，用"孝"去维系父子关系、整合血缘人伦。孔子认为，孝为德之本，做到"孝"，自然是"直在其中矣"。

关于春秋时期人伦道德松弛的现象，《论语·阳货》中另一则记载亦可资为佐证。按照周制，父亲去世后，子女守丧三年。"三年之丧"并不是服满三十六个月，而是守丧二十五个月而毕，以示孝子的哀痛未尽、思慕未忘，丧期虽止于二十五个月，但孝子孺慕之情无尽。孔子弟子宰我曾对"三年之丧"的古礼有质疑。宰我认为，为父母守丧二十五个月，丧期太长，"君子三年不为礼，礼必坏；三年不为乐，乐必崩"，如果人人居丧二十五个月，不习礼乐，礼乐必崩坏。宰我认为，天运一周为一年（"期"），丧期应该按照天道而定，"期可已矣"。从"三年之丧"的讨论可知，在孔子时代已有主张对丧期进行改革的短丧之说，宰我作为荣列孔门四科十哲的弟子之一，他对丧期的质疑反映了当时人们关于孝道改革的呼

---

① 《论语·子路》。
② 《说文解字》之"父"。

声。宰我认为三年之丧导致"礼必坏""乐必崩",这仍然是站在儒家人伦立场的质疑,不同于其后墨家从"节葬""节用"角度对儒家的批评。面对孔门内部的质疑,孔子批评宰我"不仁"。孔子认为,孩提之人必三年而免于父母之怀,如果仅守丧一年,"食夫稻,衣夫锦,于女安乎?"孔子批评宰我,不仅仅是出于对古礼的坚守,更重要的是,孔子将周朝宗法制度下的丧礼规范建立在人的内心情感基础之上,将外在的规范内化为人之常情,将宗法伦理变成人伦之理。这样,守丧三年的深层依据则源于孝子内心的哀痛之情,短丧必定使孝子不"安"于心。故儒家认为"三年之丧"的古礼与孝子孺慕之情相契合,乃是"天下之通丧"。

纵横家苏秦的遭际也反映出战国时期人伦道德的变化。主"合纵"的苏秦游走于各诸侯国之间,说服各国联合抗秦,最风光的时候,苏秦曾佩六国相印,时人称之为"合纵长"。他可以指挥各国的军队,一怒而天下惧。但他尚未发迹之时,连家里人都看不起他。他是鬼谷子先生的学生,曾去各国游历,想谋个一官半职,但落魄而归,遭到家人嘲笑。据《史记》记载:

> 出游数岁,大困而归。兄弟嫂妹妻妾窃皆笑之,曰:"周人之俗,治产业,力工商,逐什二以为务。今子释本而事口舌,困,不亦宜乎!"苏秦闻之而惭,自伤,乃闭室不出,出其书遍观之。曰:"夫士业已屈首受书,而不能以取尊荣,虽多亦奚以为!"①

《战国策》中的描写更为传神,将家人对苏秦的鄙夷刻画得惟妙惟肖:

> 去秦而归。……形容枯槁,面目犁黑,状有归色。归至家,妻不下纴,嫂不为炊,父母不与言。苏秦喟叹曰:"妻不以我为夫,嫂不以我为叔,父母不以我为子,是皆秦之罪也。"……读书欲睡,引锥自刺其股,血流至足。②

从这些记载可见,战国时期人们的价值观发生了很大的变化,人们金钱至上,社会贪利成风。按照当时所谓的成功标准,苏秦无疑是一个失败者。

---

① 《史记》卷六十九《苏秦列传》。
② 《战国策》卷三《苏秦始将连横说秦惠王章》。

父母、兄嫂、妻子冷落他，丝毫看不出家庭中的骨肉亲情。据史记载，苏秦发迹后衣锦还乡，其兄嫂则极尽逢迎巴结之能事。苏秦的遭遇也许是个例，但史家将个例书之于史，不仅仅是记录历史事实，更是表达一种历史观，意在向后世呈现出一个时代的精神气候和社会伦理状况。在周朝的宗法制中，父子关系、兄弟关系都是"五品"之一，父义、子孝、兄友、弟恭是"五教"的重要内容。春秋战国时期，随着宗法关系的废弛，随着旧的秩序被打破，社会正处在新的秩序形成中的"无序"阶段，父子关系和兄弟关系一样，面临人伦尴尬。

第三，君臣伦理关系方面。在西周的宗法制中，周天子是王，是君，诸侯是臣，二者的关系不可僭越。春秋初年诸侯与天子交恶的情况偶有出现。在周郑的繻葛之战中，郑庄公的军队大败周桓王率领的诸侯联军，"蔡、陈、卫皆奔，王卒乱，郑师合以攻之，王卒大败。祝聃射王中肩"①。天子被诸侯打败且被箭射中，反映了宗法制渐趋式微的基本事实。但总的来看，即便诸侯的实力可与天子匹敌，甚至公开交恶，此时周天子天下共主的名分尚在，维持着春秋时期政治格局的平衡，诸侯们在争霸博弈中也不得不保持对天子基本的礼遇，恪守君臣之礼。齐桓公率领诸侯打败北方的狄人，与南方的楚人结盟，安定了岌岌可危的周王室，与诸侯在葵丘会盟，订立了各诸侯国共同遵守的盟约。据《国语》记载：

> 葵丘之会，天子使宰孔致胙于桓公，曰："余一人之命有事于文、武，使孔致胙。"且有后命，曰："以尔自卑劳，实谓尔伯舅，无下拜。"桓公召管子而谋，管子对曰："为君不君，为臣不臣，乱之本也。"桓公惧，出见客，曰："天威不违颜咫尺，小白余敢承天子之命曰'尔无下拜'？恐陨越于下，以为天子羞。"遂下拜，升，受命。赏服大辂，龙旗九旒，渠门赤旗，诸侯称顺焉。②

周襄王派宰孔参加葵丘之会，并赏赐胙肉给齐桓公，以示王室对诸侯的嘉奖。宰孔转达了周襄王的话，齐桓公劳苦功高，不必行礼下拜。管仲认

---

① 《左传·桓公五年》。
② 《国语·齐语》。

为，君不君臣不臣是"乱之本"。齐桓公听从了管仲的建议，接受胙肉，下拜致礼，诸侯称顺。

晋文公也同样遵从君臣之礼。据《国语》记载，周太宰文公和内史兴两人前往晋国，奉周襄王之命给晋侯重耳赐命圭。得知太宰和内史兴即将莅临晋国后，重耳派上卿在边境迎接，然后亲自到郊外迎接，把他们安顿在宗庙下榻，按礼数准备丰盛的酒肉，在庭院中布置了照明的火炬。在接受命圭时，在晋国最尊贵的地方祖庙武宫举行仪式，并且为晋国的先人设立了桑木牌位。仪式由太宰主持，重耳按礼制着正装进入武宫。太宰以王命命他换上赏赐给他的冕服，由内史官引导，他辞让了三次才换上。正式的礼仪结束后，迎宾、餐饮、致赠、郊送等仪式也都一一按诸侯接受王命的礼节进行。内史兴禀告周襄王说，重耳做事敬重王命、遵从周礼，这样的人一定能让诸侯顺服，一定能称霸天下，"其君必霸。逆王命敬，奉礼义成。敬王命，顺之道也，成礼义，德之则也。则德以导诸侯，诸侯必归之"①。

从上述史实中，确实可以看到春秋五霸的齐桓公、晋文公恪守周礼的行为，他们攘夷狄安王室，遵从君臣之礼，毫无僭越之举。但是否据此可以得出春秋时期君臣关系完好无损的结论呢？答案当然是否定的。与其说齐桓公、晋文公是恪守君臣之道，不如说他们是基于自身政治利益的考量。在当时的天下格局中，"尊王"作为政治旗帜，是诸侯之间相互掣肘、彼此制衡以图谋发展的权宜之计。他们遵守对待天子的礼数，并非他们恪守宗法制的君臣之道，而只是他们更愿在"尊王"的旗帜下攫取更多的利益份额，他们守礼的行为改变不了春秋时期君臣伦理"失和"、宗法伦理式微的基本史实。

三、乱世"失伦"的道德代价

春秋战国的几百年，是中国古代社会变迁最为频繁、最为剧烈的时期之一，也是人伦关系遭遇重大变迁的典型时期。春秋以降，权力阶层谋篡频仍，宗法制崩坏，"人有土田，女反有之；人有民人，女覆夺之"②。及

---

① 《国语·周语上》。
② 《诗经·大雅·瞻卬》。

至春秋末年，公室式微，出现所谓"季世"的伦理景象："虽吾公室，今亦季世也。戎马不驾，卿无军行。公乘无人，卒列无长。庶民罢敝，而公室滋侈。道馑相望，而女富益尤。民闻公命，如逃寇仇。栾、郤、胥、原、狐、续、庆、伯，降在皂隶。政在家门，民无所依。君日不悛，以乐慆忧。公室之卑，其何日之有？"① 在春秋两百多年的历史中，人伦废弛，"君君臣臣，父父子子"②的人伦秩序被打破，出现了思想家笔下世衰道微的人伦末世，"臣弑其君者有之，子弑其父者有之"③，"弑君三十六，亡国五十二，诸侯奔走不得保其社稷者不可胜数"④。伴随着旧贵族的哀鸣，新的社会阶层在崛起，谋杀篡夺司空见惯，利益整合从未停歇。在这样的社会大背景下，人伦关系和人伦道德可想而知，"失伦"现象史不绝书。齐国晏婴将当时的社会状况总结为"失伦""逆道"："去老者谓之乱，纳少者谓之淫，且夫见色而忘义，处富贵而失伦，谓之逆道"⑤。卫国大夫石碏有感于当时的社会道德，提出了人伦关系和人伦道德的"六逆""六顺"：

> 贱妨贵，少陵长，远间亲，新间旧，小加大，淫破义，所谓六逆也。君义，臣行，父慈，子孝，兄爱，弟敬，所谓六顺也。去顺效逆，所以速祸也。君人者，将祸是务去，而速之，无乃不可乎！⑥

石碏这番议论是针对卫庄公对爱子州吁疏于管教而发，谏言庄公要教子以义方。但是这些议论又不仅仅局限在家庭道德中，涉及君臣、父子、兄弟、贵贱、长幼、远近、新旧等伦理关系和人伦道德。据《左传》记载，卫庄公没有听从石碏的忠告，放任州吁。卫庄公死后卫桓公继立，州吁果然弑桓公而自立为君，证实了石碏的判断，州吁最后因"六逆"而被杀。

时至战国，连年征战愈发加重了百姓的经济负担，加之城市发展，工商业逐渐发达，极大地激发了人们的私欲，贪利争夺之风盛行，礼义轻如

---

① 《左传·昭公三年》。
② 《论语·颜渊》。
③ 《孟子·滕文公下》。
④ 《史记》卷一百三十《太史公自序》。
⑤ 《晏子春秋·外篇》。
⑥ 《左传·隐公三年》。

草芥，社会再次遭遇人伦之殇和道德沦丧。庄子将战国时期定义为"天下大乱，贤圣不明，道德不一"①的乱世。孟子形象地刻画了战国时期有些人为了富贵利达而毫无底线、寡廉鲜耻的丑态：

> 齐人有一妻一妾而处室者。其良人出，则必餍酒肉而后反。其妻问所与饮食者，则尽富贵也。其妻告其妾曰："良人出，则必餍酒肉而后反，问其与饮食者，尽富贵也，而未尝有显者来。吾将瞷良人之所之也。"
>
> 蚤起，施从良人之所之，遍国中无与立谈者。卒之东郭墦间之祭者，乞其余；不足，又顾而之他。此其为餍足之道也。
>
> 其妻归告其妾曰："良人者，所仰望而终身也，今若此！"与其妾讪其良人，而相泣于中庭，而良人未之知也，施施从外来，骄其妻妾。②

孟子认为，这样的寡廉鲜耻之徒在生活中比比皆是。"由君子观之，则人之所以求富贵利达者，其妻妾不羞也而不相泣者，几希矣。"那些功成名就、富贵利达的人，和乞食于坟场的齐人没什么两样，"昏夜乞哀求之，以骄人于白日"③。他们行为下作，不择手段地攫取利益。他们令妻妾蒙羞，令世人不齿。他们为了名利富贵，毫无廉耻之心，行为丑陋令人瞠目，社会道德沦丧可见一斑。

荀子敏锐地捕捉到时代的精神状态，给后人留下了关于战国晚期人伦观念和价值取向的丰富信息。荀子对其所处时代冠之以"乱世"之名，并总结出"乱世之征"：

> 乱世之征：其服组，其容妇，其俗淫，其志利，其行杂，其声乐险，其文章匿而采，其养生无度，其送死瘠墨，贱礼义而贵勇力，贫则为盗，富则为贼。治世反是也。④

乱世中，人们服饰奢华，容色、气质趋向女性化，社会风气放荡堕落。人

---

① 《庄子·天下》。
② 《孟子·离娄下》。
③ 《孟子注疏·离娄章句下》赵岐注。
④ 《荀子·乐论》。

们普遍看重物质利益，行为放纵混乱。乱世中，音乐怪诞而失谐，文章浮华而不正。人们沉溺于物质享乐，对待逝者却俭薄失敬。这是一个轻视道德而看重勇力的时代，人们贫则为盗，富则为贼。这是一个浊世、乱世、末世，是世风浇薄、人伦失序、道德沦丧的时代。

  应该说，思想家们对乱世道德现象的描述和论述是非常深刻的。在他们看来，一个社会的风气堕落、道德陵迟、礼义沦丧、人伦失和，标志着该社会进入"季世""乱世"。一个失序的、人伦纲纪缺失的社会必定篡弑横行，天下大乱，究其所以，在于人伦道德缺失，即司马迁所说的"皆失其本已"①。但是，他们却没有认识到，人伦道德和社会精神风貌作为社会的观念层面，是被当时的社会存在决定的，不是人伦道德决定社会的经济、政治结构，而是社会的政治、经济结构决定社会的人伦道德。时代的变革是不以人的主观意志为转移的，"季世""乱世"预示着一个旧时代即将终结，一个新时代即将来临，社会在新旧交替之际表现出人伦阵痛，是社会变迁如影随形的道德代价，也必然在阵痛中生长出适应新时代的道德观念。

第三节 "处士横议"与"所言异路"

  在战国连年征战、纵横捭阖的力量整合中，天下"定于一"② 的历史大势已经越来越明晰。但是，何人可以"定于一"，以何种方案"定于一"，先秦时期的思想家们则提出了各自不同的主张，出现了中国历史上思想自由争鸣的诸子百家。冯友兰先生认为，在中国历史上的各个时代中，若论及学术派别之众，讨论问题之多，涉猎范围之广，研究兴趣之浓厚，思想气象之蓬勃，第一者非先秦子学时代莫属③。在这一时期，各家各派均提出了自己的政治主张和治理方案，为无序的时代开出各不相同的道德"药方"，展现出迥异的人伦观。

---

① 《史记》卷一百三十《太史公自序》。
② 《孟子·梁惠王上》。
③ 参见冯友兰：《三松堂全集》第2卷《中国哲学史》上册，第24页。

一、同归殊途的道德方案

诸子百家是后世对于先秦时期思想家和学术派别的总称。诸子，指的是各个学派的思想家，"子"是古人对人的尊称，比如老子、孔子、墨子、孟子、庄子、荀子、管子、韩非子、孙子、杨子、许子、惠子、公孙龙子、告子、尸子等；百家，指的是春秋战国时期的各种思想流派，比如以孔子、孟子、荀子为代表的儒家，以老子、庄子为代表的道家，以申不害、商鞅、韩非为代表的法家，以墨翟为代表的墨家，以惠施、公孙龙为代表的名家，以许行为代表的农家，以孙武、孙膑、吴起为代表的兵家，以邹衍为代表的阴阳家，以苏秦、张仪、公孙衍为代表的纵横家，等等。"诸子"是就人而言，"百家"是就学派而言，二者互为表里、蕴含交叉，总称为"诸子百家"。

诸子百家活跃的时期纵贯春秋战国的五百多年间。这一重大文化现象的出现，与这一时期中国社会发生的重大历史变革相关联。在"高岸为谷，深谷为陵"的深刻变革中，旧的秩序、旧的观念逐渐消隐，新的秩序、新的观念正在酝酿之中。几百年中，周室衰微，宗法制逐渐解体，群雄纷起，权力格局重新洗牌，"春秋五霸""战国七雄"登上了这一时期的历史舞台。教育和受教育被贵族垄断的局面开始打破，学术下移，私学兴起，养士之风大兴，"士"阶层活跃。春秋时期，周天子是名义上的天下共主，各诸侯与周天子的关系、各诸侯之间的关系、诸侯国内部的关系，仍然是主要的社会伦理关系，因此春秋时期的道德诉求是"如何治"，即如何使宗法式微的社会伦理关系从"无序"到"有序"。战国时期，周室已经由宗主国沦为东周小国，管辖地盘仅几十座城池，三万人口，"定于一"是逐鹿中原的当政者们预判的天下大势，也是思想家们对历史走向的前瞻性思考。与诸侯王相比，思想家更关注"如何一"，即以哪种治理理念来结束列国争雄状态，以实现天下一统。正是在这样的时代大背景下，诸子百家与时代的诉求相契合，回应时代变迁所出现的种种问题，为无序的时代提出了自己的道德方案。

尽管诸子百家活跃于先秦，但将其思想名之曰"百家"是汉代的事情。汉武帝时期，史官司马谈作《论六家之要指》，对先秦时期各家各派进行总结,将阴阳家、儒家、墨家、法家、名家、道家称为"六家",并提出"百家"之说。司马谈对"六家"各自的特点进行了总结性评价,认为:阴阳家"使人拘而多所畏",但其作用是序四时之顺,以为天下之纲纪;儒家以六艺为法,缺点是"博而寡要,劳而少功",但在人伦道德方面,"列君臣父子之礼,序夫妇长幼之别,虽百家弗能易也";墨家尚俭,其缺点是"俭而难遵",其所长是提倡"强本节用";法家不别亲疏,一断于法,"严而少恩"是其缺点,但其优长是"尊主卑臣,明分职不得相逾越";名家"专决于名",概念烦琐,但可引名责实,察于事情;道家无为无不为,以无为本,纯任自然。司马谈在《论六家之要指》中对道家情有独钟,并把道家与儒家进行对比,对道家思想大加推崇,认为道家思想兼具其他各家之长,"因阴阳之大顺,采儒墨之善,撮名法之要",道家"与时迁移,应物变化,立俗施事,无所不宜",在社会治理方面,"指约而易操,事少而功多"①。司马谈如此推崇道家,主要原因是司马谈师从黄生,黄生也称黄子,是汉初黄老道家的代表人物。黄老是汉初思想界的主流,也是汉初文景之治"与民休息"治国方略的理论基础。

西汉末年,光禄大夫刘向考校、辑录群书,撮举要义,编订《七略》。《七略》其中之一为《诸子略》。在西汉司马谈《论六家之要指》提出阴阳家、儒家、墨家、法家、名家、道家之"六家"的基础上,刘向又加上农家、纵横家、杂家、小说家,共为"十家"。东汉班固将"十家"著录于《汉书·艺文志》,在司马谈的基础上,对先秦十家的源流、思想内容、主要特点、代表人物和代表著作逐一进行阐述,并进行分析评价。班固认为先秦百家皆出于王官,百家确数为"凡诸子百八十九家",著作"四千三百二十四篇",百家中的主要流派有十家,十家之中,小说家乃"街谈巷语,道听途说者之所造也"②,故可观者九家而已。

经过汉代司马谈司马迁父子、刘向刘歆父子、班固等人的学术史梳理,先秦诸子百家的思想内容及其宗旨清晰地呈现在世人面前。司马谈认

---

① 《史记》卷一百三十《太史公自序》。
② 《汉书》卷三十《艺文志》。

为，六家的思想各有所长，其共同的特点是"务为治者也，直（只）所从言之异路"，即各家的思想都是针对先秦时期社会的"无序"状况而提出的社会治理方案和道德主张。在人伦道德的问题上，儒家的目的是使君臣、父子、夫妇、长幼贵贱有别，尊卑有序，法家的目的同样是"尊主卑臣，明分职不得相逾越"，观点不同，路径不同，但宗旨如一。班固认为，先秦百家思想"皆起于王道既微，诸侯力政"之时，正因为各国当政者的诉求不同、好恶殊方，故百家并作，各执一说，"崇其所善，以此驰说，取合诸侯"①。各家的观点各不相同，相互攻讦，犹如水火，但彼此之间，相灭亦相生，相反而相成，都是针对当时的时代需要而发，为当时各国的政治主张服务。

从子学时代的状况来看，确实是学术极其自由，"道术将为天下裂"②，各家所言异路。荀子认为，以十二子为代表的战国时期思想家们"饰邪说，交奸言，以枭乱天下"③。班固将战国时期的思想界形容为"真伪分争，诸子之言纷然淆乱"④。孟子将战国时期思想道德领域的状况称之为"处士横议"⑤，各种主张自由生长，邪说盛行。孟子所说的"处士横议"，主要是指当时影响最大的墨家学派和杨朱学派。按照孟子的说法，"杨朱、墨翟之言盈天下，天下之言，不归杨，则归墨"⑥。墨家讲兼爱，是"无父"；杨朱讲"为我"，是"无君"，孟子将杨、墨的观点斥为"邪说""淫辞"，认为他们教坏世人，为害尤甚。而在墨家看来，只有"兼以易别"⑦才能阻止国与国、人与人之间的相互残杀，才能重建人与人之间的伦理关系，使天下归于正途。杨朱思想传世较少（《列子·杨朱》为魏晋人假托杨朱之名所作），冯友兰先生考其源流，将杨朱归于道家。孟子批评杨朱的道家学派"无君"，而在道家看来，只有"绝仁去义"，去除儒家所谓圣王的人伦道德，同于大道，才能超越人伦的羁绊，实现至德之

---

① 《汉书》卷三十《艺文志》。
② 《庄子·天下》。
③ 《荀子·非十二子》。
④ 《汉书》卷三十《艺文志》。
⑤ 《孟子·滕文公下》。
⑥ 同上。
⑦ 《墨子·兼爱下》。

世。法家则认为，人伦关系的背后是赤裸裸的自为之心，整饬人伦必须"一断于法"。先秦儒、墨、法、道各家承认君臣、父子、夫妇等社会伦理关系的客观性，主张用道德去规范人伦关系，改变无序的社会状态，在这一点上是一致的。不同的是，各家给出的方案各不相同，正如《周易》所言，"天下同归而殊途，一致而百虑"。

二、墨家"兼爱交利"的人伦观

墨子是墨学代表，是先秦时期庶民阶层的代言人。他从小生产者、小手工业者的利益出发，主张"兴天下之利，除天下之害"①。为了实现这个目标，墨子提出了与各家，尤其是与儒家对立的观点"兼相爱交相利"，主张以"兼"来代替"别"，以"交相利"来实现天下之利，消除家庭成员之间、社会上的人与人之间、国与国之间的对立，建立人与人互爱互利的伦理关系，从根本上改变社会失序、人伦失和的状态。

第一，墨子"兼爱"人伦观是墨家为失序社会提出的道德方案。墨子认为，提出何种思想主张，必须针对时代之状况、社会之所需而立言，"凡入国，必择务而从事焉……国家务夺侵凌，即语之兼爱非攻"②。墨子所处的春秋战国时期，天下混乱无序，诸侯国之间彼此攻伐，小宗之家彼此相篡，人与人之间彼此算计，"国之与国之相攻，家之与家之相篡，人之与人之相贼"，在君臣、父子、兄弟这些基本的人伦关系方面，"君臣不惠忠，父子不慈孝，兄弟不和调"③。人与人之间彼此交恶的伦理关系，进一步加剧了社会无序，给人们带来了贫穷、战争和死亡。强之劫弱、众之暴寡、诈之谋愚、贵之傲贱不仅是人与人关系的常态，也是政治混乱、天下失道的根本原因。墨子认为，天下祸乱、社会失序、人伦失和的根源，在于人们之间彼此不相爱，"凡天下祸篡怨恨，其所以起者，以不相爱生也"④。墨子认为，"天下兼相爱则治，交相恶则乱"⑤，只有实行兼

---

① 《墨子·兼爱下》。
② 《墨子·鲁问》。
③ 《墨子·兼爱中》。
④ 同上。
⑤ 《墨子·兼爱上》。

爱，没有差等，没有厚薄，才能改变天下祸篡不已、怨恨丛生的状况，实现天下大治。

第二，墨子的"兼爱"人伦观针对的是儒家的血缘人伦观。儒家主张"亲亲"，认为爱自亲始，从自己最核心的血缘圈子开始，"仁爱"逐渐外推，由亲亲而仁民，老吾老以及人之老，幼吾幼以及人之幼，要把对血缘亲人的爱推而广之。因此，儒家的"仁爱"有亲疏、远近、厚薄之别，是有差等的爱。墨子则主张，"爱"不应该有亲疏之别，要用"兼爱"来代替儒家的"仁爱"，远施周遍，"兼以易别"。墨子认为，如果人人都把别人之国当作自己之国，谁能去攻打自己的国家呢？如果人人都把别人之家当作自己的家，谁还会去祸害自己的家呢？如果人人视友若己，视友人之亲若自己之亲，谁还会不相亲相爱呢？人人如此，自然没有攻伐，没有乱贼，没有彼此相害。这就是"兼"。墨子认为，"兼"是视人若己，换位思考，"彼犹为己也"。墨子援引《诗经》"投我以桃，报之以李"诗句，认为在人伦关系中必须从我做起，自己必须先爱利别人之亲，然后别人予以回馈，爱利自己之亲，"爱人者必见爱也，而恶人者必见恶也"①，"爱人者，人必从而爱之；利人者，人必从而利之"②。墨子把能够做到"兼爱"的人称为"兼士"，把爱有差等的人称为"别士"③。

第三，墨子的人伦观重义倡利，主张用"天下之利"去协调人伦关系。"仁"和"义"是儒家概念，墨子在"仁""义"的概念中注入了"兼"的内涵。墨子说："兼即仁矣，义矣"④。天下万事莫贵于义，"有义则生，无义则死；有义则富，无义则贫；有义则治，无义则乱"⑤，"义"是天下之良宝，是人与人兼爱的体现，是重要的人伦规范。在义利问题上，先秦儒家的基本主张是"重义轻利"，孔子认为"义然后取"，孟子主张"舍生取义"。墨子则认为，义与利并不矛盾。一个人，对他人做到

---

① 《墨子·兼爱下》。
② 《墨子·兼爱中》。
③ 《墨子·兼爱下》。
④ 同上。
⑤ 《墨子·天志上》。

"兼爱",做到"义",他人必然会做到"从而爱之""从而利之"①;一个人若只是自爱自利,他人必然也不会爱之利之。也就是说,做到"义",必然会带来"利";无"义",必然也就没有"利"。义与利二者并不对立,而是相辅相成。墨子不反对个人私利,但墨子所倡之"利"主要是天下之利,即"国家之富,人民之众,刑政之治"②。致力于国家的富裕、百姓的繁庶、政治的清明,才是墨子伦理学说的最终目的;只有如此,才能实现墨子所说的"有力者疾以助人,有财者勉以分人,有道者劝以教人。若此,则饥者得食,寒者得衣,乱者得治"③,最终实现国与国之间不相篡夺,人与人之间相亲相爱的和谐。因此,墨子"兼爱"的人伦观最终指向的是"天下之利"的实现。

墨子生活在春秋战国之际,其思想之影响与杨朱比肩,其学说与儒学并称为世之"显学"④。与其他先秦思想家一样,他的人伦思想表现出鲜明的时代特征。当此之时,诸侯割据,天下争雄,旧秩序已崩坏,新秩序未确立,"处士横议",各种社会治理方案频出。墨子的"兼以易别"是改变当时诸侯攻伐、社会失序、人伦失和的方案选择之一,关怀下层民众,富有人道精神。但利益是道德的基础,"兼以易别"的伦理方案在阶级分明、尊卑森严的社会中如何实现?墨子提倡"天下之利",但"天下之利"的利益基础在墨子的时代根本就是幻想。因此,墨子"兼爱"的人伦观不能不是墨子一厢情愿的美好愿景,一个空想的伦理方案,最终,墨子的伦理方案不得不求助于天帝鬼神之制裁,使其思想具有些许宗教色彩。也正因如此,墨学在中国历史上中绝长达两千余年。

三、道家"绝仁去义"的人伦观

先秦无"道家"之名。自司马谈著《论六家之要指》,始有"道德家"

---

① 《墨子·兼爱中》。
② 《墨子·尚贤上》。
③ 《墨子·尚贤下》。
④ 关于墨子其人,司马迁将其附在《孟子荀卿列传》之后,仅著25字。司马迁认为墨子或与孔子同时,或在孔子之后,生卒年无可考。后人根据《墨子》中的文字,认为其在七十子之后。根据清代及近代学者的研究,墨子是春秋战国之际的人,略后于孔子。

"道家"等概念。道家是老子始创之,庄子继承之,老庄合称。老庄思想有差别:老子之"道",偏重本体论;庄子之"道",人生论的色彩更重。然而,老庄思想的总体精神是一致的,按照司马迁的说法,庄子思想"其要本归于老子之言"①。庄无老则无以溯其源,老无庄则无以扬其波。根据汉人百家皆出自王官之说,道家起源于史官,《汉书·艺文志》认为,"道家者流,盖出于史官,历记成败存亡祸福古今之道,然后知秉要执本,清虚以自守,卑弱以自持,此君人南面之术也。合于尧之克攘,《易》之嗛嗛,一谦而四益,此其所长也。及放者为之,则欲绝去礼学,兼弃仁义,曰独任清虚可以为治"。史官掌管历史文献档案,在古代是掌握知识资源的人,善于从历史上的成败存亡中总结社会治理之道和人生处世之道。道家思想创生于楚地,反映了长江流域文化与黄河流域文化的交互影响。春秋时期,楚人是《春秋》所谓"内诸夏外夷狄"格局中的"南蛮",尚未融入华夏文化圈,是"尊王攘夷"打击的对象。在楚人与诸夏的战争、结盟中,楚文化与华夏文化交互影响。正因如此,冯友兰先生说庄子虽为宋人,但思想受到楚文化的影响。庄子与老子虽无学脉传承关系,但两人的思想宗旨高度契合,在人伦道德方面都倡导"绝去礼学,兼弃仁义",与儒墨不两立,尤其反对儒家的人伦道德。

第一,反对儒家的"孝慈"。"父母者,人之本也"②,血缘传承以及由此而形成亲子关系,是人自身的生产的自然结果。道家承认人由父母生养这样一个基本的生物学事实,但更强调自然(道、天、阴阳、气等概念同义)之于人的本原意义。老子说:"天下有始,以为天下母。既得其母,以知其子;既知其子,复守其母,没身不殆"③。"道"是宇宙万物之母,自然也是人存在的终极本原。庄子对人的生命是从哪里来的这个问题的回答是:"人之生,气之聚也;聚则为生,散则为死"④。庄子借道家人物子来之口说:"父母于子,东西南北,唯命之从。阴阳于人,不翅(啻)于

---

① 《史记》卷六十三《老子韩非列传》。
② 《史记》卷八十四《屈原贾生列传》。
③ 《道德经》五十二章。
④ 《庄子·知北游》。

父母"①。在道家看来，人的生命是在宇宙大道自然流行过程中形成的，生命是气聚的结果，气聚为生，气散复为气。与儒家把孝慈作为父子人伦关系的基本规范，主张父慈子孝尤其强调孝道不同，道家认为，儒家孝慈的人伦规范出于人为刻意，不是人本真性情的自然表达。孝与慈是人伦失和的结果，是大道堕落、人心不古的表现，"六亲不和，有孝慈"②。因此，在道家看来，只有去除孝慈，才是真正的道德，"绝仁弃义，民复孝慈"③；只有反儒家人伦关系和人伦规范而行之，人才能返朴归真，同于大道。

第二，解构儒家的君臣之道。老子以无为本，在国家治理上主张小国寡民，以无为而为之，以不治而治之。老子认为，法令之属皆应废除，才能堵塞祸乱之源，实现天下治理。在君臣关系上，老子认为，圣人应效法自然素朴之道，"朴散则为器，圣人用之则为官长"④。老子认为，在政治上要纯任自然，在君臣关系上也要因顺自然，才能成为百官之长。老子把治国理政比作"若烹小鲜"，这不仅是治国之术，也是御臣之道，此谓君人南面之术。关于臣之道，老子认为，"国家昏乱，有忠臣"⑤，此句河上公注曰："政令不行，上下相怨，邪僻争，乃有忠臣匡正其君也。"老子并不是不要忠臣，而是从他无为而治的政治理念出发，认为没有忠臣、自然而然才是理想的君臣之道。庄子与老子一脉相承，认为儒家树立的圣王典范尧、舜，在道家的理想人君序列中处在较低阶段，"有虞氏不及泰氏。有虞氏其犹藏仁以要人，亦得人矣，而未始出于非人。泰氏其卧徐徐，其觉于于。一以己为马，一以己为牛。其知情信，其德甚真，而未始入于非人"⑥。有虞氏是舜，儒家圣王典范，泰氏是庄子虚构的上古圣王典范。舜治理国家、统御臣民，虽然得到臣民的支持，但却是他刻意地以君王道德邀买臣下的结果，不是真正的人君之道。泰氏则气定神闲，舒缓自得，

---

① 《庄子·大宗师》。
② 《道德经》十八章。
③ 《道德经》十九章。
④ 《道德经》二十八章。
⑤ 《道德经》十八章。
⑥ 《庄子·应帝王》。

可非可是，似是似非，这才是真正的圣王。庄子还认为，儒家所推崇的关龙逢、比干这些所谓的忠臣，看似忠君，实则看重名声，故而招致杀身之祸。

第三，重视"友"的伦理关系。在道家看来，人在价值观、志趣方面高度契合，可"相与为友"。在《大宗师》篇，庄子阐述了对"友"的观点。子祀、子舆、子犁、子来四人"莫逆于心，遂相与为友"，因为他们在生死问题上看法一致。他们认为，"死"是"生"的一部分。一个人的一生是从没有生命，到气聚而生，再到气散而死。如果把人的一生比作人的身体，即为"以无为首，以生为脊，以死为尻"，死亡是生命不可或缺的一部分，有生必然有死。在《养生主》篇，庄子虚构了"秦佚吊老聃"的故事。秦佚与老聃都是道家人物。老聃去世，秦佚前去吊唁，但"三号而出"。人们不解，认为秦佚对老聃感情淡漠，二人谈不上好友，"非夫子之友邪？""然则吊焉若此，可乎？"庄子通过这个故事想要表明，价值观一致的人才能算作朋友，比如秦佚和老聃。庄子认为，人的志趣也是交友之道的重要方面。惠施是名家代表人物，好辩论，与庄子为友。虽然两人学术观点不同，庄子也不完全赞同惠施的处世之道，但两人在好辩这一点上志趣相投，庄子以之为友。庄子的很多精彩观点都是在与惠施的论辩中激发出来的，惠施死后，庄子感慨"自夫子之死也，吾无以为质矣！吾无与言之矣"①。关于交友之道，庄子还提出了"君子之交淡若水，小人之交甘若醴，君子淡以亲，小人甘以绝"②的观点。

应该说，道家认识到强调人伦规范有可能带来的道德虚伪，故而强调道德应该出自人的内心真情和自由选择，因此道家对儒家人伦观的批评有其深刻的一面。但是，道家没有认识到，道德规范对人类行为的"范导"是人类文化的重要内容。从道德发生史来看，人伦观念的萌动是熹微的文明之光，是人告别蒙昧、别于禽兽的一大进步。道家心所向往的"至德之世"是人伦观念尚未萌生的人类童年时期，"民知其母，不知其父，与麋

---

① 《庄子·徐无鬼》。
② 《庄子·山木》。

鹿共处"① 作为原始时代的道德遗迹，在庄子所处时期已经随着历史的推移为文明时代所扬弃。

四、法家"公私相悖"的人伦观

虽然"法家"之名由汉代司马谈提出，但法家的理论和治国实践却由来已久。先秦法家分为齐法家和晋法家。齐法家以《管子》为代表，《管子》不是春秋齐国管仲的个人著作，而是后人假托管仲之名而作，反映了战国时期管子学派的观点。晋法家包括韩国的申不害、赵国的慎到、魏国的李悝，因为韩赵魏三国都属晋，故称为晋法家。秦国与三晋比邻，受晋法家影响较大，商鞅是卫国人，与申不害同时期，曾在魏国游历，后入秦，相秦孝公变法。战国末期的韩非，总结了申不害、商鞅、慎到的法家思想，集先秦法家之大成，并直接将之应用于秦国的政治实践中。在历史上，人们多以申商、申韩代指法家，反映了法家思想内在的一致性与继承发展。

法家的核心观点是"以法治国"。在齐法家的代表著作《管子》中，首倡"以法治国"命题："威不两错，政不二门，以法治国，则举错而已"②。韩非继承这一观点，将"法"看作准绳、标准，再论"以法治国"："故绳直而枉木斫，准夷而高科削，权衡悬而重益轻，斗石设而多益少。故以法治国，举措而已矣"③。

法家"以法治国"基于两个基本判断，一是基于对战国时期的体察，二是基于对人性的预判。在战国时期，尤其在各国争雄、天下定于一的大势渐趋明朗的战国中晚期，各国出于生存、发展的需要，急功近利，不敢稍有松懈，司马迁曾用"熙熙攘攘"形象地比喻战国时期的功利大潮，荀子称这个时代为"乱世"，韩非称之为"急世"。这是一个剧烈变化的时代，一个充满机遇的时代，一个时不我待的时代。韩非批评儒家的道德主张，"以宽缓之政，治急世之民"④，这如同无箠策而御悍马，必然失败，

---

① 《庄子·盗跖》。
② 《管子·明法》。
③ 《韩非子·有度》。
④ 《韩非子·五蠹》。

如同让将要饿死之人慢慢等美味佳肴，必然饿死，"今待尧舜之贤，乃治当世之民，是犹待粱肉而救饿之说也"①。法家认为，这个时代最快速、最有效的方法只能是法家的"以法治国"。法家的法治思想也出于对人性的预判。法家认为，人人怀算计之心，人性自利自为。商鞅说，饥而求食，劳而求佚，苦而求乐，辱而求荣，这些特点人皆同之，对名和利的追求是基本的人性。比如君与吏，君之利在官吏奉法为公，吏之利在弄权营私，君主与官吏是"事合而利异者也"②。韩非认为，人人皆受自为之心的利益驱动，棺材匠盼人早死，车马铺盼人富贵，无关人之善恶，都是利益使然。人人皆好利恶害，为自己打算，寻求最大利益，规避最大风险，这就是民之性。法家认为治世御民，儒家的道德教化不但毫无用处，而且为害无穷，唯一可行的办法是"因"民之本性，顺应人好利恶害、自利自为之心来治理国家，"凡治天下，必因人情。人情者有好恶，故赏罚可用。赏罚可用则禁令可立而治道具矣"③。基于此，法家反对儒家的"亲亲相隐"原则，"故至治，夫妻交友不能相为弃恶盖非而不害于亲，民人不能相为隐"④，"弃恶盖非"指亲人友人触犯法律，不能为之隐匿罪行。根据"以法治国"的方略，法家将儒墨看作国之害虫，反对用道德去协调社会伦理关系，贬斥人伦道德在社会治理中的重要作用。

第一，法家主张革除旧俗，一断于法，反对儒家的人伦道德。法家变法图治，革除一切不利于富国强兵的旧俗。儒家认为，孝子不应远游，要与父母同住，躬亲侍奉，别居异财则是不孝。而在商鞅看来，秦国"父子无别，同室而居"的旧俗乃戎狄之教，当在革除之列。商鞅变法的一个重要内容是规定儿子成年后须自立门户，不可以与父母住在一起。他曾两次颁布分异令：第一次在秦孝公三年（公元前359年），"民有二男以上不分异者，倍其赋"；第二次在秦孝公十二年（公元前350年），"令民父子兄弟同室内息者为禁"⑤。以法律形式推行父子分家，禁绝儿子与父母同居

---

① 《韩非子·难势》。
② 《商君书·禁使》。
③ 《韩非子·八经》。
④ 《商君书·禁使》。
⑤ 《史记》卷六十八《商君列传》。

共籍。此举一方面移风易俗，另一方面按户收税，增加了国家的财政收入。

基于人性自为的人性论观点，法家认为社会上所有人与人之间的关系都不外乎利益关系，都充满算计之心。在父子关系上，父母对儿女以算计之心对待，儿女俱出父母之怀衽，但儿子是劳动力，女儿则要出嫁，从利益的角度看，女儿不能给家庭带来利益，因此生男可喜可贺，生女则弃之杀之，完全出于利益的考量，"虑其后便，计之长利也"①。父母与子女的关系尚且如此，更遑论毫无血缘亲情的其他社会关系了。在君臣关系上，韩非认为君臣是彼此利用的利益交换关系，"臣尽死力以与君市，君垂爵禄以与臣市。君臣之际，非父子之亲也，计数之所出也"②，君卖爵禄，臣效智谋，没有君臣之义，只是利益互市。在社会其他的人际关系中，同样如此，均受自为之心驱动。在法家看来，受利益驱动的社会关系，无法用人伦道德去协调，而只能用"法"之"二柄"去裁断。所谓"二柄"，就是韩非所言的刑与赏，"二柄者，刑、德也。何谓刑、德？曰：杀戮之谓刑，庆赏之谓德"③。韩非认为"二柄"乃君主统御臣子的利器，"明主之所导制其臣者，二柄而已矣"，人皆好利恶害，臣子当然也是畏惧刑罚而追求封赏，"为人臣者，畏诛罚而利庆赏，故人主自用其刑德，则群臣畏其威而归其利矣"④。法家之"法"是维护君主权力、树立权威的"二柄"之一，法、术、势三者结合，共同维护君臣伦理关系，服务于君权的一人之治。

第二，法家以法取代道德，主张以法为教。道德与法都是社会治理的重要手段，如车之两轮、鸟之两翼，相辅相成。但法家却提出道德无用论。在法家看来，人皆挟自利自为之心，每个人都会在算计利害得失后，从自身利益最大化的角度权衡取舍，采取行动。韩非说，按照古法，弃灰于街道的人要被重刑处罚，其中的原理在于，"重罚者，人之所恶也"，人

---

① 《韩非子·六反》。
② 《韩非子·难一》。
③ 《韩非子·二柄》。
④ 同上。

皆厌恶、惧怕重罚，权衡后自然不会弃灰于街路，此乃"治之道"①。韩非举例说，一个顽劣少年，"父母怒之""乡人谯之""师长教之"，这三种力量都不能让他有丝毫改变，"州部之吏，操官兵，推公法，而求索奸人，然后恐惧，变其节，易其行矣"②。很显然，父母的规劝、乡人的舆论、师长的教导，代表的是家庭人伦亲情和社会道德教化，但"三美加焉，而终不动其胫毛，不改"③，其根本原因在于，顽劣少年经过利益算计得出的结论是，违背道德的成本低，而违反法律的成本高。韩非据此得出"民固骄于爱，听于威"④的结论，而道德作为社会治理方式之一，完全为韩非所摒弃。韩非认为，治理国家不能寄希望于人人都是道德君子，只要人人守法，不为非、不作恶即可，"圣人之治国，不恃人之为吾善也，而用其不得为非也。恃人之为吾善也，境内不什数；用人不得为非，一国可使齐"，故韩非认为，治理国家"不务德而务法"⑤。以韩非为代表的法家以庆赏为德，"德"为"二柄"之一，统辖于"法"，在"以法治国"的框架下，不但刑罚是"法"的内容之一，"德"亦成为"法"的举措、君主之权柄。这样，法家彻底将人伦教化乃至社会文化排除在社会治理体系之外，"明主之国，无书简之文，以法为教；无先王之语，以吏为师"⑥，甚至焚百家之书，坑巷议之儒，致使秦朝戾气丛生，天下怨怒。

当然，法家以法代德，并不是不要道德，而是摒弃儒家道德；不讲人伦教化，并非不要人伦，而是反对儒家人伦。商鞅认同"为人臣忠，为人子孝，少长有礼，男女有别"⑦的道德规范，《管子》提倡国之四维，认为"倍（背）人伦而禽兽行，十年而灭"⑧，韩非认为"臣事君，子事父，妻事夫"乃"天下之常道"⑨，他们所反对的是儒家的人伦道德，推崇的

---

① 《韩非子·内储说上》。
② 《韩非子·五蠹》。
③ 同上。
④ 同上。
⑤ 《韩非子·显学》。
⑥ 《韩非子·五蠹》。
⑦ 《商君书·画策》。
⑧ 《管子·八观》。
⑨ 《韩非子·忠孝》。

是对君主的绝对忠诚。韩非认为，"父之孝子，君之背臣"①，儒家提倡的"孝"与君主的利益是相悖的：做忠臣，就可能曲于父；做孝子，则可能背于君。君主代表国家之"公"，父亲代表家庭之"私"。公私相悖，去私为公。法家皆推崇君权至上，都是君权至上论者。在法家那里，无论是道德还是法，最终都要服务于君主一人之治。

第四节　儒家的"行同伦"及其思想贡献

在战国百家争鸣的背景下，诸子所言异路，但殊途同归，为趋势渐趋明朗的"定于一"的时代大势横议建言。儒家"列君臣父子之礼，序夫妇长幼之别"，憧憬天下同伦，其人伦观虽然不见用于当时，但对中国的历史与文化影响深远。

一、"行同伦"及其伦理构想

《中庸》有言："今天下车同轨，书同文，行同伦。虽有其位，苟无其德，不敢作礼乐焉；虽有其德，苟无其位，不敢作礼乐焉。"在儒家看来，一个理想的社会，既包括社会的物质层面，也包括社会的精神文化和道德理想。应该说，"行同伦"的观点是中国古代思想家们关于人伦道德之重要意义的深刻认识。儒家"行同伦"的观点并没有像"车同轨""书同文"一样得到重视，"车同轨""书同文"的观点为人们所熟悉，但"同伦"对于一个社会的重要意义，丝毫不啻于"车同轨""书同文"。每个社会都有每个社会的价值观，人伦道德是一个社会价值观的核心内容，是维系社会、柔化人心的重要力量。

《中庸》是儒家作品，但关于其成书年代及作者，一直存有争议。班固认为，《礼记》一百三十一篇，是七十子后学者所记。在宋代，随着思孟学派的升格，朱熹把《中庸》《大学》从《礼记》中抽取出来，与《论语》《孟子》合编为四书。《汉书·艺文志》记载《中庸》共有两篇，但今

---

① 《韩非子·五蠹》。

本《中庸》只有一篇。关于中庸的作者，历来说法不一。据司马迁记载，伯鱼生子思（孔伋），"子思作《中庸》"①。汉儒郑玄也认为，《中庸》是孔子之孙子思所作，以阐明孔子的道德学说。唐代学者孔颖达的《礼记正义》沿用郑玄的观点，认为子思作《中庸》。朱熹作《中庸章句》认为，《中庸》是"子思子忧道学之失其传而作"②。据此，如果子思作《中庸》，则《中庸》成书在春秋末期至战国早期。另一种观点认为，《礼记》成书于秦汉之际，甚至更晚一些，那么《中庸》作者自然不可能是孔子之孙子思。张岱年先生认为，"《礼记》是由战国时期至汉初的儒家著作选录而成"③。另有学者据《中庸》"今天下车同轨，书同文，行同伦"语句的表述，根据"同轨同文"乃秦朝统一中国之后的举措、不会出现在战国时期的观点，推断《中庸》成书不会早于秦朝，甚至成书于秦汉之际至汉初。还有观点认为，《礼记》的成书年代尚无定论，但受到广泛重视并流行于汉初是基本事实④。

"今天下车同轨，书同文，行同伦"句中，对"今"字的解读既关系到《中庸》的作者及成书年代，也涉及对"同轨同文同伦"观点的理解。朱熹认为，"今"字乃"子思自谓当时也"⑤，而子思所处时代最晚是战国早期，显然与"同轨同文"的历史事实不符。"今"有现今、当下之义，但在古汉语中，亦可作为连词，表示虚拟假设语气，作"如果""假使"解，在古籍中常用，如《墨子·公输》中"今有人于此，舍其文轩，邻有敝舆，而欲窃之"。因此，不能根据"今天下车同轨，书同文，行同伦"句中"同轨同文"是秦朝之事，而断定《中庸》成书于秦统一之后。笔者根据司马迁、郑玄等人的古说，兼采学者的考证，采用子思作《中庸》、《中庸》成书于战国早期之说。因此，《中庸》"今天下车同轨，书同文，行同伦"是战国时期儒家思孟学派关于"定于一"（孟子语）的天下构想：既

---

① 《史记》卷四十七《孔子世家》。
② 《四书章句集注·中庸章句·中庸章句序》。
③ 张岱年：《中国哲学史史料学》，第82页。
④ 参见《中国伦理思想史》编写组：《中国伦理思想史》，高等教育出版社，2015，第109页。
⑤ 《四书章句集注·中庸章句》。

要在制度层面同衡、同轨、同文，也要用儒家伦理作为天下一统的准则——同伦。在思孟学派看来，一个国家不仅要有统一的制度设计，而且要有共同的人伦价值观。行同伦与车同轨、书同文一样，对于一个统一的国家来说，其重要性不言而喻，即宋儒所言"三者皆同，言天下一统也"①。

秦统一天下，变封建为郡县的同时，采取了量同衡、车同轨、书同文之制，"一法度衡石丈尺，车同轨，书同文字"，"器械一量，同书文字"②，但《史记》并无秦朝"行同伦"的记载。这说明，思孟学派用儒家价值观作为天下"同伦"构想之精神内核，显然无法与奉行"不务德而务法"，"以法为教"的秦政契合，"行同伦"之说见于《中庸》而不见于秦史，也属当然。实际上，秦强调同轨同文，而无"行同伦"，并不意味着秦没有同伦的理念和实践。在记录、歌颂秦始皇巡视天下的石刻中，有"贵贱分明，男女礼顺，慎遵职事""尊卑贵贱，不逾次行""男乐其畴，女修其业，事各有序"③等记载，说明秦并非不重视"同伦"，只是秦所强调的"同伦"，不是儒家的人伦观念，而是以法家思想为内核的伦理观。《中庸》的"同伦"构想在汉代大一统思想中得以实现。

二、"仁"背后的人伦关系

孔子人伦思想的核心概念是"仁"。"仁"是与人交往的规范，反映的是孔子关于人伦关系的看法。朱熹将之称为"大大底仁"④。冯友兰先生也认为"仁"是核心概念，"惟仁亦为全德之名，故孔子常以之统摄诸德"⑤。通过对孔子相关德目的考察，可以发现，在孔子思想中，仁可包含孝，仁可包含礼，仁可包含忠，仁可包含勇，仁可包含信，等等。"仁"字见诸《诗经》《尚书》，但其含义不同于春秋以后对"仁"的理解。春秋时期，随着"天道远人道迩"观念的流行，《左传》《国语》中频见"仁"字，已经出现了从"爱"的角度去论述"仁"的记载。张锡勤先生认为，

---

① 《四书章句集注·中庸章句》。
② 《史记》卷六《秦始皇本纪》。
③ 同上。
④ 《朱子语类》卷六《性理三》。
⑤ 冯友兰：《三松堂全集》第2卷《中国哲学史》上册，第78页。

从文本来看，这些论述没有从人的内心情感基础、人的道德需要等维度去阐发"仁"，还没有完成对"仁"的理论抽象①。孔子创立仁学，将"仁"作为核心概念和全德之称，对《国语》《左传》"仁"的思想进行创造性阐释，使之成为孔子人伦思想的核心概念。笔者认为，"仁"之所以能包含诸德，是儒家一切美德之源，在于"仁"所反映的是人与人结成的伦理关系。

"仁"的内涵言简义丰，"樊迟问仁，子曰：爱人"②。后来的儒家孟子、董仲舒、宋代儒者都按照孔子对"仁"的界定，以"爱人"来阐述"仁"的基本内涵。何谓"爱人"？朱熹解释为"仁之施"③，即"爱人"的施行、实践。"爱人"首先是血缘之爱，血缘的核心是直系血亲，指的是以生育为自然基础的纵向的父母子女间的伦理关系。儒家的"仁"之所施不能无差等，"爱人"首先就是爱自己的父母，此即"亲亲"，"亲亲谓父母也"④。从爱自己的父母开始，以自己为基点，向上追溯四代，依次为父亲、祖父、曾祖、高祖，向下延展四代，依次为子、孙、曾孙、玄孙，是为九族。九族以父系而论，出自同一血缘祖先，因此都是血缘亲人，都在"亲亲"的范围内，此即《礼记》所说的"亲亲以三为五，以五为九。上杀、下杀、旁杀，而亲毕矣"⑤，"杀"是指服制依照血缘远近而定，以自己为基点，五服之制按照血缘关系由近及远，服制减轻。服制虽有轻重之不同，但只要是九族中人，均在血缘之爱的范围内。九族中，纵向是父子关系，横向是兄弟关系。父慈子孝是父子之间的人伦规范，兄友弟悌是兄弟之间的人伦规范，所以孔子弟子有若认为，"孝弟也者，其为仁之本与"⑥，此即儒家的爱自亲始。

由血缘之爱始，"爱人"外推到非血缘的圈子——"仁民"，即孟子所说的"亲亲而仁民"⑦，这个圈子推扩到血缘之外的所有人，人伦关系扩

---

① 参见张锡勤：《中国传统道德举要》，黑龙江大学出版社，2009，第152页。
② 《论语·颜渊》。
③ 《四书章句集注·论语集注·颜渊第十二》。
④ 《礼记正义·丧服小记》孔颖达疏。
⑤ 《礼记·丧服小记》。
⑥ 《论语·学而》。
⑦ 《孟子·尽心上》。

大到非血缘关系。"仁民"是爱所有人,"泛爱众,而亲仁"①,在这个序列中,不因爱的对象之地位、贫富而有所差别,承认对方是与自己一样的人。《中庸》中有"仁者人也",《孟子》中有"仁也者,人也"。冯友兰先生据朱熹之说,从儒家道德哲学的角度来理解这两句话,把"仁"理解为人的本质规定性。张岱年先生则认为朱熹的观点带有宋代理学的特征,是对先秦儒家的误读,认为《中庸》和孟子都是在强调"仁"的根本含义就是把别人当作人。结合思孟学派的观点来看,两种说法都成立。且根据《中庸》的上下文,与"仁者人也"对应的下句为"义者宜也",从文气来看,张岱年先生的说法更顺畅,故笔者取张说。"仁也者,人也"是古代思想家爱类的博爱意识,他人与我同类,由我及彼,推己及人,因此要爱所有人。在儒家那里,博爱是由爱亲推扩而来,血缘是爱的基础,没有血缘之爱,也就没有泛爱众人。故此,虽然儒家主张"泛爱众",但儒家之爱本质上仍然是差等之爱。

因此,儒家的"爱人"是由"亲亲"而至"泛爱众"。前者是血缘人伦关系,后者是非血缘人伦关系。我们知道,姬姓是西周宗法体系中的"原初血缘",通过封土、赐姓,周室建构了文化意义上的"后天血缘",将所有人纳入姬姓宗法中,大宗统领小宗,小宗统领群弟,天下宗室共同听命于宗主周天子,因此普天之下变成了一个血缘人伦网络。在周朝,父、母、兄、弟、子是为"五品"②,归结为两种血缘人伦,即父母子女间的伦理关系、兄弟间的伦理关系,普天之下都可被纳入这两种伦理关系中,将复杂的人伦关系统合为血缘人伦关系,从此天下一家。而在儒家那里,父子关系是原初血缘,九族宗亲是扩展血缘。九族之外,"泛爱众"之"爱"已不是血缘之爱,而是血缘的外推;"泛爱众"之"众"也不是血缘人伦关系,而是非血缘人伦关系。孟子言"老吾老以及人之老","吾老"是血缘人伦关系,"人之老"则是由推扩而至的非血缘人伦关系,是"吾"与陌生人("人之老")之间的伦理关系。《中庸》把社会中最基本的五种人伦关系称为"达道五":"君臣也,父子也,夫妇也,昆弟也,朋友

---

① 《论语·学而》。
② 参见《尚书·舜典》。

之交也"。所谓"达道",是指普遍性的伦理关系,古今共由,既包括血缘人伦关系,也包括非血缘人伦关系。孟子提出的五种人伦,也已不仅是血缘人伦关系(父子之伦),还包括作为人伦之始的两性伦理关系(夫妇之伦),以及职业领域(君臣之伦)和社会领域(长幼之伦、朋友之伦)的各种人伦关系。荀子则提出了与"师"的伦理关系,并把"师"上升到与君、亲并重的地位。可见,儒家所面对的不再是普天之下的血缘网络,而是春秋以降社会生活中日渐丰富的人伦关系。

三、义:统合诸人伦规范的"人之正路"

"义"(義)的古字为"誼"。先秦作"誼",汉代作"義",二者通用。《说文解字》训"誼":"誼,人所宜也",段注为:"云誼者人所宜,则许谓誼,为仁義字"①。古时"誼"就是仁义之"義"(义)字。"誼""義"二字字义分化是晚近才出现的,前者偏重情谊,后者偏重道义。

"义"(義)的基本含义是"宜",即人之"应该",这是古人对"义"的通训。《中庸》曰:"义者宜也。"《管子》认为,"义者,谓各处其宜也"②。贾谊说:"行充其宜谓之义"③。扬雄说:"事得其宜之谓义"④。《白虎通》认为,"义者宜也"⑤。朱熹认为,"宜者,分别事理,各有所宜也"⑥。古人都是从应为、当为的角度来理解"义"。那么,何者为行为的当然之则,何者为人之"应该"? 古人认为,符合一定人伦关系的人伦规范,即为"义"。亲亲、尊尊、敬长、父慈子孝、君仁臣忠、夫夫妇妇、兄友弟悌、朋友有信、长幼有序,这些是不同的人伦关系所对应的不同的"应该"。孟子有言"君臣有义",似乎孟子仅仅将"义"看作君臣伦理关系的规范,实际上,不是仅君臣伦理关系应"有义",而是所有人伦关系皆有"义","义"统辖所有人伦规范。因"义"为"应该"之谓,"应该"

---

① 《说文解字注·第三篇上》。
② 《管子·心术上》。
③ 《新书·道术》。
④ 《法言·重黎》。
⑤ 《白虎通·性情》。
⑥ 《四书章句集注·中庸章句》。

之内容为符合人伦关系的人伦规范。由此,"义"可引申为道德之谓,其引申为"仁义""道义"之"义"。

儒家认为,"义"贯穿在所有人伦关系中。"亲亲,尊尊,长长,男女之有别,人道之大者也"①。"亲亲"指的是父子关系。在父子关系中,父要慈子要孝,父子各有其"义"。"亲亲"之"义"不是止于父慈子孝,而是包括父子之间所应遵从的所有规范,比如儒家的丧服之制,其中的具体规定亦为父子之"义"。根据古制,子服父三年,即"三年之丧"。如果儿子去世,"父亦宜报服,而父子首足,不宜等衰,故父服子期也"②。儿子为父亲守丧三年,父亲也要为儿子服丧,但父亲如首,儿子如足,地位不同,服制亦不同,父亲为儿子服丧一年即可,这就是"义"。又如,子出父母之怀衽,父与母都是生命之源,但父母服制却不同。服父丧三年,服母丧一年,"父在为母齐衰期"③,以示天无二日,家无二主。母亲在世时,儿子侍奉母亲与侍奉父亲是一样的,"孝"没有差别,但服制有区分,"恩爱虽同,而服乃有异,以不敢二尊故也"④,这也是"义"。再如,为父守丧三年斩缞,服祖父则减至一年斩缞,服曾祖、高祖俱为齐缞三个月。之所以如此,是因为儒家认为:以"己"言之,父亲的血缘关系最近、故丧期最长、服制最重;父亲以上,与"己"的血缘越来越远,故丧期依次减杀,但皆服齐缞,以示尊尊。兄弟伦理关系中,"兄弟至亲一体,相为而期"⑤,弟为兄,兄为弟,守丧都是一年。若是堂兄弟,则疏于一等,守丧九个月,堂兄弟为旁系血亲,服之则轻,此为"旁杀",这都是"义"的体现。在九族中,上杀的有祖父、曾祖、高祖,下杀的有孙、曾孙、玄孙,旁杀的有父亲之兄弟、祖父之兄弟、曾祖之兄弟,至于高祖之兄弟则无服⑥。这些服制之"义"所反映的都是儒家对人伦关系的看法。

---

① 《礼记·丧服小记》。
② 《礼记正义·丧服小记》孔颖达疏。
③ 《礼记·丧服四制》。
④ 《礼记正义·丧服四制》孔颖达疏。
⑤ 《礼记正义·丧服小记》孔颖达疏。
⑥ 上杀,儒家丧礼的规定,指的是以自己为基点,从自己的血缘向上追溯,父亲、祖父、曾祖、高祖的血缘关系依次递减,服制也依次减等。"下杀""旁杀""亲疏之杀"的含义相类。参见《礼记正义·丧服小记》孔颖达疏。

儒家认为，"贵贵，尊尊，义之大者也"①。在儒家的人伦关系中，所有人伦规范统合于"义"。《礼记》云："夫祭有十伦焉。见事鬼神之道焉，见君臣之义焉，见父子之伦焉，见贵贱之等焉，见亲疏之杀焉，见爵赏之施焉，见夫妇之别焉，见政事之均焉，见长幼之序焉，见上下之际焉。此之谓十伦"②。汉儒郑玄注为，"十伦"之"伦"，"犹义也"。这是祭祀的十个方面的规范，也是儒家十个方面的人伦之"应该"，包括君臣之义、父子之亲、夫妇之别、贵贱之等、亲疏之杀、长幼之序、上下之际等，也包括事鬼神、施爵赏、均政事方面的要求。荀子将"义"推广为所有伦理关系的"应该"，"遇君则修臣下之义，遇乡则修长幼之义，遇长则修子弟之义，遇友则修礼节辞让之义，遇贱而少者则修告导宽容之义"③。在儒家看来，所有人伦关系的应然之则都可被抽象为一个统摄一切的"应该"——"义"，"义"不仅是君臣之间的规范性要求，而且是所有人伦规范的统称，故孟子言，"义，人之正路"④。

四、"义"与儒家的五伦

在父子关系中，"义"的具体要求是父慈子孝。《舜典》有契敷五教的记载，《左传·文公十八年》对《舜典》的"五品""五教"进行阐发："布五教于四方，父义、母慈、兄友、弟恭、子孝，内平外成。"其中"父义""母慈""子孝"规定的是父（母）子之间的"应该"。从父亲一方来说，父要慈而教，"爱子，教之以义方，弗纳于邪"⑤；从儿子一方来说，子要孝而箴，"父慈而教，子孝而箴"⑥。孔子继承前人的思想，创造性地发展了此前关于父子关系的伦理主张，并将其植入行孝主体（子）真实而朴素的道德情感中，使外在的人伦规范与主体内在的道德心理相结合，给血缘情感注入文化内涵，提出了系统的孝道思想。

---

① 《礼记·丧服四制》。
② 《礼记·祭统》。
③ 《荀子·非十二子》。
④ 《孟子·离娄上》。
⑤ 《左传·隐公三年》。
⑥ 《左传·昭公二十六年》。

在君臣关系中,"义"的具体要求是君仁臣忠。儒家认为,君有君道,臣有臣道,各尽其道,就是"义"。《尚书·洪范》有"无偏无陂,遵王之谊",言执政者当遵先王之"义"来治国理政。《论语》记载:"定公问:君使臣,臣事君,如之何?孔子对曰:君使臣以礼,臣事君以忠"①。在孔子那里,君和臣是相互对待的关系,君以礼待臣,臣以忠事君。按照宋儒的观点,君和臣各自按照规范完成自己的义务,以"义"相合,朱熹注解为"二者皆理之当然,各欲自尽而已"②。在君臣关系中,孟子更为强调二者作为相互对待关系的各自之"义","欲为君尽君道,欲为臣尽臣道,二者皆法尧舜而已矣"③,二者共法尧舜,各尽其道,就是君臣各自应该之"义"。孟子说:"君之视臣如手足,则臣视君如腹心;君之视臣如犬马,则臣视君如国人;君之视臣如土芥,则臣视君如寇仇"④。在孟子看来,君以手足之礼待臣,臣以恩义回报,君臣相待一体;君以犬马待臣,则臣以路人之礼回报;君视臣若草芥,则臣施之以寇仇之报。孟子认为,君臣相互对待,以"义"相合。如果君主失义,则为残贼之人,则为独夫暴君,"贼仁者谓之贼,贼义者谓之残。残贼之人,谓之一夫。闻诛一夫纣矣,未闻弑君也"⑤。

在夫妇关系中,"义"的具体要求是"夫夫妇妇"。夫妇伦理以男女两性关系为自然基础,男女有别,而后夫妇有义,即"成男女之别,而立夫妇之义"⑥。《尚书·舜典》中关于夫妇关系即有"父义母慈"之说。春秋以后,《周易》认为,"男女正,天地之大义也"⑦,并分别对夫妇双方的人伦规范做了规定,这就是"夫夫妇妇"。男女各安其位,各尽其分,夫守夫道,妇守妇道,此为"正",儒家认为这是合乎天道规律的、普遍性的"应该",即"大义"。《左传》也认为,"夫和而义,妻柔而正"⑧,对

---

① 《论语·八佾》。
② 《四书章句集注·论语集注·八佾第三》。
③ 《孟子·离娄上》。
④ 《孟子·离娄下》。
⑤ 《孟子·梁惠王下》。
⑥ 《礼记·昏义》。
⑦ 《周易·家人·象辞》。
⑧ 《左传·昭公二十六年》。

夫妻双方提出了道德要求。孟子基于男女两性的性别特点以及夫妇在家庭生活中的不同角色而立论，对《舜典》的夫妇伦理进行阐发，提出"夫妇有别"，并将其作为"五伦"之一。应该说，"夫夫妇妇""夫妇有别"是古人对男女（夫妇）性别、生理、社会分工、家庭角色等方面不同特点的朴素认识，具有一定的合理性，也不乏朴素的科学道理。但他们又进一步强化了夫妇各自之"义"，并借用流行于战国时期的阴阳学说，给男女（夫妇）关系注入了男尊女卑、男主女从、妇听于夫的内容，用夫妇之礼加以严格规定。《礼记》将天子与后、父与母比作日与月、阴与阳的关系，"天子之与后，犹日之与月，阴之与阳，相须而后成者也"，"天子之与后，犹父之与母也"①。《仪礼》将丈夫比作妻子之"天"，"夫者，妻之天也"②。《大戴礼记》用"伏"释"妇"，并提出了"三从之道"和"七去"之条，表现出对妻子一方的专制和不平等："妇人，伏于人也。是故无专制之义，有三从之道，在家从父，适人从夫，夫死从子"③。"七去"是休妻的七个方面的理由，包括不顺父母、无子、淫荡、妒忌、有恶疾、多言、盗窃。儒家严男女之大防，规定"男女授受不亲"，"姑姊妹女子已嫁而反，男子不与同席而坐"④。从儒家"三礼"的这些规定中可见，对夫妇伦理关系双方要求之"义"，已经沦为对妻子一方的片面要求。正如学者指出的，"夫妇之间那种相亲相爱、休戚与共的关系是荡然无存了，代之的是一种统治与被统治、奴役与被奴役的关系，即丈夫奴役妻子，妻子雌伏于丈夫的关系"⑤。

在长幼关系中，"义"的具体要求是"长幼有序"。儒家的长幼伦理关系从兄弟伦理关系中生发而来。兄弟是《尚书·舜典》中的"五品"之一，"兄友弟恭"是周人的"五教"之一。兄弟伦理关系是家庭中的一种普遍的伦理关系，《左传》中说"兄爱而友，弟敬而顺"⑥。孔子关于兄弟一伦提出"兄弟怡怡"⑦，认为兄弟之间应该和睦而乐。孟子在回答弟子

---

① 《仪礼·昏义》。
② 《仪礼·丧服》。
③ 《大戴礼记·本命》。
④ 《礼记·坊记》。
⑤ 焦国成：《中国伦理学通论》，第209页。
⑥ 《左传·昭公二十六年》。
⑦ 《论语·子路》。

万章的提问时，阐发了对于兄弟伦理的观点。舜同父异母的弟弟象，曾多次加害舜。孟子认为，舜为天子之后，感怀兄弟之情，不念旧恶，与象同喜同忧，"象忧亦忧，象喜亦喜"。孟子认为，应该效法圣人，即便是兄弟顽劣如象，也要兄弟和睦，亲之爱之，"不藏怒焉，不宿怨焉，亲爱之而已矣。亲之欲其贵也，爱之欲其富也"①。在兄弟伦理关系的基础上，儒家提出了长幼伦理关系。兄弟一伦已包含长幼之序，但更强调的是血缘伦理关系。长幼伦理关系去除血缘意味，强调社会生活中应以长者为尊，尊老敬长，"敬长，义也"②。孟子认为，年长者是天下最尊贵的三类人之一，"天下有达尊三：爵一，齿一，德一。朝廷莫如爵，乡党莫如齿，辅世长民莫如德"③。

在朋友关系中，"义"的具体要求是"朋友有信"。"嘤其鸣矣，求其友声"④。朋友关系是一种重要的社会关系，也是一种重要的伦理关系。先秦儒家对朋友伦理做了诸多论述，反映了在宗法制解体后，非血缘的朋友关系在社会生活中的地位越来越凸显，社会伦理关系突破血缘藩篱，生长出与"陌生人"的伦理关系。先秦儒家关于朋友人伦关系和人伦规范的论述，一是"信"，指重信诺。孟子阐发周朝的"五品""五教"，继承春秋以来人们关于朋友伦理的认识，创造性地把"朋友有信"作为"五伦"之一，具有非常鲜明的战国时期人伦观的特点。二是"道"，即交友之道。孔子把朋友分为"益友"与"损友"，益友有三，"友直，友谅，友多闻"，损友有三，"友便辟，友善柔，友便佞"⑤，主张"毋友不如己者"⑥。孟子回答弟子"敢问友"之问，对朋友一伦提出了"友也者，友其德也"⑦的规范性要求。荀子基于人性恶的立场，认为朋友在某种意义上是主体道德养成的外在环境，"蓬生麻中，不扶而直。……故君子居必择乡，游必就

---

① 《孟子·万章上》。
② 《孟子·尽心上》。
③ 《孟子·公孙丑下》。
④ 《诗经·小雅·伐木》。
⑤ 《论语·季氏》。
⑥ 《论语·子罕》。
⑦ 《孟子·万章下》。

士，所以防邪僻而近中正也"①，强调交友对于一个人道德养成的重要性，认为在朋友一伦中，应以道相交，"友者，所以相有也。道不同，何以相有也？"② 先秦儒家关于朋友伦理关系和伦理规范的论述，被后人认为是儒家伦理中最没有弊端的观点，迄今仍然具有重要的指导作用。

五、儒家人伦观的价值合理性

春秋战国时期是中国古代社会天崩地裂的时代，宗法制的社会关系体系被打破，天下一统的社会秩序正在酝酿中。随着新的社会关系的形成，社会伦理关系和人伦规范亦在重新生成的过程中。儒家在周朝确立的人伦关系和人伦规范的基础上进行创造性的阐发，为变化不居的先秦中国提供了一份人伦道德的社会治理方案，目的是要各种伦理关系各归其位，各有其相应要求，致力于"天下同伦"。

第一，儒家人伦观扬弃了西周的宗法人伦思想，注重从道德主体的角度来阐述人伦道德对于人的重要意义。中国传统人伦观与宗法制度相伴而生，肇始于西周时期。宗法人伦以血缘为基础，整个天下统合在原初血缘与后天血缘（文化建构而成）编织而成的宗法网络中。春秋以降，随着宗法制度的式微，宗法人伦赖以存在的社会基础废弛，但人自身的生产以及由此而形成的血缘关系、亲子关系并不会随着宗法制的解体而消亡。在宗法制的解体已经成为时代大趋势的时候，孔子继承了西周伦理重血缘的特色，创立了"仁"学，将"孝悌"作为"仁之本"，"孝弟也者，其为仁之本与"③。"仁"立足于血缘伦理关系，但又不止于血缘伦理关系。儒家认为，仁始自爱亲，推至仁民，终于爱类。西周的宗法人伦仅仅停留在爱亲的血缘圈子内，而儒家关注始自春秋时期的人伦关系的剧烈变迁，将"仁爱"推而扩展到非血缘的范围，用以调整所有人伦关系，这不能不说是人伦观内容的极大丰富。同时，"仁"重在强调人的道德主体性，"仁远乎哉？我欲仁，斯仁至矣"④。孔子的"欲仁仁至"激发了道德主体对于内

---

① 《荀子·劝学》。
② 《荀子·大略》。
③ 《论语·学而》。
④ 《论语·述而》。

在于主体的"仁"德的自觉服膺与主动践行，彰显了人作为主体的道德光辉。关于孝和三年之丧，在孔孟的时代一直有争论，很多人认为丧期太长，建议改为守丧一年。但孔孟均反对短丧。孔子认为，人为何要对父母尽孝，为何要遵守三年之丧的古制？其源自主体内在的道德需要。孔子问宰我：父母去世，为人子者食稻衣锦，是否"安"？"安"则为之，不"安"则不为。当宰我回答"安"之后，孔子深责其"不仁"。孔子重"安"，强调的是"孝"根于内，形于外，人的道德行为始自内心萌生的道德意识，丧期的背后是孝子源自内心的真实爱亲之情。齐宣王想改革丧期，实行短丧。孟子认为，这不是丧期长短的问题，而是孝与不孝的问题。丧期是外在的行为规范，内在的深层依据是孝悌，"亦教之孝弟而已矣"①。孔孟都坚持三年之丧的古制，反对短丧，均是从主体内在道德情感、道德需要的角度立论，阐明人伦道德的重要意义。

儒家认为，爱亲是所有生物的共性，比如鸟类若是失群，必定飞回栖息地，盘旋流连良久才会离开。人与鸟兽相比，更是如此，对父母的孝根植于人的天然本性，孺慕之情，终生不已，"人于其亲也，至死不穷"②。孟子认为，人的生命源于父母，父母是自己生命的唯一本源，"天之生物也，使之一本"③。所谓"一本"，指的是既"本"且"一"，父母不但是生命之本，而且是生命唯一之本。孟子批评墨家兼爱之说，认为墨家以他人之亲与己之亲等同，视父母与路人无异，此为"二本"。宋儒进一步将"孝"提升为"天理"，"人物之生，必各本于父母而无二，乃自然之理，若天使之然也"④，阐明了孟子"一本"说的道德形上学含义。孟子认为，人类丧礼和孝道正源于此。上古之时，人们不葬其亲，人们见到自己的父母被蝼蚁啃食，被狐狸撕咬，眼睛不敢正视，额头大汗淋漓。这并不是因为被人看见而出汗，而是基于血缘的哀痛之情的自然流露。儒家认为，纯孝源自本性，人伦道德不仅仅是外在的行为规范，更是根植于道德主体的

---

① 《孟子·尽心上》。
② 《礼记·三年问》。
③ 《孟子·滕文公上》。
④ 《四书章句集注·孟子集注·滕文公章句上》。

内心需要，"由仁义行，非行仁义"①。儒家从主体道德需要的角度立论，将外在的、他律的宗法道德规范变成了道德主体内在的道德需要，这样，萌生于宗法制的人伦道德观念和人伦道德规范，可以脱胎于它的母体，作为社会意识的一部分，并没有随着宗法制的式微而消亡，而是转化为父子伦理关系中的孝道，从此积淀在中国人的精神世界，成为中国人的文化基因。

第二，儒家人伦观的确立标志着中国传统人伦观的内容丰富与理论成熟。从远古时代的野处群居到人伦意识的出现以及人伦道德的形成，人类经历了漫长的时间。"五品""五教"的出现标志着中国古代人伦思想的萌生。在西周宗法人伦观的基础上，孔子开创了仁学，儒家人伦观始创。儒家人伦观脱胎于西周时期的宗法人伦思想，带有宗法人伦的痕迹，但同时，儒家注重阐发人与动物的本质区别之所在，注重发掘道德主体内在的道德自觉和人伦意识，将人伦规范根植于主体的道德需要。孔子谦言自己"述而不作，信而好古"②，但正是在对周朝礼乐文化、人伦道德传述的过程中，孔子有损有益，既述且作，继承了肇始于周朝的"五品""五教"人伦思想，以血缘为基础，将人伦道德建基于道德主体的内心情感。孟子的"人之所以异于禽兽者"与荀子的"人之所以为人者"命题，从不同的方面论证了一个共同的问题：人究竟是一种怎样的存在？人与动物的本质区别究竟是什么？"若夫君臣之义，父子之亲，夫妇之别，则日切磋而不舍也"③。在儒家看来，人与禽兽虽有同，但更有别。人禽之别，究其根本，别在有无人伦道德。孟子站在心性论的立场，阐扬人伦道德内在于主体，人只需发明本心，存之养之，放则求之。荀子侧重从规范论角度，强调"义"的人伦规范对于主体不可须臾舍弃，"义"的内容则无非上下亲疏之分、长幼尊卑之礼、男女夫妇之别。孟荀的贡献在于将孔子开创的仁学，从规范体系发展为具有形上意味的先秦儒家道德哲学。经过先秦儒家的理论构建，关于人伦关系的理论更加丰富，"五达道""五伦"不仅涉及

---

① 《孟子·离娄下》。
② 《论语·述而》。
③ 《荀子·天论》。

家庭（家族）中的血缘伦理，而且延展到血缘之外，"善推其所为"①，由近及远，由血缘亲人推及陌生人，出现了与陌生人的伦理关系。春秋战国是中国历史上民族融合的重要时期，夷夏关系进入儒家的理论视野，丰富了这一时期的人伦关系理论，促进了历史上中华民族共同体意识的萌生。人伦规范体系也更加丰富，"四德""三达德""五美"，以及孝、慈、忠、信、恭、宽、信、敏、惠诸规范，为后世开创了人伦规范体系的基本框架。

第三，儒家人伦观是中国古人对伦理文化发展规律的认识，反映了他们关于人伦传统变与不变的思考。孔子说："殷因于夏礼，所损益可知也。周因于殷礼，所损益可知也。其或继周者，虽百世可知也"②。殷因于夏，周因于殷，有损有益，损益可知。朱熹在为这句话作注时，做了如下阐发："商不能改乎夏，周不能改乎商，所谓天地之常经也"③。朱熹认为，文化的损益与时偕新，但其中总有不能损改亦无法损改的东西——"所因者"。在文化的发展中，"所因者不坏"，此即"天地之常经"。可以损改的是文化的表现形式，而内在的、"古今所共由"④ 的文化基因是无法损改的。《礼记》认为，"立权度量，考文章，改正朔，易服色，殊徽号，异器械，别衣服，此其所得与民变革者也；其不可得变革者，则有矣。亲亲也，尊尊也，长长也，男女有别，此其不可得与民变革者也"⑤。社会的器物文化、制度文化可以与时俱进，但深层的伦理则不可更改，它是一个社会"天地之常经""古今所共由"的文化基因，是中华民族的精神传统。正是因为文化传统的存在，一种文化才得以保持其独特个性，不与他种文化混同，不但可以在多样性的文化之林中清晰可辨、百世可知，而且具有内在的生命活力，古老而弥新。在损与益、变与常的辩证关系中，哲人见出以知入，观往以知来，总结出伦理文化的发展规律。

中国传统人伦观是关于人伦关系及其规范的观点和理论，带有鲜明的

---

① 《孟子·梁惠王上》。
② 《论语·为政》。
③ 《四书章句集注·论语集注·为政第二》。
④ 《四书章句集注·中庸章句》。
⑤ 《礼记·大传》。

民族特色和时代印记。黑格尔批评孔子的思想是毫无特色的"道德常识",只有一些善良的、老练的、道德的教训;他认为中国哲学仅停留在感性的、具体的阶段,缺乏辩证思考,不能提供普遍的道德原则;他认为中国重视君臣、父子、兄弟等人伦义务有可取之处,但这种义务不是主体的自由,义务本身成为法律的规定,因而"中国人既没有我们所谓法律,也没有我们所谓道德"①。黑格尔此说影响巨大,也确实反映了儒家人伦思想对中国法律的影响。文化是一个民族的灵魂,文化的核心是伦理。每个民族对人伦道德的看法都反映了该民族的文化特质和思维方式,反映了该民族对于宇宙、社会和人生的基本看法,凝结着该民族关于何为完善的社会与何为完善的人的思考。人伦道德是历史的,不同社会背景、不同文化系统中的人伦观自然不同。黑格尔对儒家人伦道德的负面评价,可谓言中其特点。但以西方文化作为普遍性的参照标准来评价中国传统的人伦道德,也必然带有西方文化中心主义色彩,具有狭隘性的一面。

---

① 黑格尔:《哲学史讲演录》第1卷,贺麟、王太庆译,商务印书馆,2009,第136页。

第四章 三纲、五常、六纪与人伦道德

第一节 汉初思想家的人伦观

自汉践祚至汉初,在时间上指的是从刘邦开国到汉武帝即位初的大约七十年,也即史家所言的至武帝之初七十年间①。在两汉四百年的历史中,汉初七十年虽然时间不算长,但却是十分重要的。金春峰教授在其论著中将两汉称为"英雄的时代",那么,为这个"英雄的时代"揭开序幕、奠定基础的,正是汉初七十年。这一时期承秦制而以为龟鉴,其制度探索、学术转型以及伦理建设,颇具一个新时代之初的气象,对汉代人伦观的系统化,乃至对其后中国古代社会伦理道德的发展,影响至深至远。

一、从黄老之治看人伦道德的物质基础

黄老之学是汉初文景时期治国理政的指导思想。所谓"老",指的是先秦道家学派的创始人老子。司马谈及班固对道家学派推崇有加,将其界定为"以虚无为本""清虚以自守"的"君人南面之术"。所谓"黄",一般而言指黄帝。司马迁作《史记》把黄帝作为中国历史的开端。黄帝是中国古史传说时代的圣人,五帝之一,据推算生活在距今 4 700 多年前。黄帝姬姓,与炎帝部落经过征战后融合成炎黄部族,是诸夏之先祖。在先秦时期,人们追溯文化之源多假托黄帝。"黄帝作为君臣上下之义,父子兄

---

① 参见《汉书》卷二十四上《食货志上》。

弟之礼，夫妇妃匹之合，内行刀锯，外用甲兵"①，先秦之人往往把人伦道德、刑罚兵事的创制归于黄帝，尊奉其为华夏文化象征。若将汉初黄老道家之"黄"解释为黄帝，此说虽大抵不错，但具体到汉初语境，结合出土文献，黄老之"黄"实指战国至汉初的道家政治伦理思想。

20世纪70年代，长沙马王堆3号汉墓出土的帛书中，除了帛书《老子》之外，还有《经法》《十大经》《称》《原道》四篇。据《汉书·艺文志》著录，战国时期有"《黄帝四经》四篇"，将其列在道家著作中。《隋书·经籍志》仍然有关于《黄帝四经》的记载，将它与《道德经》并提，著录于集部。《黄帝四经》唐以后佚而不传。研究者们据此认为，汉墓中的《经法》等四篇很可能就是班固所记的《黄帝四经》，是战国时期的道家著作。

关于《黄帝四经》的思想倾向，学界看法基本趋同。北京大学哲学系中国哲学史教研室编写的《中国哲学史》认为，《黄帝四经》思想属于道家。张岱年先生认为，帛书四篇虽既讲道又讲法，但据《十大经》语句结合《史记》记载，《十大经》在汉初的时候已被人们认为是道家思想。孙实明教授认为，《黄帝四经》虽有一定的法家思想，但较为淡漠，贯穿其中的基本精神是道家思想。从《黄帝四经》的主要内容来看，它认为道是万物的本原，道的运动规律是对立面的转化，尊重大道要保持虚静无为，其中有"无为""无私""极而反，盛而衰""守雌节"等概念和语句，与《道德经》的主旨一致，表述也极为相似②。综上，汉墓出土的《黄帝四经》总体上是道家思想，可以归于老子一派，故学界一般认为《黄帝四经》的思想基调是道家③。

据《汉书·儒林传》记载，汉景帝时儒道学者就"汤武受命"问题展开辩论。儒家代表是经学家辕固生，道家主辩是黄生。黄生是汉初比较有影响的道家人物，史籍亦称"黄子"，司马迁父亲曾"习道论于黄子"④。因此，汉初黄老之学之"黄"，可坐实为战国至汉初的道家思想，其核心

---

① 《商君书·画策》。
② 参见孙实明：《简明汉-唐哲学史》，黑龙江人民出版社，1981，第5页。
③ 金春峰教授的《汉代思想史》认为，《黄帝四经》的思想主旨不是道家而是法家。参见该书"帛书《黄帝四经》的思想和时代"。
④ 《史记》卷一百三十《太史公自序》。

主旨是治国理政伦理思想，代表人物有黄生、曹参、盖公等，代表文本是著录于汉志隋志、思想性质归于道家的《黄帝四经》。

黄老之学在汉初被尊崇是基本的史实，但其走上汉初舞台，在历史上留下浓墨重彩的一笔，却并非因学术思想之故。黄老之学是汉初七十年所奉行的主导性的治国理念。史载，汉初刘邦封长子刘肥为齐王，以曹参为齐相国。汉惠帝时，废除了各诸侯国的相国，任命曹参为齐国丞相。曹参到任后，召集当地有资历的老者问政，但众说纷纭，无所适从。传闻胶西有盖公，深谙黄老之言，"曹参荐盖公言黄老"①，使人厚礼延请，奉为上宾。盖公秉持治道贵清静而民自定的治理理念，核心是道家清静无为思想。曹参采用盖公的黄老之术，相齐九年，齐国大治。萧何卒，曹参代萧何为汉相国，"举事无所变更，一遵萧何约束"②。曹参认为，汉高祖兵定天下，萧何制定法令，只要君臣按照既定的法令，仍旧贯而无须改作，"遵而勿失，不亦可乎"③。后来，曹参"荐盖公能言黄老，文帝宗之"④。曹参死后，百姓歌之曰："萧何为法，顜若画一；曹参代之，守而勿失；载其清静，民以宁一"⑤。曹参所采纳的盖公之言，大抵是老子的清静无为思想。另据记载，东海太守汲黯"学黄老之言，治官理民，好清静，择丞史而任之。其治，责大指而已，不苛小"⑥。这些可证明，黄老思想尚道家，主张清静无为，法度宽简，因循旧制，不烦苛，不扰民，其实质是道家的社会治理之道。

如果说曹参、汲黯的主政行为具有一定个性色彩而偏向道家的话，那么汉初国家层面将黄老之学作为治国方略，虽说不能排除窦太后等当政者个人喜好的因素，但总的说来，是道家思想适应汉初的社会现实需要使然。战国时期，七雄征伐的战火连年不息，社会已然伤痕累累。秦统一后仅仅持续了十五年的安定期，便又为秦末农民起义的烽火硝烟所笼罩。后

---

① 《史记》卷一百三十《太史公自序》。
② 《史记》卷五十四《曹相国世家》。
③ 同上。
④ 《隋书》卷三十四《经籍三》。
⑤ 《史记》卷五十四《曹相国世家》。
⑥ 《史记》卷一百二十《汲郑列传》。

又经楚汉相争，天下方得初定。此时，留给汉初统治者的是一个遍体鳞伤的病弱国体。据班固记载，汉初国库空虚，经济凋敝，民生惨淡，人口锐减，"汉兴，接秦之弊，诸侯并起，民失作业而大饥馑。凡米石五千，人相食，死者过半。……民亡盖臧，自天子不能具醇驷，而将相或乘牛车"①。当此之时，最好的治国主张莫过于道家思想。老子说："治大国若烹小鲜"②。治国之道譬如烹鱼，多搅动则鱼易碎，多政令则民不胜其劳。如果把汉初社会比作一个病势沉重之人，最好的办法就是休养生息，使其机体自我修复。过多的政令，严苛的举措，于病体复原有百害而无一益。《史记·曹相国世家》记载，曹参入相离开齐国之前，嘱咐继任者傅宽，无论是齐国的经济还是司法方面，"慎勿扰也"，因为频繁的政令和严苛的举措，不但干扰社会肌体修复，甚至会使坏人铤而走险，衍生出不稳定因素，成为压垮脆弱社会的最后一根稻草。汉初惠帝和吕后时期，"天下晏然，刑罚罕用，民务稼穑，衣食滋殖"③。尤其是文景时期，发展农业，恢复民力，缩减宫室苑囿工程，减免赋税。史载汉文帝"下诏赐民十二年租税之半。明年，遂除民田之租税"④。汉景帝时"令民半出田租，三十而税一"⑤。由于采取了特定时期的特定政策，民力国力得到恢复。至武帝之初，"国家亡事，非遇水旱，则民人给家足，都鄙廪庾尽满，而府库余财。京师之钱累百巨万，贯朽而不可校。太仓之粟陈陈相因，充溢露积于外，腐败不可食。众庶街巷有马，仟伯之间成群，乘牸牝者摈而不得会聚"⑥。班固认为，论社会治理，周云成康，汉言文景，文景之治可媲美成康。这些对文景之治所取成效的描述，虽不免有溢美之词，但确实可以从中看出经过与民休息，一扫天下既定之初的经济窘况，国力大增，秩序安定。

汉文帝时期，晁错上疏呼吁重视农业生产。他认为，衣食不足、仓廪不实对国家治理、社会道德具有一定影响：

---

① 《汉书》卷二十四上《食货志上》。
② 《道德经》六十章。
③ 《汉书》卷三《高后纪》。
④ 《汉书》卷二十四上《食货志上》。
⑤ 同上。
⑥ 同上。

夫寒之于衣，不待轻暖；饥之于食，不待甘旨；饥寒至身，不顾廉耻。人情，一日不再食则饥，终岁不制衣则寒。夫腹饥不得食，肤寒不得衣，虽慈母不能保其子，君安能以有其民哉！①

管子认为"仓廪实而知礼节，衣食足而知荣辱"②。孟子言有恒产方有恒心，民若无恒产则无恒心。他呼吁制民之产，若无必要的生活保障，"此惟救死而恐不赡，奚暇治礼义哉？"③ 贾谊认为，"民不足而可治者，自古及今，未之尝闻"④。应该说，这些思想家关于道德与物质生活关系的论述都是极有见地的。一个社会的经济发展与该社会道德状况之间不是一一对应的关系，生产力水平对道德不产生直接决定作用，但经济发展又会对社会道德风气产生一定的影响，出现衣食不足不知荣辱、饥寒交迫不顾廉耻的情形。正因如此，汉初与民休息的治国之策，在发展生产、关注民生、恢复民力的同时，社会安定有序，道德向好，"人人自爱而重犯法，先行谊而黜愧辱焉"⑤，为汉初学术重建和人伦道德建设打下了坚实的物质基础。

二、汉初的问题意识与思想倾向

关于汉初思想家们的思想倾向，自汉代起，历来说法不一。总体上看，汉初思想家的阵营属性不很明晰，兼综的特点比较明显。其中，有史家将汉初思想家归于法家，也有归于儒家的；当代，有学者认为汉初思想家归属儒家；有学者认为是儒家为主，兼综道家法家；也有观点认为是综合百家之说。笔者认为，之所以如此，是因为这一时期的思想家带有非常鲜明的"汉初"时代特点，即反思性、实用性与兼综性。

反思性特点。汉初去秦未远，汉初的政治家、思想家几乎都是秦朝覆亡的亲历者，眼见强秦定天下于一统，又眼见它仅历二世便轰然垮塌。因此，反思秦何以二世而亡，成为汉初思想界的潮流。在这一时期，几乎所有政治家、思想家都是在总结秦朝政权成败得失的基础上立论，这就使他

---

① 《汉书》卷二十四上《食货志上》。
② 《史记》卷六十二《管晏列传》。
③ 《孟子·梁惠王上》。
④ 《汉书》卷二十四上《食货志上》。
⑤ 同上。

们的问题意识具有鲜明的时代特点。汉建立之初，刘邦曾与群臣讨论"所以有天下者何"与"所以失天下者何"①的问题。刘邦认为，知人善任、任人唯贤是汉朝取胜的根本原因。"运筹帷幄之中，决胜于千里之外"的张良，"镇国家，抚百姓"的萧何，"战必胜，攻必取"的韩信，此三人为刘邦所用，所以取天下。作为一位政治家，此时的刘邦以一个战争胜利者的姿态评价项羽，胜王败寇的思维使他还没有触及秦灭亡的根本问题。因此，每当陆贾与他谈论儒家经典，刘邦仍以"马上得天下"为由拒仁义道德于千里之外。经过陆贾"居马上得之，宁可以马上治之"的说服，刘邦有所触动，开始思考"秦所以失天下，吾所以得之者何"②的问题。与刘邦相比，陆贾、贾谊等思想家的问题意识建立在反思秦朝灭亡、指陈秦朝过失的基础之上。西汉时期以陆贾、贾谊、贾山为代表的思想家，出于对历史成败经验教训的反思而非汲汲于学术之短长，他们的思想同质性很明显，故徐复观先生说，他们的共同特点是莫不反秦反法③。

"反秦反法"是汉初思想家顺应时代潮流之举，若深入其思想内部，我们就会发现，其中关于人伦道德与政权得失之相互关系的认识，关于德治与法治二者关系的阐发，触碰到了一个非常重要的问题：道德究竟在社会生活中居于何种地位？人伦关系被利益侵蚀、人伦道德在法律规范面前落败，究竟会对社会治理乃至权力更迭产生怎样的影响？

实用性特点。史家言汉，均说汉承秦制。汉初对秦旧制的承续主要体现在政权机构和官僚体系方面。采用郡县制与分封同姓诸侯并存、采取与民休息黄老之学等，都不是从秦沿袭而来，而是汉初因时而变、因时制宜的结果。汉初百废待兴之时，当政者的举措更多表现出实用性、当下性、功利性的特点，无暇长远规划与通盘考虑，这是由历史条件决定的。刘邦在位仅仅七年即去世，"马上得天下"战争思维的惯性使他无法从全局上对汉初的治国理政进行战略考量，文化和道德建设也不可能进入他的视野。从个人好恶来讲，刘邦极度厌恶儒生，他骂郦食其为"竖儒"，用儒

---

① 《史记》卷八《高祖本纪》。
② 《史记》卷九十七《郦生陆贾列传》。
③ 参见徐复观：《两汉思想史》第2卷，华东师范大学出版社，2001，第80页。

者的帽子做便器。但陆贾"马上得之与马上治之"的见解，又能激发他作为一位政治家的敏锐洞察力，立即表现出对儒者和儒家思想的重视；刘邦的用人之策也表现出实用和功利的一面，汉初诸臣，唯有张良出身于韩国世家，其次张苍为秦国御史，叔孙通为秦国博士，萧何、曹参等为小吏，夏侯婴、陈平、陆贾、周勃等皆出身低微。在汉初，"将相公卿皆军吏"①、"公卿皆武力功臣"② 是一个普遍现象。清代史学家赵翼将此现象称为"汉初布衣将相之局"③。将相出自行伍是特定时期的特定用人举措，行事的标准看事功而不计其他，从一个方面反映了汉初施政举措实用性的一面。汉七年（公元前 200 年），刘邦令叔孙通与鲁儒生共同制定朝仪。按照朝仪，天子、诸侯、文臣、武将尊卑有序，"自诸侯王以下莫不振恐肃敬"，"无敢欢哗失礼者"④。表面上看，刘邦对儒生的态度确实大为转变。但刘邦将儒家之礼用于朝堂，并不是说刘邦已考虑将儒家思想纳入治国方略。刘邦起用叔孙通制定朝仪，主要是为了解决布衣将相在朝堂之上"饮酒争功，醉或妄呼，拔剑击柱"⑤ 的失态与失仪，是出于树立天子威严的考虑。朝仪的制定，使刘邦感受到了天子的权威与尊严，"今日知为皇帝之贵也"⑥。可见，刘邦的亲儒之举显然带有功利性的特点。

兼综性特点。"汉初"的特征在学术思想上体现为这一时期思想家们的学术倾向表现出兼综性的特点。战国时期，道术为天下裂，处士横议，所言异路，百家思想旨在致力于天下同文同轨，定于一统。汉初，知识界的思想主流是反思秦朝之过，批评法家之失，为初定天下的汉代政权服务，因此，思想家的学术倾向也必然以现实需要为鹄的。从他们的著述来看，基本是服务现实之作。陆贾说客出身，司马迁称之为"当世之辩士"⑦。《新语》十二篇，显然不是出于学术目的，而是为刘邦阐述"马上

---

① 《史记》卷九十六《张丞相列传》。
② 《汉书》卷八十八《儒林传》。
③ 《廿二史札记》卷二。
④ 《史记》卷九十九《刘敬叔孙通列传》。
⑤ 同上。
⑥ 同上。
⑦ 《史记》卷九十七《郦生陆贾列传》。

得之"与"马上治之"的资政之作。贾谊为汉文帝博士，太中大夫，后为梁怀王太傅，约33年短暂生命中的一大半时间厕身政坛，他的《过秦论》与《治安策》可谓传世鸿篇，是政论文的典范之作，分别从破和立的角度反思秦朝灭亡，指陈秦之过失，为汉初统治者建言献策。政论著述多切近时事，凸显现实关切，提出解决对策。作者为了阐明自己的主张而广征博引，兼采百家之说，故其思想很自然地表现出兼综性的特点。从他们的思想主张来看，兼综性的特点也十分鲜明。陆贾崇尚道家的"无为"思想，《新语》十二篇中专有《无为》一篇，他认为"道莫大于无为，行莫大于谨敬"，圣人之为国，"寂若无治国之意，漠若无忧民之心"。这些论述显然与老子的"无为"主张有异曲同工之处，其道家倾向不言而喻。但陆贾同时认为，"君子握道而治，据德而行，席仁而坐，杖义而强"①，他认为历代政治行仁义而成，失道德而亡，亡秦是不行仁义道德的反面教材，推崇儒家的倾向十分明显。贾谊向汉文帝建议，以"权势法制"作为"人主之斤斧"，砍削诸侯王的"髋髀之所"②，以绝后患。贾谊强干弱枝的建议杀伐果决，颇具法家风格。同时，他又主张用人伦道德整饬君臣伦理关系、家庭伦理关系，强调道德教化，表现出鲜明的儒家特点。两汉史家对他们的学派定性莫衷一是。司马迁说"贾生、晁错明申商"③，明确将贾谊归于法家一派；西汉末学者刘歆则将贾谊归于儒家，"汉朝之儒，唯贾生而已"④；班固《汉书·艺文志》将陆贾、贾山、贾谊均归于儒家之列。这充分反映了他们思想本身庞杂、兼综的特征。当代学者著述则基本上将陆贾、贾谊归于兼综型的思想家⑤。

---

① 《新语·道基》。
② 《汉书》卷四十八《贾谊传》。
③ 《史记》卷一百三十《太史公自序》。
④ 《汉书》卷三十六《楚元王传》。
⑤ 北京大学哲学系中国哲学教研室主编的《中国哲学史》，沈善洪、王凤贤教授的《中国伦理学说史》，金春峰教授的《汉代思想史》都认为，汉初思想具有综合的特点。罗国杰教授的《中国伦理思想史》、张锡勤教授主编的《中国伦理思想通史》认为，陆贾、贾谊是汉代儒学的最早代表。傅乐成先生的《中国通史》认为，贾谊思想受儒家影响最大，也兼有部分法家色彩。徐复观先生的《两汉思想史》认为，贾谊是兼采诸子百家之学。金春峰教授的《汉代思想史》认为，陆贾、贾谊以儒家为主，儒法兼综。

三、汉初思想家的人伦观

人伦道德状况是一个时代精神气候的表征。一个政权土崩瓦解的原因是多方面的，但思想家们总能抽丝剥茧，从现象而深入本质，从当时的社会道德状况中找到大厦倾覆的秘密，分析施政举措中有可能隐藏的伦理风险，并据此提出自己的人伦主张。

第一，汉初思想家认为，法家法治思想破坏了社会的伦理根基，"弃伦理"是秦朝灭亡的根本原因。秦国发迹于西土，西周末期周平王东迁洛邑，秦护王驾有功，被周天子封为西方诸侯。战国时期，秦国经过几代君主的发愤图强，通过商鞅变法迅速崛起，最终灭周祀而并海内，一统天下。贾谊认为，秦结束战国纷争是顺应历史潮流的行为。但秦统一后，继续采用法家的严刑峻法，先诈力而后仁义，致使百姓怨望，天下皆叛，最后亡于被视为瓮牖绳枢之子、氓隶之人、迁徙之徒的陈涉之手。贾谊认为，从各个方面（如出身、才能、谋略、用兵、实力等）来看，陈涉均不可与当年的六国同日而语。秦消灭六国而亡于陈涉，根本原因在于"仁义不施而攻守之势异也"①。秦的治国策略是"唯法为治"，崇尚以法为教，以吏为师。秦统一后，继续任用法家思想，焚百家书，坑杀儒生，这就是贾谊所说的"仁义不施"。汉初，反思秦朝之所以二世而亡是思想界的潮流，贾谊等思想家都把批评的矛头指向先秦法家，认为法家是秦朝灭亡的罪魁。近代章太炎则不同意让先秦法家背秦朝灭亡之罪。他认为，秦制本于商鞅，几代秦国君主包括秦始皇都是以法立国，秦朝速亡"非法之罪也"。章太炎认为，说到治国中法和刑的一手，汉武帝不逊于秦始皇，但西汉并没有亡国；究其根由，秦朝速亡是多种原因使然，而非法家之罪，因此贾谊过秦之说可谓"短识"②。

笔者认为，章太炎先生之说确有道理，秦亡确实是多种因素促成的结果，但是，章太炎先生却忽略了贾谊指责法家的背后所隐藏的伦理深意。先秦法家之法作为秦的为治之具，作为奖励耕战的绳墨准则，在秦崛起的

---

① 《史记》卷六《秦始皇本纪》。
② 参见章太炎：《章太炎全集》4《太炎文录初编》，上海人民出版社，1985，第72页。

过程中发挥了重要作用，其功绩不能抹杀，"商君佐之，内立法度，务耕织，修守战之具；外连衡而斗诸侯，于是秦人拱手而取西河之外"①。贾谊认为，没有商鞅变法，没有法家思想，可以说就没有囊括四海、并吞八荒的强秦。但同时，法家思想在实行过程中，对社会伦理道德造成了毁灭性的破坏：

> 商君违礼义，弃伦理，并心于进取，行之二岁，秦俗日败。秦人有子，家富子壮则出分，家贫子壮则出赘。假父耰锄杖彗，耳虑有德色矣；母取瓢碗箕帚，虑立讯语。抱哺其子，与公并踞。妇姑不相说，则反唇而睨。其慈子嗜利而轻简父母也，虑非有伦理也，亦不同禽兽仅焉耳。然犹并心而赴时者，曰功成而败义耳。蹶六国，兼天下，求得矣；然不知反廉耻之节、仁义之厚，信并兼之法，遂进取之业，凡十三岁而社稷为墟。不知守成之数，得之之术也。②

人皆好利恶害是法家对人性的基本判断。商鞅认为，"饥而求食，劳而求佚，苦则索乐，辱则求荣，此民之情也"③。即便是家庭成员之间，在利益的驱动下，也要进行"成本"核算。父子分家之后，儿子向父亲借锄头农具，父亲没有好脸色；母亲借儿子家的碗瓢扫帚，也要听冷言冷语。翁媳之间毫无礼数，媳妇给孩子哺乳，毫不避讳公公；婆媳关系紧张，争吵不休。贾谊认为，法家推行的法治极大地破坏了家庭中本有的亲情与伦常。在逐利之心的驱使下，家庭伦理关系遭到重创，毫无"廉耻之节、仁义之厚"，社会道德风尚沦丧，"秦俗日败"，结果必然导致"凡十三岁而社稷为墟"。

应该说，贾谊对秦亡的分析是非常深刻的，至今读来仍发人深思。贾谊过秦之论并非简单地让法家为秦亡背锅，而是分析秦国何以失道，以致天下大坏之所以然。贾谊认为，基于对人性的基本判断，法家的社会治理思想建基于对人逐利之心的顺应与激发，人人皆挟自利自为之心，而不知伦理为何物，"违礼义，弃伦理"致使秦朝风俗浇薄，出现"众掩寡，知

---

① 《新书·过秦论》。
② 《新书·时变》。
③ 《商君书·算地》。

欺愚，勇劫惧，壮凌衰"① 的情形。在法家法治精神的驱动下，秦国吞并六国，一统天下，不可谓不进取。但这种进取如果建立在单纯的利益驱动的基础上，违背礼义，弃绝伦理，搁置教化，则相当于剥离掉对一个社会起到黏合剂作用的人伦道德，无异于抽空了社会稳定的深层根基。如此，秦朝的快速崛起必然导致它的快速灭亡。

第二，汉初思想家关注汉代伦理关系的新变化，强化人伦规范，整合社会关系，丰富了中国传统人伦观的内容。如前所述，汉初潮流有二，一是作为政治领域主导思想的黄老之学，二是汉初思想界对亡秦的理论反思。在这一时期，思想家们观点的倾向性不十分明晰，表现出兼综的特性；但他们对儒家的人伦道德却表现出一致认同，都认为要用儒家的人伦道德去统合社会伦理关系，重建人伦道德。此时人伦观的一个新特点是，西汉与匈奴以及朝鲜等的关系成为汉代语境中的夷夏关系，先秦以来的"夷夏之辨"在这一时期受到思想家的关注，如何在一统的前提下处理夷夏关系，成为汉代政治必须要解决的问题，由此丰富了传统人伦观的内容。

陆贾认为，一个不重视人伦道德的社会注定不会长久。先王明于此理，必然会用一定的道德规范去教化百姓，承续人伦之道，匡正衰乱的社会，"礼义不行，纲纪不立，后世衰废。于是后圣乃定五经，明六艺，承天统地，穷事察微，原情立本，以绪人伦"②。陆贾在这里所说的人伦，即指社会生活中最基础的人伦关系和人伦规范，就是儒家讲的父子君臣之义、夫妇之别、朋友之交，即孟子所提出的"五伦"。陆贾认为，在所有伦理关系中，"义"是基本的规范，"夫妇以义合，朋友以义信，君臣以义序，百官以义承"③。"义"是伦理关系双方主体的"应该"，即先秦儒家所言"义者宜也"。每个人在伦理关系中找到自己的位置，完成自己的义务，就是"义"。在秦火之后汉初的文化重建中，陆贾将"五经""六艺"提高到传承文化、接续人伦的高度，应该说这是一个非常深刻的见解。王

---

① 《新书·时变》。
② 《新语·道基》。
③ 同上。

利器认为，在孔子之后，"称说五经者，当以陆氏此文为最先"①。陆贾对人伦关系和人伦规范的重视与阐述既是对儒家思想的阐发，同时也是对汉初人伦关系涣散的现状所进行的有针对性的论述。天下初定之时，战争思维和战时行事风格犹在，大臣在朝堂之上行为无状，失礼之举时有发生，陆贾强调行礼义、立纲纪，有很强的现实针对性。与陆贾在朝堂之上讲论《新语》大约同时，汉五年（公元前202年）起，叔孙通率众儒生制定朝堂仪轨，用时两年，在古礼和秦仪的基础上制定出汉代朝堂礼仪。按《史记·刘敬叔孙通列传》记载，汉代朝仪随时而变，易知能行，贯彻君臣尊卑有等、进退有序的原则，通过礼仪规范培养臣子的仪式感，明确对尊卑等级的敬畏，树立天子的权威。

汉初，在陆贾、叔孙通等人的倡导下，刘邦也表现出对儒家纲常的兴趣。战国时期有掌管社会道德教化的"三老"制度，推举品德、威望、资历出众，一定年龄以上的人担任。汉二年（公元前205年），刘邦设立三老，"举民年五十以上，有修行，能帅众为善，置以为三老"②，三老是席位制，每乡设立三老一人，从乡三老中推选一人为县三老，与县令、县丞、县尉以事相教。另据司马迁记载，刘邦做皇帝后，仍然按照父子之礼对待太公（刘邦之父）。管家对太公说，高祖虽然是子，但也是皇帝；太公虽然是父，但也是臣子；人主不可拜见人臣，建议太公以君臣之礼相待。太公采纳了管家的建议，刘邦来拜见父亲时，太公"拥彗（扫帚）迎门却行"，"帝，人主也，奈何以我乱天下法"③。

贾谊对人伦关系和人伦规范的重要性做了更为系统而深刻的论述。贾谊认为，君臣、父子等人伦关系以及相应规范不是自然出现的，而是人们为了一定的需要而设立的，"夫立君臣、等上下，使父子有礼、六亲有纪，此非天所设也，夫人之所设"④。从历史来看，秦朝人伦关系紊乱，人伦道德废弃，而导致社会分崩离析，二世而亡，"秦灭，四维不张，故君臣

---

① 《新语校注·道基》王利器注。
② 《汉书》卷一上《高帝纪上》。
③ 《史记》卷八《高祖本纪》。
④ 《新书·俗激》。

乖而相攘，上下乱僭而无差，父子六亲殃僇而失其宜，奸人并起，万民离叛"①。在这里，贾谊又一次将秦亡原因归于四维不张，经制不定，人伦缺失。贾谊认为，一个社会的溃败，首先是人伦秩序和人伦规范的缺失；一个社会的安定，关键在于重建君君臣臣、父父子子的人伦秩序，确立人伦规范：

> 今而四维犹未备也，故奸人冀幸，而众下疑惑矣。岂如今定经制，令主主臣臣，上下有差；父子六亲各得其宜，奸人无所冀幸，群众信上而不疑惑哉。此业一定，世世常安，而后有所持循矣。若夫经制不定，是犹渡江河无维楫，中流而遇风波也，船必覆败矣。②

贾谊认为，君主与臣子之间的关系，犹如太阳与星星一样，尊卑上下的秩序不可以躐等，大臣不可以怀疑天子，低贱者不可以冒犯尊贵者，"下不凌等则上位尊，臣不逾级则主位安。谨守伦纪，则乱无由生"③。贾谊继承了先秦儒家关于人伦的论述，"君惠臣忠，父慈子孝，兄爱弟敬，夫和妻柔，姑慈妇听"④，论述了君臣、父子、兄弟、夫妻、姑妇五种伦理关系及相应规范。不仅如此，贾谊还从正反两方面对主要的人伦规范进行了阐述，"亲爱利子谓之慈，反慈为嚚；子爱利亲谓之孝，反孝为孽"，"兄敬爱弟谓之友，反友为虐（缺齿）"，"弟敬爱兄谓之悌，反悌为敖（傲）"⑤。

汉初，汉人与匈奴之间的关系成为国家政治生活中的重要关系，夷夏关系因此成为汉初伦理关系的重要方面。刘邦军队进攻匈奴几乎全军覆没。之后汉初统治者采取与匈奴和亲的绥靖政策，但匈奴仍频繁骚扰，"斥候者（放哨的人）望烽燧而不敢卧，将吏戍者或介胄而睡，而匈奴欺侮侵掠，未知息时"⑥。贾谊认为，天子是天下之首，蛮夷是天下之足，首为上足为下，理应天子为上，匈奴为下。贾谊认为，当时汉朝与匈奴关系的现状呈上下倒悬之势，故建议以"三表""五饵"之法，恩威并济，

---

① 《新书·俗激》。
② 同上。
③ 《新书·服疑》。
④ 《新书·礼》。
⑤ 《新书·道术》。
⑥ 《新书·解县》。

"以厚德怀服四夷,举明义,博示远方"①。无论是和亲之策还是武力征伐,都仅表明不同时期解决民族间关系的策略不同,但中国传统的天下一家的整体观则一以贯之。边防之策固有上下之争,但其目的无不是将四方之民纳入国家治理范围内,实现经略天下,怀服四夷,使之从根本上认同中国文化。

第三,汉初思想家认为,移风易俗、重建人伦必须自道德教化始。贾谊认为,一个社会人伦道德被破坏,修复它则需假以时日。秦朝灭亡,天下转而为汉,但法家伦理所致的人伦隳坏、功利盛行和世风日下,则不因秦亡而消失,仍然在汉初的社会生活中上演:

> 今有何如?进取之时去矣,并兼之势过矣。胡以孝弟循顺为?善书而为吏耳。胡以行义礼节为?家富而出官耳。……取妇嫁子,非有权势,吾不与婚姻;非贵有戚,不与兄弟;非富大家,不与出入。因何也?今俗侈靡,以出伦逾等相骄,以富过其事相竞。今世贵空爵而贱良,俗靡而尊奸;富民不为奸而贫为里侮也;廉吏释官而归为邑笑;居官敢行奸而富为贤吏,家处者犯法为利为材士。故兄劝其弟,父劝其子,则俗之邪至于此矣。②

> 今世以侈靡相竞,而上无制度,弃礼义,捐廉丑,日甚,可为月异而岁不同矣。③

贾谊在给汉文帝的上疏中,多次对汉初社会世风民风之败坏、人伦之无底线、道德之沦丧予以深刻的揭示。人们疯狂追逐个人利益,不守礼义廉耻,不知孝悌为何物,守法而贫者被人嘲笑,犯法行奸者被追捧仰慕,彼时"弃礼义""捐廉丑"等"俗之邪"情形跃然纸上。贾谊对汉初社会道德状况的描述也许有过激之言,但不可否认的是,战国时期连年战乱,社会动荡,民无居所,生民犹如草芥,朝不保夕之际,虽然有很多立身清白、操守刚直的义士,但大多数的人在时代潮流中浮沉,于他们而言,生存是第一位的需要,人伦道德只能退居其次。秦统一后,不思改弦更张,

---

① 《新书·匈奴》。
② 《新书·时变》。
③ 《新书·俗激》。

柔化人心，反而使天下在离心离德的道路上越走越远，致使秦俗越来越败坏，维系社会稳定的人伦基础越来越薄弱。汉朝初建，统治者在接受一个经济崩溃的烂摊子的同时，也要面对自战国至秦，一百多年来对社会道德持续性的荡涤。即便贾谊言辞过激，汉初的道德状况之坏仍可见一斑。正是在这样的社会背景下，汉初思想家呼吁移风易俗，通过人伦教化整顿人伦、凝聚人心。

陆贾认为，刑罚可以惩恶，教化可以劝善。法律的惩戒固然有效，但真正的良善不是出自畏死，诸如曾参、闵子骞之孝行，伯夷、叔齐之清廉，均是教化使然，"夫法令所以诛暴也，故曾、闵之孝，夷、齐之廉，此宁畏法教而为之者哉？故尧、舜之民，可比屋而封，桀、纣之民，可比屋而诛，何者？化使其然也"①。贾谊认为，法和刑的作用在于处罚"已然"的恶和犯罪，是事后惩处；道德教化（"礼"）的作用则在于防止"将然"的恶和犯罪，是事前预防，"夫礼者禁于将然之前，而法者禁于已然之后"②。陆贾、贾谊关于"礼"与"法"辩证关系的论述非常有见地，是对先秦以来礼法之争的理论总结，具有重要的思想史意义。

贾谊肯定法和刑在社会治理（"政治"）中的重要作用，但比之于法和刑，贾谊显然更重视教化。贾谊认为，"教者，政之本也；道者，教之本也。有道，然后教也；有教，然后政治也"③。贾谊认为，人伦道德是教化之本，教化则是社会治理之本。《中庸》言"修道之谓教"，贾谊所说作为教化之本的"道"，就是儒家的人伦道德。基于此，贾谊对先秦儒家道德规范做了较为系统的阐发。贾谊把道、德、性、神、明、命六个规范统归于"德"，称为"德有六理"，"六理"无所不生。把仁、义、礼、智、信、乐合称为人之"六行"，认为人虽有六行，但其细微难察，人并不自知，因此"必待先王之教，乃知所从事。是以先王为天下设教"④。贾谊又提出"德有六美"，即"有道、有仁、有义、有忠、有信、有密"⑤。关

---

① 《新语·无为》。
② 《汉书》卷四十八《贾谊传》。
③ 《新书·大政下》。
④ 《新书·六术》。
⑤ 《新书·道德说》。

于人伦规范的来源，贾谊则试图对其所以然进行本体论的阐发。他推崇无形的"道"，认为"道者，德之本也"，"德之有也，以道为本"①。关于道与德的关系，他说："物所道始谓之道，所得以生谓之德"②。同时，他又将"道"视为"德"之"六理""六美"之一，认为"六理、六美，德之所以生阴阳、天地、人与万物也"③。贾谊关于人伦道德规范的本体论论证，显然是借鉴了老子和先秦儒家的道德形上学，并将二者杂糅在一起。但他对人伦本体的阐发是粗陋和含混的，其所构建的道德规范体系皆以"六"言之，"以六为法"④ 又带有战国以来阴阳家的痕迹，牵强附会，循环论证，其理论逻辑难以自洽。

第二节 三纲五常人伦体系的提出

经过汉初七十年的发展，汉初的凋敝之境况已经大为改观。尤其是文景二帝在位凡四十年中，百姓生活富足，国家财力大增，国库钱粮充裕。汉朝在此时期的经济力量、军事力量与汉政权建立之初已不可同日而语。在内部政治方面，平定七国之乱后，西汉诸侯王的问题已经解决。在外部关系上，朝鲜、诸越均已成为汉的朝贡国。与匈奴七十年来的"倒悬"之势，正酝酿新的解决之策。所有信息均表明，几十年积蓄力量所孕育的一个新的有为的时代即将到来。在此社会背景之下，伦理道德也必然适应时代大势之变化，出现新的转机。

一、从黄老之学到董仲舒的"大一统"

汉初的治国理念是黄老之学，这是史家一致认同的观点。汉景帝的母亲窦太后喜好黄帝、老子之言，在她的影响下，汉景帝和诸窦都必须读老子书，在国政中均尊黄老之术。史载，窦太后召见儒者辕固生，讨论老子

---

① 《新书·道德说》。
② 同上。
③ 同上。
④ 《新书·六术》。

之书。辕固生认为，老子书"是家人言耳"，认为不值得一看。窦太后闻听大怒，令其入野猪圈刺野猪，差点使辕固生命丧野猪之口①。汉文帝在位二十三年，汉景帝在位十六年，窦太后的影响在文景时期持续，时间长达几十年。因此，史家均承认汉初采用黄老之学，崇尚清静无为，与民休息，其中窦太后个人的好恶及影响力非常之大。个人对历史的影响作用固然应该考虑，英雄可以造就时势，但个人的影响之所以发挥作用，主要是因为顺应了当时的历史潮流。

黄老之学的理论渊源在先秦道家思想，但汉初黄老与先秦道家并不完全相同。老子的学说从思想倾向上讲接近于"无君"，但是汉初黄老之学则强调维护天子权威，强调君臣之分，这是二者的显著差异。汉景帝时期，儒家学者辕固生与黄老道家的黄生就"汤武受命"问题展开辩论。"汤武受命"是儒家的一个命题，《周易》《孟子》曾就这个命题展开论述。所谓"受命"问题，是统治权力是否来自"天命"，最高权力者是否德位相配以及权力是否具有合法性的问题。儒家认为，王者德必配位，权力合法性来自有无君德，在儒家看来，"闻诛一夫纣矣，未闻弑君也"②，"汤武革命，顺乎天而应乎人"③，权力更迭具有合法性与合道德性。辕固生遵循儒家既有观点，认为：夏桀商纣虐乱天下，荼毒人民，商汤周武是天下人心所归，吊民伐罪而诛独夫桀纣，并非弑君；受民拥戴不得已而立为王，是接受天命。道家黄生则认为，"汤武非受命，乃弑也"④。黄生认为：冠必加于首，履必穿于足，君臣也有"上下之分"；桀纣虽然失道，但仍是君上，汤武虽然贤明，但仍然是臣下；君主有过，忠言直谏匡正人君之失是臣子职责，而不是诛之代之，"夫主有失行，臣下不能正言匡过以尊天子，反因过而诛之，代立践南面，非弑而何也？"⑤"汤武受命"既是一个政治伦理问题，又是汉朝的政治现实问题，触及汉代秦践天子之位的合法性解释。黄生与辕固生虽然观点不同，但无疑都是为汉代君权进行

---

① 参见《史记》卷一百二十一《儒林列传》。
② 《孟子·梁惠王下》。
③ 《周易·革·彖辞》。
④ 《史记》卷一百二十一《儒林列传》。
⑤ 同上。

合法性辩护。黄生强调君臣"上下之分"，已与先秦道家有明显不同。这表明，汉初的黄老之学从它出现之时就不是一个纯粹的学术流派，而是汉初的政治伦理思想。在君臣伦理关系上，黄老之学主张"上下之分"；在君民伦理关系上，黄老推行"与民休息"。汉初七十年后，黄老之学完成了它的历史使命，但黄老之学中蕴含的维护君主之尊、明上下之分的政治伦理，却不会和黄老之学一起退出历史舞台，而是在董仲舒的伦理思想中得到了系统的表达。

在董仲舒的时代，经过了汉初七十年的修复期，政治"一统"的局面已经确立，诸侯国的隐患已经解决，国家经济实力已具有征伐匈奴的可能。年轻的汉武帝进取有为，预示着一种不同于黄老之学清静无为的新的治国之策即将应运而生。"物盛而衰，固其变也"①，这是司马迁考察黄老之学，通古今之变，究天人之际，基于汉初历史而得出的深刻结论，表现了史家对历史发展规律的深刻洞察。黄老之学在汉初七十年尤其是文景二帝当政四十年中起到了巨大作用，随着汉武帝即位，随着时势变化，其由盛而衰，完成历史使命并最终退出汉代政治舞台，是合乎逻辑的历史必然。汉武帝即位后，基于文景两代打下的物质基础，北讨强胡，南诛劲越。在汉武帝打击匈奴之初，匈奴占据河南、河西走廊，窥伺长安，"乃以中国一统，明天子在上，兼文武，席卷四海，内辑亿万之众，岂以晏然不为边境征伐哉"②。适应时代的需要，在国家政治层面高度"一统"的情况下，需要在文化、思想、社会伦理层面更为强劲有力的"一统"。正是在这样的历史背景下，董仲舒阐扬《公羊传》的微言大义，发挥《公羊传》的"大一统"思想，并将其引入社会伦理领域，提出了极具汉代特色的"大一统"的人伦道德思想。

"大一统"出自《公羊传》。《春秋》鲁隐公元年（公元前722年）记曰："元年，春，王正月。"此乃鲁史《春秋》之开篇。《春秋》三传传注各异。《公羊传》认为，《春秋》开篇之语意蕴深刻，并对之进行阐发：

  元年者何？君之始年也。春者何？岁之始也。王者孰谓？谓文王

---

① 《史记》卷三十《平准书》。
② 《史记》卷二十《建元以来诸侯年表》。

也。曷为先言王而后言正月？王正月也。何言乎王正月？大一统也。①

所谓"元年"，即开元之年，是人君即位第一年，此指鲁隐公元年。按照《公羊传》的阐发，元者气之始，春者岁之始，王者受命之始，正月者政教之始。"王"是指受天命之王，其象征是周文王。"正月"指王者受命，斗建为正，如夏以建寅之月为正，殷以建丑之月为正，周以建子之月为正。今文经学认为，《春秋》之所以要强调"王正月"，目的是阐明王者受天命而立，天下都要听命于王，以正月象征政教之始。"大一统"之"大"，做动词用，乃提倡、重视、阐扬之义。"统者，始也，总系之辞"②。"一统"即系统于"一"，"一统者，万物之统皆归于一也"③。《春秋》"大一统"强调天下一统于天子，即孟子所言"《春秋》，天子之事也"④，阐扬君王布政施教的天然合法性以及国家政治、经济、伦理文化的高度一致与集中的必要性。

董仲舒等汉代今文经学者认为，此为《春秋》的"微言大义"，并以阐发微言大义为己任。董仲舒认为，《春秋》蕴含的义理繁多，于当今社会治理均有润益，故将他的著作名为《春秋繁露》⑤。董仲舒在给汉武帝的对策中，发挥《公羊传》的观点，认为《春秋》之所以将人君即位之年称为"元年"而非"一年"，是因为"一"是万物所从始，"元"乃辞之所谓大。称"元年"是"视大始而欲正本"⑥，而此"本"即人君。董仲舒按《春秋》之义，春者天之所为，正者王之所为，因此，"春秋大一统者，天地之常经，古今之通谊也"⑦。他认为，《春秋》强调的"一统"思想，是宇宙之常理，古今之通义。所谓"一统"，即自然之道与社会之道皆应归于"一"。在治道层面，在周朝宗法制下诸侯皆听命于周天子，在汉代

---

① 《公羊传·隐公元年》。
② 《春秋公羊传注疏·隐公元年》何休注。
③ 《汉书》卷五十六《董仲舒传》颜师古注。
④ 《孟子·滕文公下》。
⑤ 参见《周礼注疏·春官宗伯下》贾公彦疏。
⑥ 《汉书》卷五十六《董仲舒传》。
⑦ 同上。

王权下则一切应统于皇帝。若思想不统一，百家殊方，邪说不息，则"上亡以持一统"①。人君必须重视、阐扬《春秋》义理，"改正朔，易服色，制礼乐，一统于天下"②，在制度、文化、人伦道德上统一思想，如此则统纪可一，法度可明，民知所从。

二、人伦之道"原出于天"

董仲舒在给汉武帝的对策中提出："道之大原出于天"③。董仲舒所说的"道"，是汉代的"一统"原则，是社会的根本法则，既包括政治、经济、军事等方面，也包括社会的风气习俗、道德教化、纲常人伦。董仲舒所说的"天"，继承了自周朝以来的天命观，把"天"看作人间的主宰、万物的义理、宇宙的终极依据。他说："天者，百神之大君也"④。汉武帝热衷于长生求仙，信奉方士之言，祭祀各种神祇。董仲舒认为"天"为诸神之长，是有人格的主宰，可以洞悉人事。董仲舒说："天者，群物之祖也，故遍覆包函而无所殊，建日月风雨以和之，经阴阳寒暑以成之"⑤。"天"是自然万事万物之"祖"，万物的生成及变化无不是天的意志的体现。人的生命本于父母，但父母不能"为人"，"为人者天也。人之为人本于天"⑥。在董仲舒那里，万物和人都是由"天"所生，由"天"所为，"天"是始基、终极依据。

"天"及"天命"的思想在中国历史上由来已久。中国古人所言之天，既是人格之天，也是自然之天、规律之天、境界之天、义理之天。古人认为天有好恶赏罚，也试图从本体和根源的角度谈"天"，把天当作万物运行、社会治理的终极依据。董仲舒的"天"，包含了形上的意味，但更多指的是人格之天，是与人有血缘关系的"天"。他说："天亦人之曾祖父也"⑦。既然人与天有着如此近的亲缘关系，天人同类，那么人就是天的

---

① 《汉书》卷五十六《董仲舒传》。
② 《春秋繁露·三代改制质文》。
③ 《汉书》卷五十六《董仲舒传》。
④ 《春秋繁露·郊语》。
⑤ 《汉书》卷五十六《董仲舒传》。
⑥ 《春秋繁露·为人者天》。
⑦ 同上。

副本。从人的形体来看，人与天以数相合：在天有五行，在人有五脏；在天有四时，在人有四肢；在天有昼夜，在人有醒暝。从人的意志情感而言，天有寒暑，人有喜怒；天有暖清，人有好恶。由天人相类、人副天数出发，董仲舒认为人与天之间互有感应，天人相合。董仲舒所建立的"天"的庞大系统，在人与天之间人为地建立一种有亲缘的、交感的、合一的关联，但董仲舒的理论目的不在"天"，而在"人"，在为汉代的伦理政治寻求形上依据，建立汉代的政治-伦理哲学。董仲舒对社会生活中几种最基本的人伦关系进行阐述，论证了君臣、父子、夫妇伦理关系和伦理规范的天然性与正当合理性。

董仲舒认为，人是万物中最尊贵的存在。"人受命于天，固超然异于群生。入有父子兄弟之亲，出有君臣上下之谊，会聚相遇，则有耆老长幼之施；粲然有文以相接，欢然有恩以相爱，此人之所以贵也"①。董仲舒从三种伦理关系中阐述了人之贵于万物的理由。在家庭中有"父子兄弟之亲"，在政治生活中有"君臣上下之谊"，在人际交往中有"耆老长幼之施"。从生物性方面而言，人与万物莫有不同，但是人受命于天，明于天性，自知人贵于物，在父子兄弟的血缘关系、君臣上下的权力关系、耆老长幼的人际关系中注入文化的因素，明于人伦，安于人伦，从而使人成为宇宙中最高贵的存在。在《论语》一书的最后，有"不知命，无以为君子也"② 一句。在《天人三策》中，董仲舒对这句话进行阐发，他认为，孔子之言在于强调人自知其贵，明性知命，故知仁义，重礼节，安处善，乐循理。董仲舒认为，人伦道德使人贵于万物，人伦道德使人成为人。他的这个观点看起来与思孟学派并无不同。孟子认为人皆有四心，《中庸》言"天命之谓性，率性之谓道"，"诚者天之道，诚之者人之道"。思孟学派注重的是道德主体对天命的体认与存养。而董仲舒则认为"人受命于天"，人的道德理性来自包覆万物、有人格有意志的神秘的"天"。人既"受命于天"，则自然要"知命"，他认为这就是孔子之言的意蕴所在。董仲舒认

---

① 《汉书》卷五十六《董仲舒传》。
② 《论语·尧曰》。

为，人要服从宇宙秩序，安于"天"的安排。"仁义制度之数，尽取之天"①，社会生活中的一切伦理关系和伦理规范，其正当性与天然合理性都来自"天"。

董仲舒时代的"天"，来自周人的"天"，但又具有非常鲜明的汉代特点。轴心时代诸子百家自由生长，各家各派所言异路。秦汉之际、汉初的学术吸纳了先秦百家之学，总体上带有兼综的特点，比如《吕氏春秋》《淮南子》，包括陆贾、贾谊之说，思想上一家独大的倾向并不明晰，而是呈现兼综的特点。阴阳家是先秦六家之一，代表人物是邹衍。司马迁说邹衍"深观阴阳消息而作怪迂之变"②。徐复观先生认为，邹衍把表达人们对经验和自然现象之认识的两个概念"阴"和"阳"融入四时的变化中，把"阴阳消息"（阴阳消长）抽象化为天道运行的机理和法则，这是邹衍的一大创说③。兼综各家之学的《吕氏春秋》吸纳并阐发了邹衍的思想，并且与政治相关联。汉武帝即位后，举"明于阴阳所以造化"的贤良文学之士数百人，垂问治国理政之道；董仲舒用《春秋》的原理"推阴阳所以错行"，用闭阳纵阴的方法求雨，史载无不成功；这些都可见阴阳与汉代政治的关系之紧密。可以说，用阴阳原理解释政治是汉代流行的观念，也是当时"先进"的观念。正因如此，董仲舒继承了战国以来的阴阳学说，他阐发《春秋》义理时"始推阴阳"④，把"阴阳"概念引入"天"的哲学。他说："天道之大者在阴阳"⑤。天为万物之始，天的创生性要通过阴阳变化来实现。这样，"天"与"人"之间加上了"阴阳"变化的环节，而且赋予阴阳善恶属性，并将阴阳与汉代政治举措联系起来，使"天"的哲学具有了明显的汉代特征。故在董仲舒之后，汉代的儒生多宗阴阳。

由于引入了"阴阳"概念，董仲舒用阴阳来论证社会生活中的君臣、父子、夫妇关系。他说："君臣、父子、夫妇之义，皆取诸阴阳之道。君

---

① 《春秋繁露·基义》。
② 《史记》卷七十四《孟子荀卿列传》。
③ 参见徐复观：《两汉思想史》第2卷，第7页。
④ 《汉书》卷二十七上《五行志上》。
⑤ 《汉书》卷五十六《董仲舒传》。

为阳，臣为阴；父为阳，子为阴；夫为阳，妻为阴"①。董仲舒认为，凡物有上必有下，有左必有右，有前必有后，有表必有里，有美必有恶，每一事物或者现象都有其相反相成、相合相依的一面，"凡物必有合"，"合各有阴阳"②。如果仅从"合"的角度来论述阴阳，董仲舒的观点不失为一种具有朴素辩证思维的认识。但董仲舒进一步认为，相"合"的双方在地位上不相当，在价值上不对等，在善恶上泾渭分明，"恶之属尽为阴，善之属尽为阳"③。阴阳是人们在生产生活中通过经验观察而抽象得来的观念，本无善恶、尊卑、主从之分，董仲舒赋予阴阳价值属性，贵阳而贱阴，并将这种价值判断用于君臣、父子、夫妇伦理关系中。作为阴的一方的臣、子、妻，在地位上是卑下的、低贱的，只能听命于、服从于作为阳的一方的君、父、夫。虽然董仲舒认为阴可以佐阳、助阳，但"阳贵而阴贱，天之制也"④，阴阳的主从、尊卑地位是"天"决定的，君臣、父子、夫妇之间的伦理关系自然是不可变更的，故董仲舒说："王道之三纲，可求于天"⑤。

董仲舒说："道之大原出于天，天不变，道亦不变"⑥。此"道"，即董仲舒所说的"王道"，是汉代社会的根本法则，不可变易。根据董仲舒的"三统""三正"的历史循环论，夏尚黑，为黑统，以寅月为正月；商尚白，为白统，以丑月为正月；周尚赤，为赤统，以子月为正月。董仲舒认为历史的发展就是"三统"的周而复始。汉代继周而起，应以寅月为正月。朝代更迭后，应该改正朔，易服色，但社会的根本原则、人伦纲常则不能改变，"若夫大纲、人伦、道理、政治、教化、习俗、文义尽如故，亦何改哉？故王者有改制之名，无易道之实"⑦，从中明确可见，董仲舒认为以人伦纲常为核心的伦理体系不可变更。

---

① 《春秋繁露·基义》。
② 同上。
③ 《春秋繁露·阳尊阴卑》。
④ 《春秋繁露·天辨在人》。
⑤ 《春秋繁露·基义》。
⑥ 《汉书》卷五十六《董仲舒传》。
⑦ 《春秋繁露·楚庄王》。

三、三纲五常与人伦教化

董仲舒对君臣、父子、夫妇伦理关系进行阐发，并将三者称为"王道之三纲"①。所谓"纲"，据《说文解字》解释，"纲，网纮也"，"纲"是渔网的总绳，段注曰"引申之为凡维系之称"②。从文献来看，董仲舒只是提出"三纲"之说，并把君臣、父子、夫妇伦理关系统称为治国理政（"王道"）的三个总纲，至于君臣之间、父子之间、夫妇之间以何者为主、何者为从，何者为尊、何者为卑，董仲舒并没有明确的表述。

我们现在见到的"君为臣纲，父为子纲，夫为妻纲"的说法是在董仲舒之后的"纬书"中出现的。"纬"是相对于"经"而言。汉武帝采取董仲舒"罢黜百家，独尊儒术"的建议后，儒家典籍被称为"经"。儒家学说成为汉代的指导思想，于是出现了把阴阳术数与儒家思想结合起来的谶纬学说。"谶"是谶语，一般是政治预言；"纬"指"纬书"，是对儒家经典义理的神学化的解说。"纬书"不是指一部著作，儒家的《诗经》《尚书》《礼记》《周易》《乐经》《春秋》《孝经》都各有"纬书"，人们把出现在西汉末年的各种附会儒家经典的书总称为"纬书"。在其中一篇纬书《礼纬》中出现了"三纲"的说法："三纲谓君为臣纲，父为子纲，夫为妻纲"③。那么，能不能因为董仲舒只是提出"三纲"为君臣、父子、夫妇，而没有明晰表述为"某为某纲"，而认为"君为臣纲，父为子纲，夫为妻纲"的说法不符合董仲舒的本意呢④？从董仲舒思想的总体来看，其思想确实蕴含着"某为某纲"的立场。董仲舒把战国以来流行的"阴阳"概念引入他构建的"天"的哲学，阴阳对应到君臣、父子、夫妇的伦理关系中，他明确说过"君为阳，臣为阴；父为阳，子为阴；夫为阳，妻为阴"⑤。董仲舒认为，阳尊阴卑，阳主阴从，阳贵阴贱，阳德阴刑，阳善阴恶，因此即便他没有"某为某纲"的表述，三对伦理关系中地位的主

---

① 《春秋繁露·基义》。
② 《说文解字注·第十三篇上》。
③ 《七纬·礼纬·礼含文嘉》。
④ 参见方朝晖：《"三纲"与秩序重建》，中央编译出版社，2014，第11页。
⑤ 《春秋繁露·基义》。

从、尊卑之意也是十分明确的。

君臣、父子、夫妇是中国古代社会生活中最重要的三种伦理关系。孔子对君臣之伦、父子之伦、夫妇之伦分别做过阐述，孟子在此基础上，加入长幼之伦、朋友之伦，并对这五种伦理关系提出了各自的伦理规范，是为"五伦"。法家也非常重视君臣、父子、夫妇这三种伦理关系，韩非把"臣事君，子事父，妻事夫"看作"天下之常道"①。董仲舒继承了先秦以来关于人伦的思想，并引入"阴阳"概念，将三种伦理关系看作"王道之三纲"。"王道"是儒家的人伦之道，也是董仲舒为汉武帝提出的治政之道。至此，"三纲"成为汉代大一统的最高伦理原则。

董仲舒在给汉武帝的对策中说："夫仁谊礼知信五常之道，王者所当修饬也；五者修饬，故受天之祐，而享鬼神之灵，德施于方外，延及群生也"②。"修饬"是整肃、下力气去做的意思。董仲舒建议汉武帝用"五常"去教化百姓。与"三纲"的人伦原则不同，仁、义、礼、智、信是五个人伦规范，董仲舒称之为"五常"，即人的五个常行之德。孟子将仁、义、礼、智称作"四端"，董仲舒将"信"与"四端"加在一起，是为"五常"。"五常"之内涵皆来自先秦儒家，并非董仲舒所创，但董仲舒认为《春秋》之要旨在于"仁义法"，分别从"人"与"我"两个方面解说仁义，"以仁安人，以义正我，故仁之为言人也，义之为言我也"，"仁之法在爱人，不在爱我。义之法在正我，不在正人"③，其用意在于强调道德主体厚躬薄责，警示为政者只知爱己而不知爱人，只知正人而不知正己，具有深刻的政治伦理用意。

董仲舒认为，以五常之道去教化百姓，是汉代治理中最重要的工作。董仲舒认为，民有从利之心，如水之走下，教化如同一道道德堤防，教化不立则万民不正，教化废止则奸邪并生。"教化立而奸邪皆止者，其堤防完也；教化废而奸邪并出，刑罚不能胜者，其堤防坏也"④。董仲舒认为，从历史来看，凡享祀几百年的朝代，无不重视道德教化；而以法为教、以

---

① 《韩非子·忠孝》。
② 《汉书》卷五十六《董仲舒传》。
③ 《春秋繁露·仁义法》。
④ 《汉书》卷五十六《董仲舒传》。

吏为师、弃捐礼义的秦朝，"立为天子十四岁而国破亡矣"，因此，古代圣王明于此道，都把教化百姓作为执政最重要的任务，"立太学以教于国，设庠序以化于邑，渐民以仁，摩民以谊，节民以礼，故其刑罚甚轻而禁不犯者，教化行而习俗美也"①。董仲舒从人性的角度阐发教化的重要性，他把人性看作"质朴之性"，人有善质但并不是善，善质为善必须经过人伦教化，"质朴之谓性，性非教化不成；人欲之谓情，情非度制不节"②。对于圣王而言，必须"务明教化民，以成性也"③。在汉武帝时期，刑狱众多，一年之中有万件以上的刑事案件，刑罚严苛烦琐，董仲舒认为这是疏于教化使然。周朝的成康之世，刑措四十年而不用，是因为古代的帝王"修教训之官，务以德善化民，民已大化之后，天下常亡一人之狱矣"④。董仲舒认为，德教为阳，刑罚为阴，德刑都是社会治理不可或缺的手段，阳主阴从，在德教与刑罚的关系上，只能是德主刑辅。

四、天子应为人伦表率

孔子言："君子之德风，小人之德草"⑤。孟子主张行为法规矩，人伦法圣人。为君者尽君道，为臣者尽臣道，取法尧舜，"不以舜之所以事尧事君，不敬其君者也；不以尧之所以治民治民，贼其民者也"⑥。董仲舒遵循先秦儒家德治主义立场，再一次强调天子应为民之首善、人伦表率。

第一，董仲舒阐发《春秋》之义，主张正王道，正人君。孟子说："孔子成《春秋》而乱臣贼子惧"⑦。董仲舒说："《春秋》，义之大者也"⑧。司马迁也认为《春秋》辞微旨博，"以当王法"⑨。在他们看来，《春秋》辞微而义奥，蕴含褒贬善恶之意。董仲舒少年时代即开始钻研《春秋》，

---

① 《汉书》卷五十六《董仲舒传》。
② 同上。
③ 同上。
④ 同上。
⑤ 《论语·颜渊》。
⑥ 《孟子·离娄上》。
⑦ 《孟子·滕文公下》。
⑧ 《春秋繁露·楚庄王》。
⑨ 《史记》卷一百二十一《儒林列传》。

是汉景帝时期的博士，尤擅阐发《春秋》之微言大义。《春秋》首句为"元年，春，王正月"，根据"春，王正月"几个字的次序，"正"在"王"之次，"王"在"春"之次，董仲舒认为，这个次序蕴含深刻的道理：春者，是宇宙规律，天之所为；正者，是治政现象，王之所为。董仲舒认为这几个字表明了孔子作《春秋》的深刻意蕴："上承天之所为，而下以正其所为，正王道之端云尔"①。按照董仲舒的理论，人君的所有行为必须符合天之安排，"王者欲有所为，宜求其端于天"②。董仲舒认为，王道的形上依据在天，人君亦应法天而行。在国家治理方面，汉武帝时期"废先王德教之官，而独任执法之吏治民"，董仲舒根据《春秋》之义，认为人君宜按照天意从事，使用德治教化的一手，而不能独任酷吏刑罚。只有任用德教，才能变民风、化民俗，如此则变民也易，化民也著。而国家治理中任德教而不任刑罚，必须要王者取法圣人之道，为天下之表率。在以身作则方面，董仲舒认为人君的道德品质与道德行为是全社会道德风尚的引领者，整个社会的风气风习风尚悉由人君决定。人君正则朝廷正，朝廷正则百官正，百官正则万民正，万民正则天下正，"故为人君者，正心以正朝廷，正朝廷以正百官，正百官以正万民，正万民以正四方"③，王道取决于人君的道德表率。周武王行大义，周公旦作礼乐，周朝的人君表率作用造就成康之世。秦背王道而行，失人伦表率，致使天下荼毒，百姓离散，二世而亡。董仲舒强调人君之正的理论来自先秦儒家。春秋时期，鲁国政出大夫，家臣效尤。季康子问政于孔子，孔子以"正"讽之，暗指季康子行为失"正"而导致鲁国失道，他说："政者，正也。子帅以正，孰敢不正？"④孟子也特别强调人君之"正"，认为在上位者仁，则天下莫不仁；在上位者义，则百姓莫不义；在上位者正，则天下莫不正，"一正君而国定矣"⑤。儒家倡导德治主义，将社会治理的希望寄托于人君的道德，认为有德明君带来天下大治，失德暴君导致身死国灭。董仲舒继承先秦儒

---

① 《汉书》卷五十六《董仲舒传》。
② 同上。
③ 同上。
④ 《论语·颜渊》。
⑤ 《孟子·离娄上》。

家观点，结合《春秋》义理，认为"《春秋》之法，以人随君，以君随天"①，他将"王"理解为贯通天地人三者的天之子，认为"王道通三"②，其行为决定政治，在此基础上向汉武帝提出，欲行王道必始自人君。

第二，董仲舒提出灾异谴告说，意欲约束人君行为，具有政治伦理之深意。在本体论上董仲舒认为天生万物，故天人同类，天人相感。天之生人是为了体现天的意志与好恶，人要听命于天，人君亦要听命于天。人君行为符合天意，天则喜欢，降下祥瑞之兆，以示褒奖；人君行为不符合天意，天则震怒，降下灾异之事，以示谴告。董仲舒认为，天心仁爱，对人君失德的行为警示再三：在出现失德迹象之初，先降下灾害；人君不知自省，又降怪异之事；若仍不知改，则伤败乃至。根据《春秋》记载，鲁庄公二十年（公元前674年），"夏，齐大灾"。《公羊传》认为，鲁史按例"外灾不书"，为何要把"齐大灾"书之于史呢？原因在于，此灾非自然灾害而是疫病，"大灾者何？大瘠也。大瘠者何？痢也"③。汉代的今文经学家认为，"痢者，邪乱之气所生"，人君邪乱致瘟疫流行，《春秋》如此书写，旨在阐明"夫人如莒淫泆"④的史家寓意。刘向认为，"齐大灾"的记载是史家影射齐桓公好色宠内，嫡庶不分，"故致大灾"⑤。董仲舒少治《春秋》，作为今文经大家，认为《春秋》所记的齐国大灾不但暗指"鲁夫人淫于齐"的淫行，而且也指齐侯乱伦丑行，"齐桓姊妹不嫁者七人"⑥，人君行为失德，天必降灾异予以谴告。在汉武帝时期，自然灾害时有发生，尤其是黄河频繁决口，曾形成连续二十多年的泛滥。汉武帝即位后，征询治国理政之道，就"阴阳错缪，氛气充塞"之事，垂问"灾异之变，何缘而起"⑦之所以然，希望儒生们能够阐明自然灾害频发的机理。董仲舒根据自己对《春秋》的研究，"视前世已行之事，以观天人相与之

---

① 《春秋繁露·玉杯》。
② 《春秋繁露·王道通三》。
③ 《公羊传·庄公二十年》。
④ 《春秋公羊传注疏·庄公二十年》何休注。
⑤ 《汉书》卷二十七上《五行志上》。
⑥ 同上。
⑦ 《汉书》卷五十六《董仲舒传》。

际"①。他认为，人君受命于天，四海同心，天下归之，祥瑞之象应诚而至，这是天命使然。而人君失德，世道淫泆衰微，天下怨怒，人君独任刑罚，致使戾气横生，上下不合，阴阳相悖，"此灾异所缘而起也"②。他不仅对《春秋》所记载的灾异大加阐发，而且对汉武帝时期所发生的一些水灾、旱灾、火灾、异象等，以谴告、祥瑞之说进行阐发。无论是《天人三策》还是《春秋繁露》，都可以从中看出董仲舒对灾异之事极为关切并予以政治伦理的回应。

将灾异与政治相关联是汉代政治伦理的基本话语方式。古人的灾异包括水旱灾害、日食月食、疫病流行以及怪异之事等。古人不知天象以及自然灾害的机理，将其看作天灾异象，并认为异象具有政治意义。汉文帝时期曾发生日食现象，汉文帝认为"日有食之，适见于天，灾孰大焉"，日食发生的原因是"人主不德，布政不均，则天示之灾以戒不治"③。汉昭帝死后，昌邑王刘贺被迎立为皇帝，他沉溺游戏田猎，荒废朝政。当时久阴不雨，对灾异颇有研究的光禄大夫夏侯胜认为，"天久阴而不雨，臣下有谋上者"④，建议刘贺不要外出，以免遭遇不测。果然，权臣霍光等人正在私下预谋废帝之事，做了二十七天皇帝的刘贺被废黜。刘向认为，《春秋》记载三十六次日食，与春秋时期弑君三十六是一一对应的⑤。史家赵翼认为，在这种带有明显汉代特色的政治话语中，虽然不免附会，但也并非尽是虚言，其中"尤言之最切者，莫如董仲舒"⑥。

历史上中国是多灾之国，古人清楚地意识到这一点，"世之有饥穰，天之行也，禹汤被之"⑦。中外学者曾从不同的角度做过统计，历史上水旱灾害次数之多，在世界历史上罕有其俦⑧。汉代人们已经形成关于灾害

---

① 《汉书》卷五十六《董仲舒传》。
② 同上。
③ 《汉书》卷四《文帝纪》。
④ 《汉书》卷七十五《眭两夏侯京翼李传》。
⑤ 参见《廿二史札记》卷二。
⑥ 同上。
⑦ 《汉书》卷二十四上《食货志上》。
⑧ 英国学者李约瑟（Joseph Needham）根据中国历史记载进行统计，认为在过去两千两百多年的历史中，中国总共有1 600多次大水灾、1 300多次大旱灾，每十二年有一次大灾荒。参见傅筑夫：《中国古代经济史概论》，中国社会科学出版社，1981，第111页。

的朴素认识,"三岁而一饥,六岁而一衰,十二岁一康(荒)"①。司马迁认为,"岁在金,穰;水,毁;木,饥;火,旱。……六岁穰,六岁旱,十二岁一大饥"②。桓宽也说:"六岁一饥,十二岁一荒"③。古人通过经验观察,认为自然灾害的发生与天象有关,表现出一定的周期性,其发生有一定的规律可循。董仲舒据阴阳说认为,水旱出现是因为阴阳错行。旱灾时,他用"闭诸阳,纵诸阴"④ 的方法求雨;水灾时,他用相反的方法止雨。此法行之一国,无不灵验。当然,这并非出自董仲舒对于自然灾害之发生机理的科学兴趣,而是基于用儒家思想干预现实政治的伦理考量,"国家将有失道之败,而天乃先出灾害以谴告之;不知自省,又出怪异以警惧之;尚不知变,而伤败乃至"⑤。他试图用自然灾害和怪异之象规劝人君,劝其归于王道之途,以德为国,以德化民。董仲舒的灾异谴告说牵强比附,无疑是十分荒谬的,充分说明在科学尚未昌明的古代,人们关于自然现象的解释完全是诉诸神秘之天的意志,在天道与政治之间建立人为的关联。虽然董仲舒的灾异谴告说包含约束人君行为的深刻用意,但这种建立在荒诞不经神秘主义基础之上的王权约束理论,其约束力量的实现赖于最高权力者的自省自律,显然是无奈的和无力的。建元六年(公元前135年),有人窃取董仲舒《灾异记》的手稿并奏报汉武帝,因为其中关于辽东高庙火灾的议论以及对时政的批评,董仲舒险被处死,后获诏赦,此后"遂不敢复言灾异"⑥。董仲舒个人的遭遇充分说明,以灾异谴告说来约束独大的王权根本就是一条行不通的道路。而灾异说充斥的附会之辞,无疑是理性精神的反动,潜藏着通往谶纬迷信的可能性,在历史上流弊无穷。

五、人伦与"度制"约束

中国古代社会以农业为主,土地是生民之本。小农经济之下,土地是

---

① 《淮南子·天文训》。
② 《史记》卷一百二十九《货殖列传》。
③ 《盐铁论·水旱》。
④ 《汉书》卷五十六《董仲舒传》。
⑤ 同上。
⑥ 同上。

稼穑者的生存来源，也是权贵者和富有者盘剥农人、网罗财富的主要手段。汉初七十年间经济恢复和快速发展的同时，贫富对立严重，社会不公加剧。当时的世家、豪族和富商在侵占官田的同时大肆掠夺民田。他们将土地出租给无地少地的农人耕种，向农人收取田租。农业生产很大程度上靠天吃饭，一场水灾就可以让一年的辛苦化为泡影，这是小农经济的脆弱性决定的。晁错说，一个五口农家，春耕夏耘，秋收冬藏，如遇水旱之灾，则不得不半价出售粮食交田租，甚至以加倍的利息借钱来完税，有土地的人最后被迫卖掉自己的田宅土地偿债，土地就"名正言顺"地流转到了那些权贵和商人手中，"此商人所以兼并农人，农人所以流亡者也"①。文景时期，为解决农人的田租负担，文帝下诏减免田税，景帝采取三十税一，采取这些措施的初衷是为农人减负，但事实上农人缴纳给豪强地主的私租一分钱也没有减少，他们的负担非但没有减轻，反倒使土地占有者享受了三十税一的政策红利；不但没有从根本上解决兼并问题，反倒使兼并合法化，客观上助长了兼并之风。在利益的驱动下，大土地所有者的兼并日甚一日。

汉武帝时期，针对权贵阶层强取豪夺、社会两极分化加剧的情况，董仲舒提出，以权贵、富商为代表的利益集团兼并土地造成了社会的贫富不均，衍生出一系列社会问题，造成了社会风气的严重败坏。他在给汉武帝的对策中指出，权贵身居高位，食禄优厚，他们占有最多的社会资源，肆意盘剥百姓，社会贫富分化日益严重，给社会造成了巨大隐患，"富者奢侈羡溢，贫者穷急愁苦；穷急愁苦而上不救，则民不乐生；民不乐生，尚不避死，安能避罪"②。董仲舒认为，如此必然造成人人争利的社会风气，致使风俗败坏，奸邪不止。究其根本，是权贵阶层贪婪好利、与民争利所导致的。董仲舒回顾历史，认为卿大夫重利轻义是周朝衰亡的主要原因，"及至周室之衰，其卿大夫缓于谊而急于利，亡推让之风而有争田之讼"③。董仲舒站在儒家"政者正也"的德治立场，主张包括天子在内的

---

① 《汉书》卷二十四上《食货志上》。
② 《汉书》卷五十六《董仲舒传》。
③ 同上。

统治集团应为万民表率，在上位者轻利，则百姓向仁，风俗美善；在上位者重利，则民无德，风气败坏，"尔好谊，则民乡仁而俗善；尔好利，则民好邪而俗败"①。

董仲舒认为，欲改变汉代贫富分化现状，关键是用"度制"对统治者进行约束。《春秋繁露》有《度制》一篇。清末民初苏舆《春秋繁露义证》认为，"度制，犹制度"。先秦典籍已见"制度"一词。《周易·节·象》曰："天地节而四时成，节以制度，不伤财，不害民。""节"为六十四卦之一，兑下坎上，象为泽上有水。古人认为，天地以四时寒暑为节，各得其序；人以制度为节，使物各得其用，不伤物力，不害人民。从"节"卦的卦象来看，泽中之水太多，已经溢出池泽。为了使泽中之水不至于泛滥成灾，就需要增筑堤坝，予以控制节制②。这里所说的"节以制度"，指个人的节制、有度，并非今人所言制度之意。古人基于生产生活经验，认为人效法天道节制自己的行为，使之有度，这种观点蕴含着辩证思维和治理智慧。董仲舒继承并发挥了这一思想，在向汉武帝的对策以及《春秋繁露》中，从政治伦理的角度，阐发如何用制度来解决土地兼并，如何用制度来整饬伦理关系，如何用制度来规范每个人尤其是权贵者的欲望，如何用制度来减少社会"不均"，实现善治。

第一，董仲舒认为兼并导致社会严重不公，应通过制度设计来使之"调均"。董仲舒说，秦用商鞅之法，废井田，土地可以转让买卖，这样权贵和商人就可以合法地占有土地，致使富者田连阡陌，贫者无立锥之地。为此，董仲舒建议"限民名田"，禁绝兼并。他说："古井田法虽难卒行，宜少近古。限民名田，以澹不足，塞并兼之路"③。所谓"名田"，颜师古《汉书》注曰："名田，占田也"。司马贞《史记索隐》："贾人（商人）有市籍，不许以名占田也。""名田"，即权贵和富商以各种名目占有土地，导致土地集中到少数人手中，使富者愈富、贫者愈贫。名田必然导致贫富分化，贫富分化又加剧土地兼并。董仲舒认为"大（太）富则骄，大

---

① 《汉书》卷五十六《董仲舒传》。
② 参见冯国超译注：《周易》，商务印书馆，2009，第 427 页。
③ 《汉书》卷二十四上《食货志上》。

(太)贫则忧"①,这里的"太富""太贫"不是指个体的贫富状况,而是指社会的贫富不均现象。董仲舒认为:

> 圣者则于众人之情,见乱之所从生。故其制人道而差上下也,使富者足以示贵而不至于骄,贫者足以养生而不至于忧。以此为度而调均之,是以财不匮而上下相安,故易治也。②

消除贫富分化,实现财富分配之"均",是中国古人孜孜以求的社会理想。孔子说:"有国有家者,不患寡而患不均,不患贫而患不安。盖均无贫,和无寡,安无倾"③。所谓"均"即"平徧",段注为"无所不平"④。"均"是古人用来描述和分析社会现象的概念,主要指财富分配均等,无有差别。朱熹解释为,"均,谓各得其分"⑤。董仲舒看到土地集中到少数人手中所造成的社会财富严重不均,因此提出以"调均"来限田。他的具体措施是恢复什一之税的古制,以此堵塞兼并。田赋关乎民生,是经济制度的重要内容,事实上,两汉大部分时间采取低田租政策,但农人的大半收入都给豪强地主交了田租,负担并没有减轻,"官收百一之税,而人输豪强太(大)半之赋"⑥。汉初文景时期采取低田租之时,正是地主侵吞国家惠民之利、大肆兼并之日。董仲舒"限民名田"主张看到了兼并给国家带来的严重问题,这是非常深刻的,但他恢复什一之税的建议显然未切中兼并问题之肯綮,不过是表明他儒家德治主义的立场而已,更没有提出解决兼并问题的切实经济方案。他的"度制"只能是伦理制度,通过伦理加以制衡、协调,故此法又名曰"调均"(《度制》篇的旧名即为《调均》)。因此,董仲舒所言"度制"并非今人所言制度之意,而是制定伦理规范,即通过"制人道","为之礼节"的方式,使之均衡协调,从而实现社会治理。在财富的分配上,使富者不至于骄,贫者不至于忧,社会财富不至于匮乏;在伦理关系上,使上下有差,贫富有等,朝廷有位,乡

---

① 《春秋繁露·度制》。
② 同上。
③ 《论语·季氏》。
④ 《说文解字注·第十三篇下》。
⑤ 《四书章句集注·论语集注·季氏第十六》。
⑥ 《通典》卷一《食货一》。

党有序,人人相安。

第二,董仲舒主张用人伦道德去约束全体社会成员的行为,尤其是对在上位者,包括天子、大夫和所有权贵,进行伦理约束和导向。董仲舒说:"人欲之谓情,情非度制不节"①。董仲舒对人性的看法深受其阴阳思想的影响,在天有阴有阳,在人则有情有性。性是善的,而情则表现为人的欲望和贪心,是恶的。荀子认为恶的人性需要化伪,需要矫治。受荀子人性论的影响,董仲舒认为要用"度制"去约束人的欲望,"若去其度制,使人人从其欲,快其意,以逐无穷,是大乱人伦,而靡斯财用也"②。董仲舒所说的制度约束,包含三个方面的内容。

一是主张"象天所为"。董仲舒认为,宇宙秩序是完美的,"天不重与,有角不得有上齿"③,"予之齿者去其角,傅其翼者两其足"④。天生万物各有不同,有角的动物没有犬牙,有犬牙的动物没有触角,禽类有翅膀但没有四足,这是"不重与"的天意。这是古代流行的说法,《吕氏春秋》《淮南子》《大戴礼记》中都有类似的观点。董仲舒说,"已有大者,不得有小者"是"天数"的体现,是宇宙秩序的体现;人要法天而行,"圣者象天所为,为制度"⑤,制度取法于天,所有社会规范都要符合天意。

二是反对"与民争利业"。董仲舒认为,权贵是食禄者,他们不种田,不经商,已经受大,便不能取小;已经食禄,便不能兼利,这是天道使然。故而,他认为应按此制定社会分配规范,"使诸有大奉禄亦皆不得兼小利,与民争利业,乃天理也"⑥,不兼利、不争利是天道公正的体现。董仲舒援引"解"卦六三爻辞"负且乘,致寇至"一句,认为君子小民有分工,"乘车者君子之位也,负担者小人之事也"⑦,"君子仕则不稼,田

---

① 《汉书》卷五十六《董仲舒传》。
② 《春秋繁露·度制》。
③ 同上。
④ 《汉书》卷五十六《董仲舒传》。
⑤ 《春秋繁露·度制》。
⑥ 同上。
⑦ 《汉书》卷五十六《董仲舒传》。

则不渔"①，这既是社会分工的体现，更是遵循受大者不得取小的自然规律，体现"与天同意"②。

三是制度在于"别上下之伦"。董仲舒认为，设立规范在于使社会贵贱有等，尊卑有别，朝廷有位，乡党有序。一个有制度的社会，人人礼让而不争，安其分，守其伦，社会井然有序，"贵贵尊贤，而明别上下之伦"③。一个制度缺失的社会，人人纵其贪欲，疯狂逐利，致使人伦大乱，"上下之伦不别"④。

《周易》、《荀子》、贾谊的《新书》和董仲舒都谈到社会治理中的"制度"（度制）问题。尤其是董仲舒，针对武帝时期土地兼并、贫富分化的现状，基于儒家的民本主义和维护大一统的政治需要，反对权贵阶层与民争利，反对社会的不公正，应该说这是十分有见地且非常难能可贵的。但是，囿于历史和阶级的局限，他们不可能提出真正的制度构想，最后只能将社会问题诉诸伦理来解决，制度的构想最终落实为"别上下之伦"的道德方案，将社会不公正问题的解决寄希望于那些权贵者尊奉"天理"，安伦守分，不与民争利。可是，要那些贪婪成性、欲壑难填的权贵收敛本性，这何异于与虎谋皮？将社会治理完全诉诸伦理方案，又怎能不陷入道德决定论的误区？

事实上，不只是董仲舒提出了限制兼并的伦理制度方案，两汉四百多年中有识之士关于解决土地兼并的呼声一直不绝于耳，甚至王莽新政中的一项重要举措是以恢复古代的井田制来解决兼并问题，当然也是以失败而告终。土地兼并以及由此引发的严重的贫富分化，致使民不聊生，社会矛盾激化，最终引发了东汉末年的天下大乱。兼并问题往往在一个朝代的末年尤为突出，成为朝代更迭的导火索。改朝换代后，新的利益格局之下，土地不过是从旧的利益集团流转到新的利益集团，兼并者的贪婪从未改变，兼并之风也从未停止。在历史上，一些政治家的改革也往往从解决土地问题入手。但是，土地兼并是中国封建社会统治阶级及其利益集团的利

---

① 《春秋繁露·度制》。
② 《汉书》卷五十六《董仲舒传》。
③ 《春秋繁露·度制》。
④ 同上。

益驱动使然,这是土地私有制无法铲除的痼疾,是缠绕在中国古代社会肌体上的一个魔咒。董仲舒煞费苦心的制度设计,最终也只能沦为空想和道德说教,对现实政治并无根本的触动。

六、华夷一体的人伦观

自西周始,五方之民均被纳入国家治理体系,构建了纳夷夏于一体的政治伦理体系。秦建立了统一的多民族国家,中华民族共同体不断壮大。在各个民族不断融合的历史过程中,其中人数最多、居地最广的华夏族完成了向汉族的转变,于东汉时期出现了"汉人""汉民"等称谓①。虽然"汉族"概念尚未出现,但从"汉""汉人"包含的地理疆域、文化伦理、权力正统、民族共同体等诸多含义来看,它是自先秦以来中国、华夏、诸夏等概念的一脉相续,是中华民族大融合历史过程的客观写照,标志着历史上中华民族共同体的主体民族——汉族——的形成。

汉代民族交往频繁,司马迁《史记》为匈奴、诸越、朝鲜、西南夷作传,开创了历代正史的民族史撰述先例。"汉人"既是四方民族对汉朝人的他称,也是汉朝人的自称。在族属上,此时的"汉人"是先秦华夏族历经民族融合后的延续和发展,与之相对,北方的匈奴、鲜卑,南方的诸越,西部的月氏、西羌,西南的西南夷,东北的朝鲜,则为汉代的四夷。四夷或被纳入汉朝的版图,或成为汉朝的藩属。在五方之民共天下的过程中,各个民族共同开拓了中国疆域,共同创造了中华文化。汉代是中华民族共同体形成历史过程中非常重要的一个阶段。各个民族之间频繁的接触交往,汉族的形成,成为董仲舒夷夏观具有汉代特点的时代语境。作为汉代的公羊学家,董仲舒阐明《春秋》大义的同时,结合汉代的民族关系进行新的理论阐释,提出了具有汉代特色的夷夏观。

第一,董仲舒认为《春秋》无通辞,夷夏无界限,夷与夏"从变而移"。孔子直接讲夷夏的资料不多,《论语》仅见四条,从中可见孔子对华夏文化的推崇,但贵华夏贱夷狄的思想倾向并不明显。其中有一条在《宪

---

① 参见贾敬颜:《"汉人"考》,载费孝通等:《中华民族多元一体格局》,中央民族学院出版社,1989,第138页。

问》篇，孔子在评价管仲的历史贡献时，虽然没有明确出现"夷夏"字样，但从中可见孔子对夷夏文化的不同立场。孔子认为，管仲相桓公，霸诸侯，尊王攘夷，一匡天下，保护和传承了华夏文化，使华夏族免于变成被（披）发左衽的夷狄，使中华文化免于沦为夷狄文化，管仲对华夏族和华夏文化贡献巨大，"微管仲，吾其被（披）发左衽矣"。孔子认为，文化对一个民族的意义不言而喻。孔子具有清晰的华夏文化主体意识，认为华夏文化相较于夷狄文化具有先进性，并表达了对华夏文化可能变为夷狄文化的隐忧。孟子在夷夏之辨问题上的立场更为鲜明，他主张"用夏变夷"，反对华夏"变于夷"，主张用华夏文化教化、陶冶夷狄，坚决反对华夏被夷狄文化影响，"吾闻用夏变夷者，未闻变于夷者也"①。

在孔孟夷夏观的基础上，董仲舒通过分析《春秋》记载的邲之战，明确提出夷夏均可变。春秋初期，楚人被中原华夏视为南蛮，楚人也自称"我蛮夷也"②。到鲁宣公十二年（公元前597年），楚庄王与晋的邲之战，《春秋》记曰："晋荀林父师及楚子战于邲，晋师败绩。"董仲舒认为，"《春秋》之常辞也，不予夷狄而予中国为礼"③。"礼"是华夏文化的象征，董仲舒认为华夏有礼而夷狄无礼，是《春秋》区分夷夏的标准，此即《春秋》之"常辞"，也即公羊学"内诸夏而外夷狄"④的夷夏观。董仲舒认为，《春秋》书法蕴含鲜明的价值评价，在对待晋（华夏）和楚（夷狄）的态度上偏然相反，故《春秋》有"常辞"但无"通辞"，"《春秋》无通辞，从变而移。今晋变而为夷狄，楚变而为君子，故移其辞以从其事"⑤。在邲之战中，作为夷狄的楚人有礼，反而是作为华夏的晋人无礼。董仲舒认为，夷夏的界限并非不变，认同并践行华夏文化即为君子，为华夏，反之则是蛮夷戎狄。董仲舒的夷夏观不以血缘、地域论夷夏，主张"从变而移"，认为夷夏可变，坚持文化标准，推崇中华伦理文化，代表着中国传统夷夏观的主流观点。

---

① 《孟子·滕文公上》。
② 《史记》卷四十《楚世家》。
③ 《春秋繁露·竹林》。
④ 《公羊传·成公十五年》。
⑤ 《春秋繁露·竹林》。

第二，董仲舒认为《春秋》之旨在"从义"，区别夷夏的标准在于是否坚持德治仁政。董仲舒认为夷夏可变可移，但夷变夏、夏变夷的标准是"义"。根据公羊学家传注，楚伐郑的邲之战，楚庄王取胜，"庄王伐郑，胜乎皇门，放乎路衢。郑伯肉袒，左执茅旌，右执鸾刀"①，败北的郑伯请求楚庄王宽宥。楚庄王认为，既然郑伯已俯首称臣，那么君子应笃于礼而薄于利，于是退兵七里。晋人罔顾楚郑两国息兵罢战的情况，荀林父率兵救郑，再次挑起战事。楚军不得已迎战，结果大败晋人。董仲舒认为，关于邲之战，《春秋》之所以"偏然反之"，突破"不予夷狄而予中国为礼"之"常辞"，原因在于，礼不仅仅是外在的礼节仪文，更是内在的"义"，"庄王之舍郑，有可贵之美，晋人不知其善，而欲击之。所救已解，如挑与之战，此无善善之心，而轻救民之意也"②。晋人有义而楚人无义，晋人失礼而楚人有礼。董仲舒说："所闻《诗》无达诂，《易》无达占，《春秋》无达辞，从变从义，而一以奉天"③。"从变"是不以血统、地域而以文化论夷夏，"从义"是看人君是否以德为本、敬贤重民。

董仲舒阐明《春秋》大义，褒奖楚庄王"救民"的"可贵之美"，在夷夏问题上坚持"从义"。董仲舒所说的"从义"，即"春秋之法"，包括敬贤重民、爱惜民力、任德不任力、守信重诺等，与孔孟德治主义和民本主义如出一辙。在董仲舒看来，为政者能以仁义道德治理国家，即为华夏，否则即是蛮夷。从这些论述可以看出，其夷夏观具有深刻的政治伦理用意，是对先秦夷夏观和儒家德治主义的创造性发展。

第三，董仲舒分析仁义，提出"王者爱及四夷"的汉代人伦观。"仁"是孔子人伦观的核心，主张爱自亲始，推爱及人，由亲亲而仁民，泛爱众。孔子泛爱众的仁爱思想隐含爱人类意识。那么，孔子的爱人类意识中包含四夷吗？《论语》中孔子直接论夷以及夷夏关系的语录有四条："言忠信，行笃敬，虽蛮貊之邦行矣"④；"子欲居九夷。或曰：'陋，如之何？'

---

① 《公羊传·宣公十二年》。
② 《春秋繁露·竹林》。
③ 《春秋繁露·精华》。其中"奉天"原文为"奉人"。清学者卢文弨认为"疑当作奉天"。苏舆《春秋繁露义证》认为《春秋繁露》屡言"奉天"，此处当为"奉天"。
④ 《论语·卫灵公》。

子曰：'君子居之，何陋之有？'"①；"夷狄之有君，不如诸夏之亡也"②；"居处恭，执事敬，与人忠。虽之夷狄，不可弃也"③。从孔子的论述中可见，他认为夷夏地域不同，族属有别，文化有先进与落后之殊。孔子虽然没有明确讲泛爱众的"众"包括四夷在内的一切人，但我们可以从中推论出"仁者爱人"的"人"在地域上是五方之民，在族属上是华夏与四夷。

董仲舒认为，仁与义殊，义在正我，仁在爱人。他发挥孔子的仁者爱人思想，明确提出"仁者所以爱人类也"④，明确指出仁爱是包括四夷在内的人类之爱。董仲舒说："霸者爱及诸侯，安者爱及封内，危者爱及旁侧，亡者爱及独身"，与霸者、安者、危者、亡者不同，"王者爱及四夷"⑤。王者"爱及四夷"，是"先近而致远"，"自近者始"⑥。董仲舒的"爱及四夷"观点显然是华夷一体的观点，与公羊学"内其国而外诸夏，内诸夏而外夷狄"之说以及王者无外、诸夏正而四夷正、"自近者始"⑦旨趣相通。

自古以来经略北方边疆是国家治理的重要问题，汉人有所谓周得中策、汉武为下策、自古无上策之说，唐人有所谓周得上策、秦得中策、汉无策之说。董仲舒的"爱及四夷"观点在汉代已招致史家的批评，被讥为复守旧文，"厚结以财，质爱子，边境不选武略之臣，修障隧备塞之具，厉长戟劲弩，恃吾所以待寇，而务赋敛于人，远行货赂，割剥百姓，以奉寇仇，信甘言，守空约，而冀胡马不窥，不亦过乎！"⑧ 虽然董仲舒的匈奴之策被批评，但他的华夷一体人伦观是西周奠定的纳夷夏于一体的政治伦理思想传统的承续发展，是具有多民族国家大一统特点的汉代人伦观，对历史上中华民族共同体的形成，对历史上各个朝代的中国认同具有重要意义。

---

① 《论语·子罕》。
② 《论语·八佾》。
③ 《论语·子路》。
④ 《春秋繁露·必仁且知》。
⑤ 《春秋繁露·仁义法》。
⑥ 《春秋繁露·王道》。
⑦ 《公羊传·成公十五年》。
⑧ 《通典》卷二百《边防十六》。

第三节　人伦纲常的神圣化

一、儒学的经学化

秦朝实行文化专制，先秦典籍惨遭秦火：

> 非秦记皆烧之。非博士官所职，天下敢有藏《诗》、《书》、百家语者，悉诣守、尉杂烧之。有敢偶语《诗》《书》者弃市。以古非今者族。吏见知不举者与同罪。令下三十日不烧，黥为城旦。所不去者，医药、卜筮、种树之书。若欲有学法令，以吏为师。①

在秦的焚书名单中，各国的史书首当其冲皆被焚烧，只有秦的历史档案《秦记》得以保留；其次是《诗经》《尚书》等儒家经典和诸子百家书籍，除秦博士可以留藏，民间皆烧，违者杀头；医书、卜筮书、种树之书，在保留之列。秦火之后，各国的史书皆付之一炬，损失最为惨重。但也有部分典籍可以保留下来，因为秦朝设置博士七十人，民间藏书被烧，但秦博士藏书幸免。正是这部分典籍，成为汉初文化重建的宝贵资源。

汉代建立后，为平定异姓王而干戈未息，文化建设未能提上刘邦的日程。自汉文帝开始文化复建，"大收篇籍，广开献书之路"②。焚书使书籍大部分被烧，留下来的书籍在秦末战争中又一次遭到损坏，只有一小部分得以侥幸保留。伏生（也作伏胜）是秦博士，"秦时焚书，伏生壁藏之。其后兵大起，流亡，汉定，伏生求其书，亡数十篇，独得二十九篇，即以教于齐鲁之间。学者由是颇能言《尚书》"③。汉文帝时，伏生年九十有余，晁错亲往伏生家里，由伏生口授，晁错记载成《尚书》二十九篇。伏生所藏《尚书》出自先秦，是用先秦的文字籀文所书，汉代已不通行。汉代通行的文字是隶书，晁错笔录的《尚书》自然是用隶书书写，学者诵习、研究的也自然是汉隶所写的《尚书》。

---

① 《史记》卷六《秦始皇本纪》。
② 《汉书》卷三十《艺文志》。
③ 《史记》卷一百二十一《儒林列传》。

在汉初，先秦经典通过两种途径再现，一是侥幸躲过秦火的典籍重见天日，二是饱学之士凭借记忆对典籍的复原。这两种途径基本是私人传授。汉初，伏生传《尚书》，田何传《易经》，高堂生传《礼记》，《诗经》则有齐、鲁、韩、毛四家之传，《春秋》则有胡毋生治《公羊传》、瑕丘江公治《穀梁传》。至此，先秦儒家六经除《乐经》失传外，五经各有传承系统。汉武帝立五经博士，实行独尊儒术，儒家经典成为汉代大一统的思想资源。经学地位越来越高，五经各有师承，每一经亦各有所法，经典研究越来越细化，经学越来越成为功名利禄之途。

西汉广征民间书籍，收集上来的先秦典籍大都是先秦籀文（也称蝌蚪文）所书。据《汉书·艺文志》记载，汉武帝时期，鲁恭王扩建宫室，与之临近的孔子旧宅墙壁被破坏，在里面发现了一些先秦古书，其中就有《尚书》《论语》《礼记》《孝经》等，但当时汉人大都已经不会识读籀文，加之由伏生等人传授的《尚书》经过汉隶的抄写，在社会上已经广为流传，而且被朝廷立为博士，这些收集上来的籀文典籍便没有人关注，沉睡在国家藏书的库房里。西汉末期，光禄大夫刘向、刘歆父子在校阅古书时，发现有若干用先秦籀文书写的儒家经典，包括《尚书》《春秋左氏传》《逸礼》等。这些典籍，一是所用文字与汉代的儒家经典不同，二是篇目亦有不同，《尚书》比伏生版本的《尚书》多出十六篇，《逸礼》较汉代的《礼记》多出三十九篇。刘歆认为，这些经典由籀文书写，其出自先秦确凿无疑，可见比伏生等人口授的经典更为可信，更有史料价值，更应该去研究，更应该受到朝廷的重视。因此，他建议籀文的《尚书》《春秋左氏传》《逸礼》应该与武帝时期所立的五经博士一样，立为博士。刘歆的提议遭到当时经学家的反对。自此，西汉隶书所书的儒家经典被称为"今文经"，先秦籀文所书的儒家经典则被称为"古文经"。尊奉今文经的儒家学者为"今文经家"，尊奉古文经的儒家学者为"古文经家"。所谓今文古文，基本含义是书写文字不同，尊奉的版本不同，义理阐释也不尽相同。

西汉末期直至东汉，古文经虽然没有被官方立为博士，但研究者大有人在，几乎可以与今文经平分秋色。《诗经》本无今古文之分，但由于所遵循的义理不同，《诗经》之今文经学家有齐（辕固生）、鲁（申公培）、韩（韩婴）三家，古文经学家有毛亨一家；《尚书》之今文经学家有伏生、大小夏侯等，古文经学家有孔安国、刘歆等；《春秋》之今文经学家有董仲舒等，尊奉《公羊传》，古文经学家研究《春秋》则以《左传》为准。

自汉武帝立五经博士，儒学研究开枝散叶，至东汉，已百有余年。班固对两汉经学化的儒学有描述和评价，"一经说至百余万言，大师众至千余人，盖禄利之路然也"①，"幼童而守一艺，白首而后能言；安其所习，毁所不见，终以自蔽"②。班固对两汉儒家经典的盛大场面和弊端的揭示是极其深刻的。儒家经学研究被定于一尊，成为读书人进入仕途的快速通道，必然使禄利之徒以学术为工具汲汲于钻营，攀附权力，附会经典，丧失独立的学术品格，甚至以荒诞不经的迷信为汉代的现实服务。同时，儒学的经学化使汉代学术快速扩张，后学者"虽曰承师，亦别名家"③，出现一经有数家、一家有数说的情形。学者们埋头解经训义，去圣弥远，学风日趋支离烦琐。

随着汉代经学的发达，演绎、附会儒家经典的书籍也流行起来。"纬"与"经"相对而言，纬是指"经之支流，衍及旁义"④。儒家有哪些经典，相应地就有哪些纬书。纬书内容极为庞杂，包含天文历法、历史传说、典章制度、象数之学、鬼神迷信等。所谓"谶"，是"诡为隐语，预决吉凶"⑤，指的是预言，其出现早于"纬"，先秦已有。西汉末年，社会上出现大量具有政治预言性质的"谶"。谶纬虽然理论粗陋，牵强附会，但汉代非理性之说比较盛行，因此谶纬在汉代传播广泛，具有一定的社会基础。汉代经学本是传承、阐扬儒家学术思想，但董仲舒倡人格之天，言天人感应，重灾异谴告，他天的哲学本身就蕴含通往谶纬迷信的可能性，因此纬书出现也是汉代天的哲学发展的必然。

至东汉，今文经、古文经、谶纬迷信共存。为了统一思想，确立儒家人伦纲常体系的合法性，弥合今文经学与古文经学的差异，由汉章帝主持白虎观会议，召集官员、今古文经学者，讲析、辩论"五经异同"。班固

---

① 《汉书》卷八十八《儒林传》。
② 《汉书》卷三十《艺文志》。
③ 《后汉书》卷三《肃宗孝章帝纪》。
④ 《四库全书总目提要》卷六《易纬下》。
⑤ 同上。

奉命将这次会议的讨论结果辑录为《白虎通》（又称《白虎通义》《白虎通德论》）。可以说，白虎观会议的召开以及《白虎通》的出现，是董仲舒思想与谶纬迷信的合流，标志着汉代儒学的经学化达到极致。儒家的纲常人伦进一步被系统化、理论化、经学化、神圣化，并且出现纲常人伦神学化的倾向。可以说，《白虎通》"既是一部官方的经学辞典，同时更是一部官方的伦理学文献。它继承了董仲舒的阴阳五行学说，融合了当时的谶纬迷信，使道德学说进一步系统化、条理化、规范化、神学化，对中国伦理思想的发展产生了重要影响"①。

二、"三纲六纪"：人伦关系的秩序化和网格化

西汉董仲舒在给汉武帝的对策中，第一次把先秦儒家分别论述的君臣、父子、夫妇三种伦理关系合在一起，称之为"王道之三纲"。西汉末期的《礼纬·含文嘉》，第一次将这三种伦理关系明确表述为"君为臣纲，父为子纲，夫为妻纲"。《白虎通》继承了董仲舒的"三纲"思想，援引"纬书"中的表述，将二者合在一起，明确提出"三纲六纪"：

> 三纲者何谓也？谓君臣、父子、夫妇也。六纪者，谓诸父、兄弟、族人、诸舅、师长、朋友也。故《含文嘉》曰："君为臣纲，父为子纲，夫为妻纲。"②

《白虎通》把社会生活中极为复杂的伦理关系及相应规范概括为"三纲六纪"。《白虎通》认为，君臣、父子、夫妇这三种伦理关系最为重要，是主要的伦理关系，此乃"大者为纲"；诸父（父亲之兄弟）、兄弟（自己的兄弟）、诸舅（母党系统的外祖父和舅父）、族人、师长、朋友是次一级的伦理关系，此乃"小者为纪"。三纲六纪中，三纲为大，六纪为小，社会伦理关系若网罟一样，张之为纲，理之为纪，以此来规范社会生活。

《白虎通》认为，三纲六纪的人伦关系及相应规范源自天道。从君臣关系来看，"君臣法天，取象日月屈信，归功天也"，日为君，月为臣，取

---

① 《中国伦理思想史》编写组：《中国伦理思想史》，第133页。
② 《白虎通·三纲六纪》。

象日月，臣必然听命于君。从父子关系来看，"父子法地，取象五行转相生也"。《白虎通》的这个观点来自董仲舒，《春秋繁露·五行相生》有"比相生而间相胜"的说法，在五行木、火、土、金、水的次序中，相比者相生，即木生火，火生土，土生金，金生水。《白虎通》根据董仲舒的观点，认为父子取象五行相生的关系，父生子，子必然听命于父。从夫妇关系来看，"夫妇法人，取象人合阴阳，有施化端也"，一阴一阳之谓道，夫妇之道合于阴阳之道，夫为阳，妇为阴，妇必然听命于夫。关于六纪，《白虎通》认为，"六纪者，为三纲之纪者也"，六纪从属于三纲，为三纲之纪。在六纪中，与师长的关系，同于君臣，因为君与师长都是教导自己做人，"以其皆成己也"；与诸父、兄弟的关系，同于父子，因为诸父与兄弟都是血缘亲人，"以其有亲恩连也"；与诸舅、朋友的关系，同于夫妇，因为诸舅是母党；朋友无血缘，皆属同志相扶助者，"以其皆有同志为己助也"①。

在《白虎通》"三纲六纪"的伦理关系中，虽然一方与另一方不可分割，相反相成，互为关系，但《白虎通》从阴阳五行的理论出发，强调诸种伦理关系的天然不对等性。从阴阳的原理而言，"一阴一阳谓之道，阳得阴而成，阴得阳而序，刚柔相配，故六人为三纲"②，君、父、夫为阳，臣、子、妇为阴，阳尊阴卑，阳主阴从，三纲的伦理关系是绝对的。在君臣关系上，君是天子，臣要像侍奉父母一样侍奉君，"臣之于君，犹子之于父"③。在夫妇关系上，男尊女卑、夫主妇从的关系是绝对的。它阐发《仪礼》的"三从"观点，认为女人和妻子要绝对服从于男人、丈夫，"男女者，何谓也？男者，任也，任功业也；女者，如也，从如人也。在家从父母，既嫁从夫，夫殁从子也"④。从五行的原理来看，《白虎通》认为五行是在天的意志之下，木、火、土、金、水的运行中内在地蕴含着天道之"义"，"言行者，欲言为天行气之义也"⑤。《白虎通》按照古人以"宜"

---

① 《白虎通·三纲六纪》。
② 同上。
③ 《白虎通·丧服》。
④ 《白虎通·嫁娶》。
⑤ 《白虎通·五行》。

释"义"的思路，认为："义者，宜也，断决得中也"①。这种来自天道、作为决断标准的应然之则，对应到君臣、夫妻的尊卑关系，不可更改，"地之承天，犹妻之事夫，臣之事君也，其位卑"②。《白虎通》之前的董仲舒和"纬书"都认为，五行之中土最贵。董仲舒说："是故圣人之行，莫贵于忠，土德之谓也"③。土在空间上居于中央，不属于四方中的任何一方；在时序上不以时名，不属于四季中的任何一季，这意味着土无位而道在，土为五行之主。较之先秦孔孟关于人伦关系和人伦规范的阐发，《白虎通》的观点显然更强调双方的尊卑主从，尤其是关于君臣伦理关系及对应规范，其观点比董仲舒的"屈民而伸君，屈君而伸天"④是一个退步。

总之，《白虎通》"三纲六纪"的人伦关系及人伦规范完全建立在天道的基础之上，无论是作为"纲"的君臣、父子、夫妇伦理关系，还是作为"纪"的其他伦理关系，均要效法于天道，取象于阴阳，遵从于五行之变化。阴阳五行是中国古人基于生产生活而得出的经验性认识，蕴含着农业文明中人们的思考和朴素的道德智慧。但《白虎通》关于天道、阴阳、五行与人伦之间的关联却是经学家们臆想出来，为维护汉代的统治秩序所加诸自然规律之上的，其中的附会牵强不言而喻。为了论证人伦纲常的神圣性和绝对性，他们将董仲舒的今文经学和谶纬迷信相融合，大加阐发董仲舒天的哲学中的神秘主义，大加宣扬"纬书"中的荒诞迷信，以官方文件的形式明确了"三纲六纪"的正统地位，使"三纲六纪"的权威性、影响力大大增强，对中国古代社会产生了重要影响。

三、教化："别于禽兽而知人伦"

中国传统伦理文化认为，教化是王者之事，是治国理政的重要方面。儒家从德治主义出发，一是强调教化为政治之"本"，贾谊说"教者，政

---

① 《白虎通·性情》。
② 《白虎通·五行》。
③ 《春秋繁露·五行之义》。
④ 《春秋繁露·玉杯》。

之本也"①；二是强调教化为政治之"先",《礼记》认为"古之王者建国君民，教学为先"②。这些均表明政治与教化之间具有密切的关系。关于教化的内容，自然是德教，具体说来就是用儒家的人伦道德教化百姓。孟子说："人之有道也，饱食、暖衣、逸居而无教，则近于禽兽。圣人有忧之，使契为司徒，教以人伦"③。关于教化的目的，自然是彰显人伦道德，使之发扬光大，"皆所以明人伦也"④。《白虎通》作为汉代官方颁行的道德文献，自然把人伦教化当作汉代政治的要务和先务。

《白虎通》从人性的角度阐发了人伦教化的必要性。《白虎通》认为，人法天地，无不含天地之气，皆有"五常之性"⑤，"五常"就是仁、义、礼、智、信，"五性者何谓？仁、义、礼、智、信也"⑥。同时《白虎通》又根据阴阳五行学说认为，在天有阳有阴，在人则有性有情，"性者阳之施，情者阴之化"⑦，因此人有善有恶，有仁有贪，"五性"和"六情"并在。为了说明人性的复杂性，《白虎通》用人体构造和六合方位来牵强附会式地阐释，"性所以五，情所以六何？人本含六律五行之气而生，故内有五藏六府，此情性之所由出入也"⑧。五性对应的是五脏，肝为仁，肺为义，心为礼，肾为智，脾为信。六情指的是喜、怒、好、恶、哀、乐，对应的是空间方位，即东、西、南、北、上、下，西为喜，东为怒，南为恶，北为好，上为乐，下为哀。《白虎通》认为，正因为人有性有情，所以人的道德"不能自成"，必须圣人"教人成其德"⑨。《白虎通》引用《礼记》"玉不琢不成器，人不学不知道"之语，强调通过教化来改变人性，"学以治性，虑以变情"⑩。《白虎通》对教化必要性的认识是儒家的

---

① 《新书·大政下》。
② 《礼记·学记》。
③ 《孟子·滕文公上》。
④ 同上。
⑤ 《白虎通·礼乐》。
⑥ 《白虎通·性情》。
⑦ 同上。
⑧ 同上。
⑨ 《白虎通·五经》。
⑩ 《白虎通·辟雍》。

一贯主张,确有一定的道理。但它一方面认为"人情有五性,怀五常"①,另一方面又认为情为恶,其对性与情的看法充满内在的矛盾。《白虎通》用人皆有五性来论证人伦教化的可能性,用六情来强调人伦教化的必要性,这不过是孟子的性善论和董仲舒的性善情恶论的杂烩。《白虎通》用阴阳五行观点来论证人伦教化的天然合理性,其理论粗陋、牵强、荒诞,比之孟子的性善论和董仲舒的人性论是一大退步。

《白虎通》把教化的内容规定为人伦纲常,凸显对"忠"德的教化。根据古制,天子的学校为辟雍,诸侯的学校为泮宫,乡学为庠,里学为序。《白虎通》认为,学校教育的目的是导民以善,如果乡里子弟有出入不时、早晏不节、行为有过者,"未见于仁,故立庠序以导之也"②。教化的主要内容是人伦道德,"庠者庠礼义,序者序长幼",使人们明确"父子有亲,长幼有序"的道理,通过人伦教化,无论贤才美质还是愚钝之民,都"足以别于禽兽而知人伦"③。为了实现教化目的,《白虎通》认为要依据儒家"五经"来教民。《白虎通》对儒家"五经"说法有二,一说为《乐经》《尚书》《礼记》《易经》《诗经》,一说为《易经》《尚书》《诗经》《礼记》《春秋》。《白虎通》主张"五经"各自设教,《诗经》为"诗教",《尚书》为"书教",《易经》为易教,《乐经》为"乐教",《礼记》为"礼教",《春秋》为"春秋教"④。《白虎通》认为要用忠、敬、文三个规范对民进行人伦教化,称之为"三教"。王者设立"三教",目的是补偏救弊,复归正道。根据"三教"理论,夏朝教人以忠,殷朝教人以敬,周朝教人以文。救夏之失莫若敬,救殷之失莫若文,救周之失莫若忠。社会按照循环往复的链条发展,人伦教化也按照忠、敬、文的次序周而复始。《白虎通》认为,三教的关系是"一体而分,不可单行",三者皆不可少,但三者在施行中有先有后,"忠"的教化先行,"人道主忠",忠是"行之本"⑤。

---

① 《白虎通·五经》。
② 《白虎通·辟雍》。
③ 同上。
④ 《白虎通·五经》。
⑤ 《白虎通·三教》。

《白虎通》论述了教化者的重要作用。《白虎通》用"效"来解释"教","教者,效也"①。《白虎通》继承儒家一直以来的观点,认为社会教化是自上而下的施行,是在下者对施行教化者的效法,"上为之,下效之"②。教化者有三个群体。一为圣王,"王者设三教"③,用忠、敬、文三德教化万民。二为三老、五更。三老五更之制起于战国时代,"遂设三老、五更、群老之席位焉"④。至汉代,三老五更之制继续推行,三老、五更各设一人,国家以二千石禄养终生,其职为教民孝悌,实施社会教化。群老之制人数众多,至汉代已亡⑤。在汉代,三老、五更的地位很高,汉明帝刘庄亲行养老礼,"以李躬为三老,桓荣为五更"⑥,给予极高的尊荣。《白虎通》认为,"王者父事三老,兄事五更"⑦,天子要以事父之礼事三老,以事兄之礼事五更,以表明对教化者的尊重。三为师。《白虎通》认为,人虽有天资,但必学而知道,学必有师,"虽有自然之性,必立师傅焉"⑧。历史上的五帝、三王、周公、孔子莫不有师,莫不尊师。师道有三,即"朋友之道""父子之道""君臣之道"⑨。《白虎通》的这些论述表明了汉代对人伦教化的重视。

四、"驳杂"的人伦道德状况

人伦道德是社会存在的反映。历史上在那些社会安定、政治清明、崇尚教化、民生有所保障的时期,人伦道德状况会表现得相对良好,而在政治黑暗、民不聊生、社会动荡的时期,人伦道德会遭到巨大的破坏。就两汉而言,从黄老之学到董仲舒罢黜百家,从经学大盛到《白虎通》出台,随着主流社会对儒家纲常人伦各个方面的强化,社会道德相对比较良好,

---

① 《白虎通·三教》。
② 同上。
③ 同上。
④ 《礼记·文王世子》。
⑤ 参见《礼记正义·文王世子》郑玄注。
⑥ 《资治通鉴》卷四十四《汉纪三十六》。
⑦ 《白虎通·乡射》。
⑧ 《白虎通·辟雍》。
⑨ 同上。

但也表现出道德丑陋的一面。

第一，两汉相对良好的人伦道德状况，表现有三：

其一，从君德来看，两汉君德相对良好。赵翼对两汉君德有一个总体的评价："两汉之衰，但有庸主而无暴君"①。总体而言，汉代的皇帝具有反思意识，能够面对自己施政中的过失。汉文帝时期出现水灾、旱灾、瘟疫，粮食歉收，汉文帝发布诏书称自己"愚而不明，未达其咎"，反思自己是否"政有所失而行有过"②。汉武帝晚年反思自己连年征战给百姓带来的负担，"深陈既往之悔"③，颁布《轮台罪己诏》。光武帝诏曰："德薄致灾，谪见日月"，"百姓有过，在予一人"④。汉明帝颁诏书称自己"政失于上"，导致"人受其咎"⑤。正如有学者指出的那样，汉代诸帝多自省，"责己、罪己诏数量之多，为历朝罕见"⑥。当然，皇帝的"罪己"不过是安抚人心的政治秀而已，但在君主专制的框架下，此举在一定的意义上可发挥专制政体的自我修复之效，对社会矛盾有一定的缓解作用，比之历史上的昏君暴君，表现出了君德相对良好的一面。

其二，从臣德来看，汉代的官吏总体上恪尽职守，忠于社稷，品行有节，为官比较廉洁。据司马迁记载，汉武帝时的酷吏张汤，死后"家产直不过五百金，皆所得奉赐，无他业"，下葬时，"载以牛车，有棺无椁"⑦。苏武奉命出使匈奴被扣押，牧羊北海，掘野鼠而食，仍为汉尽忠，"杖汉节牧羊，卧起操持，节旄尽落"⑧。贡禹给汉元帝上疏，忠言直谏，批评汉武帝施政带来的后患，劝元帝戒奢靡之风，减少后宫人数，直言"天生圣人，盖为万民，非独使自娱乐而已也"⑨。东汉会稽太守刘宠在任期内，"简除烦苛，禁察非法，郡中大化"，离任时郡中老者集百钱相送，刘宠

---

① 《廿二史札记》卷二。
② 《汉书》卷四《文帝纪》。
③ 《汉书》卷九十六下《西域传下》。
④ 《后汉书》卷一下《光武帝纪下》。
⑤ 《后汉书》卷二《显宗孝明帝纪》。
⑥ 张锡勤、柴文华主编：《中国伦理道德变迁史稿》上卷，人民出版社，2008，第233页。
⑦ 《史记》卷一百二十二《酷吏列传》。
⑧ 《汉书》卷五十四《李广苏建传》。
⑨ 《汉书》卷七十二《王贡两龚鲍传》。

"选一大钱受之"①。东汉南阳太守羊续生活俭朴，为官清廉，"敝衣薄食，车马羸败"，有人送他一条鱼，"续受而悬于庭"，后来又有人送鱼，"续乃出前所悬者以杜其意"②。他的所有家当不过几件衣衫、数斛麦子、一些盐巴而已。两汉官德较为良好与国家选拔人才、任用官吏的导向，相对宽松的舆论环境，相对良好的官场生态有很大的关系。汉武帝时期，举孝廉，选举贤良文学之士，表彰六经，"公卿大夫士吏彬彬多文学之士"③，"名臣辈出，文武并兴"④。东汉时期，"诸将帅皆有儒者气象，亦一时风会不同也"⑤。另外，与国家注重提高底层官员的俸禄不无关系。汉宣帝曾颁布诏书："吏不廉平则治道衰。今小吏皆勤事，而俸禄薄，欲其毋侵渔百姓，难矣。其益吏百石以下俸十五"⑥。汉代禄秩凡十二等，百石为最低的一等，月俸十六斛，为避免使收入微薄的小吏为养家而搜刮百姓，汉宣帝给百石以下的小吏增加了十分之五的薪俸。光武帝令有司增加百官俸禄，尤其要调高中下层官吏的收入，"六百石已下，增于旧秩"⑦。这些中国历史上最早的高薪养廉之举，对于大部分官吏恪守廉洁的职业操守起到了一定的作用，总体上看两汉官员的官德较为良好。

其三，从社会调控来看，两汉从教化和法律两方面敦厉名节，风气总体较为良好。史载，汉高祖置三老，两汉皇帝对三老、孝悌、力田均有表彰赏赐。汉代提倡孝治天下，察举制中特别注重拔擢官员的孝行，通过法律保护子为父隐，孝子孝行不绝于史。汉宣帝认为，父子之亲，夫妇之道，乃人之天性，故以儒家亲亲相隐的伦理原则下诏改革法律，"自今子首匿父母、妻匿夫、孙匿大父母，皆勿坐。其父母匿子、夫匿妻、大父母匿孙，罪殊死，皆上请廷尉以闻"⑧。东汉光武帝"未及下车，而先访儒

---

① 《后汉书》卷七十六《循吏列传》。
② 《后汉书》卷三十一《郭杜孔张廉王苏羊贾陆列传》。
③ 《汉书》卷八十八《儒林传》。
④ 《后汉书》卷六十下《蔡邕列传》。
⑤ 《廿二史札记》卷四。
⑥ 《汉书》卷八《宣帝纪》。
⑦ 《后汉书》卷一下《光武帝纪下》。
⑧ 《汉书》卷八《宣帝纪》。

雅"①，"数引公卿、郎、将讲论经理，夜分乃寐"②。汉明帝刘庄尊师重教，给予其师桓荣极高的尊崇③。由于国家敦厉名节，起用者莫非经明行修之人，社会风气向好。无论是读书人还是官员，一旦清誉受损，流俗耻之。品行洁白之人，世人慕其行、高其义，敬仰尤甚。汉代用人伦道德对官员进行评价，几成风俗，"臧否人伦之风最盛"④。在这种社会风气下，两汉社会注重门第之风，有父子两代为相者，甚至有四世三公、四世五公的世家。尤其是东汉，被史家称为有史以来风气最好的朝代，顾炎武认为，"三代以下风俗之美，无尚于东京者"⑤。顾炎武的评价虽有过誉之嫌，但历代史家对汉代道德风俗的评价与顾氏大抵一致⑥，这绝不是偶然的。

第二，史家对两汉道德状况"风俗最美""民德最好"的评价，是相对而言的。中国历史上治世少而乱世多。两汉四百多年间，除了社会矛盾较为突出、社会动荡的西汉末期和东汉末期，总体上可以说是治世。因此，相对于历史上的乱世，汉代道德风气自然也总体较为良好。但辩证地看，在总体良好的前提下，汉代的君德、臣德以及社会道德风尚也表现出丑陋、失德的一面。

其一，阶级属性而导致的汉代社会上层的失德行径。思想家仲长统在其著作中揭露了东汉皇帝荒废政务的行为，"入则耽于妇人，出则驰于田猎"⑦。诸王骄奢淫逸、污秽淫乱，"鱼肉百姓，以盈其欲；报蒸骨血，以快其情……污秽之行，淫昏之罪，犹尚多焉"⑧。诸公主私生活不检点，武帝姑母馆陶公主寡居，董偃与之私通数十年，被武帝戏称"主人翁"。

---

① 《后汉书》卷七十九上《儒林列传上》。
② 《后汉书》卷一下《光武帝纪下》。
③ 参见《资治通鉴》卷四十四《汉纪三十六》。
④ 张亮采：《中国风俗史》，中国人民大学出版社，2013，第54页。
⑤ 《日知录》卷十三。
⑥ 东汉社会道德状况良好，几乎是史家共同的观点。近现代史家也持此观点。梁启超认为，中国历史上民德最好的时代是东汉，认为东汉尚名节，崇廉耻，风俗最美。钱穆认为，东汉士大夫的风习为后世所推崇。
⑦ 《后汉书》卷四十九《王充王符仲长统列传》。
⑧ 同上。

董偃借公主之名，结交京城权贵①。班固在撰写《汉书》时，秉承史德，不为王室讳，指出西汉诸侯王们"率多骄淫失道"②。清代史学家赵翼在其《廿二史札记》中专列"汉诸王荒乱""汉公主不讳私夫"条。这些赫然记载于史的禽兽之行、荒乱之举、逾礼之事，反映了汉代皇室成员的人伦堕落。

其二，国家重财重利举措刺激而衍生出的纳捐等官场乱象。西汉时期匈奴不断侵扰，边防不断增加屯戍军队，为了解决粮食短缺和缓解运粮压力，汉文帝征募能将粮食转运至边关的人，"爵得至大庶长"③。汉景帝因旱灾国库空虚颁布了"卖爵令"。汉武帝时期为缓解庞大的军费缺口，对犯法者根据罪行可以出钱免除，"民得买爵及赎禁锢免减罪"④。商贾囤货获利，再去购置土地，这些兼并者富与封君比肩，号称"素封"⑤。在一系列经济政策刺激下，逐利之风侵蚀官场，"入物者补官，出货者除罪，选举陵迟，廉耻相冒"⑥，"黥劓而髡钳者，犹复攘臂为政于世"⑦，致使"吏道杂而多端，则官职耗废"⑧。

其三，社会矛盾激化而表现出的民风、士风堕落。汉元帝时期，大臣贡禹借流行的俗语对社会风气进行了淋漓尽致的揭露，"俗皆曰：何以孝弟为？财多而光荣。何以礼义为？史书而仕宦。何以谨慎为？勇猛而临官"⑨。贡禹说，当时百姓各自逐利，官场贪贿成风，"亡义而有财者显于世，欺谩而善书者尊于朝，悖逆而勇猛者贵于官"，"居官而置富者为雄桀，处奸而得利者为壮士"⑩。在这样的社会风气下，父子彼此鼓励贪财，兄弟相互劝勉逐利，"俗之败坏，乃至于是"⑪。桓灵时期，一些胸无点墨

---

① 参见《汉书》卷六十五《东方朔传》。
② 《汉书》卷五十三《景十三王传》。
③ 《史记》卷三十《平准书》。
④ 同上。
⑤ 《史记》卷一百二十九《货殖列传》。
⑥ 《史记》卷三十《平准书》。
⑦ 《汉书》卷七十二《王贡两龚鲍传》。
⑧ 《史记》卷三十《平准书》。
⑨ 《汉书》卷七十二《王贡两龚鲍传》。
⑩ 同上。
⑪ 同上。

的读书人,"或献赋一篇,或鸟篆盈简,而位升郎中,形图丹青。亦有笔不点牍,辞不辩心,假手请字,妖伪百品,莫不被蒙殊恩,蝉蜕滓浊"①,他们错字百出、词不达意,甚至请人捉刀代笔,凭借献媚的辞赋和标新立异的书法而荣列官位,士风堕落可见一斑。随着社会不公平加剧,社会矛盾日益激化,人伦道德崩坏,"怨毒无聊,祸乱并起,中国扰攘,四夷侵叛,土崩瓦解,一朝而去"②。

  任何一个时代,其社会道德状况都是复杂多样的。在史家笔下,两汉既有风俗淳厚、推崇名节的一面,也有崇财重利、人伦浇薄的一面。张亮采先生认为自春秋至于两汉,虽有东汉敦厉名节之风,但不能掩饰民情伪诈、尊势重利的总体倾向,故将该时代名之曰道德上的"驳杂时代"。此说确有道理。一个朝代可能是一个最好的时代,同时也可能是一个最坏的时代,对其人伦道德好坏之评判只能是相对而言。东汉时期对名节的过分提倡,将过高的道德标准普遍化为社会成员的行为准则,必然会矫枉过正,并有可能助长伪道德的滋生,对社会道德建设并无裨益。

---

① 《后汉书》卷七十七《酷吏列传》。
② 《后汉书》卷四十九《王充王符仲长统列传》。

第五章 浮靡时代的人伦道德

人伦道德是一个时代的精神符号。自魏晋迄于唐末五代，760多年的历史中蕴藏着极为丰富的信息①。在中国历史上，这一时期是典型的民族大融合时期、朝代更迭频繁时期、文化兼容并蓄时期。由此这一时期也成为中国历史上比较典型的人伦观嬗变的时期，人伦关系、人伦规范、人伦风尚发生重大变化，尤其是六朝五代之间，"篡弑放逐，何其纷纷也"②，出现了忠义衰微、廉耻尽丧、世风浇薄的人伦乱象，故这760多年的历史亦被称为"浮靡时代""浊乱时代"③。

第一节 社会变迁背景下的人伦嬗变

一、豪门大姓的道德话语权

魏晋南北朝时期，社会的阶级结构发生了显著变化，其重要特征是门

---

① 魏晋南北朝隋唐五代时期，指的是三国、两晋、南北朝、隋唐和五代，总计760多年的历史。关于其时间上限，传统观点认为，魏晋始于汉献帝禅位给曹丕，即黄初元年（公元220年）。但史学界认为，魏晋开端早于曹丕称帝。白寿彝先生总主编《中国通史》认为，曹操挟天子以令诸侯，实际上拉开了三国的序幕，建安元年（公元196年）汉帝迁都许昌标志着魏晋的开端。龚书铎先生总主编《中国社会通史》认为，魏晋始于汉献帝初平元年（公元190年）的董卓之乱。本书采用白寿彝《中国通史》说，即魏晋隋唐五代始于公元196年，迄于公元960年。
② 严复：《法意按语》，载《严复集》第4册，王栻主编，中华书局，1986，第949页。
③ 张亮采：《中国风俗史》，"序例"第3页。

阀世族的势力形成，并对社会的经济、政治和人伦道德产生了重要影响。

"门阀"，由"家门阀阅"一词演变而来①。"阀"通"伐"，有功劳之义。"阅"指资历。故所谓"门阀"，是封建地主与门第出身相结合的一个通称。若就其累世的家族阀阅和声望而言，可称为"世族"；若就其与庶姓寒人的区别而言，也可称为"士族"；若就其社会影响力而言，还可称为"势族"。因此，"世族""士族""势族"等称谓并无实质上的不同，很多时候也经常混用。它们有共同的特征，即出身与财富相结合，门第与声望相结合，大土地占有者与官宦世家相结合，故也被称为"高门大姓""高门华阀""大家""豪族""华族""世胄"等。

门阀世族崛起于魏晋时期，但其来有渐，如西晋诗人所言，"地势使之然，由来非一朝"②。汉武帝时期，始诏天下举贤良方正直言极谏之士。汉武帝采纳董仲舒的对策，诏令各郡国根据人口数按比例举荐人才，按照德行、学问、明法、果毅的四科标准，选任三辅县令。两汉历代相延，察举制成为士人入仕的重要途径，同时造就了崇尚名节的两汉家风世风。东汉名臣杨震官太尉，其子、孙、曾孙亦官至太尉、司徒、司空，史称"四世三公"；袁安官司空，其后人更是高官辈出，史称"四世五公"。中兴以降，增加了德行在察举中的比重，"复增敦朴、有道、贤能、直言、独行、高节、质直、清白、敦厚之属"③。察举虽以德行而非名位论，但道德考评本身的主观性与宽泛性给欺世盗名之徒预留了运作空间，出现了结交权贵、道德虚伪等现象，"荣路既广，自是窃名伪服，浸以流竞。权门贵仕，请谒繁兴"④。一个人若在察举中被认为德隆望重，"布衣便可践台辅之位"⑤，可谓搭上了晋升直通车。东汉时期，甚至有人从布衣升至三公，只用了短短九十五天。

曹魏时期，魏文帝曹丕为了革除汉代察举制在实施过程中出现的很多名实不符或者品评人物标准不一的弊端，采纳陈群的谏议，确立"九品中

---

① 参见白寿彝主编：《中国通史》第5卷，上海人民出版社，1995，第556页。
② 余冠英选注：《汉魏六朝诗选》，人民文学出版社，1978，第149页。
③ 《后汉书》卷六十一《左周黄列传》。
④ 《通典》卷十三《选举一》注引范晔语。
⑤ 《廿二史札记》卷五。

正"制。"九品中正"将汉代的察举进一步制度化,"郡邑设小中正,州设大中正。由小中正品第人才,以上大中正;大中正核实,以上司徒;司徒再核,然后付尚书选用"①。中正在选拔官员的时候,以家世、才德综合考察,为其定品。"九品中正"制通过"乡评以核其素行"②的办法,层层品第选拔人才,在一定程度上革除了察举制的名实不符之弊,在选拔人才、敦厉世风方面起到了重要作用。但法立而弊生,清议考评的各级执行者,从地方小中正一直到司徒,他们的褒贬决定一个人的前途。各级中正虽不乏秉公正直之人,但这种选拔制度本身是缺乏制度保障的。"九品访人,惟问中正"③,选拔人才的权力掌握在各级中正手中,必然会成为腐败滋生的温床,受益者只能是那些既得利益集团中人。被定为上品之人,"非公侯之子孙,则当涂之昆弟"④。可见,各级执行者作为利益集团中人,当他们拥有很大的自由裁量权,而制度公正仅仅是依靠他们的道德自律来维系的时候,各种利益勾连就很难避免,甚至有些执行者彼此之间进行利益交换,用互相举荐来规避风险,结成朋党,滥权纳贿。他们"虽职名中正,实为奸府","高下任意,荣辱在手",想要提拔谁,便颇多溢美。想要踢谁出局,就百般挑剔;花钱疏通门路的、找关系结交权贵的,可以直接晋升,而真正有才德的人,则仕途无望,"或以货赂自通,或以计协登进,附托者必达,守道者困悴"⑤。"九品中正"制在实施过程中弊端丛生,制度虚置,人才举荐成为高门权贵之间的"互市"。

  望冠盖以选用,任朋党之华誉,有师友之名,无拾遗之实。⑥
  自魏至晋,莫之能改。州都郡正,以才品人,而举世人才,升降盖寡。徒以冯(凭)藉世资,用相陵驾,都正俗士,斟酌时宜,品目少多,随事俯仰。⑦

---

① 《廿二史札记》卷八。
② 同上。
③ 同上。
④ 《晋书》卷四十八《段灼传》。
⑤ 《晋书》卷四十五《刘毅传》。
⑥ 《抱朴子外篇·崇教》。
⑦ 《宋书》卷九十四《恩幸传》。

> 势位之家，以贵陵物，忠贤路绝，谗邪得志，更相荐举，天下谓之互市焉。①

在这种制度中，被选拔者的出身门第对选拔任用的影响是不言而喻的，"计资定品，惟以居位为重"②，权门世家毫无疑问成了"九品中正"制的最大受益者。他们通过互相举荐、权力互市，瓜分了社会的优质资源，他们上位后在为国家选拔人才的时候，"九品中正"又成为他们名正言顺地输送家族人才的最好途径。而那些寒人庶士，"非名誉弗闻也，非华族弗与延誉也"③。其结果是，魏晋时期社会阶层固化十分严重，非出身于世族的读书人很难实现阶层跨越，阻断了真正有才学士人的晋升之路。通过"九品中正"制选拔出来的官员，或者世代位居高官，或者有深厚的家学渊源，或者兼而有之。高贵的出身使门阀世族不但天然地拥有优厚的社会资本，而且可进一步占据和垄断社会的权力资源，在社会的等级秩序中天然地处在优势地位。

魏晋时期形成的门阀世族的社会结构影响了中国社会长达三四百年之久。在其影响之下，魏晋时期出现了很多名门望族。《世说新语》对此有过生动描述：

> 有人诣王太尉，遇安丰、大将军、丞相在坐；往别屋，见季胤、平子。还，语人曰："今日之行，触目见琳琅珠玉。"④

在两晋时期中国第一名门——琅琊王氏家族的华丽阵容中，王衍、王戎、王敦、王导、王诩、王澄等人物俱在其列。王家在西晋时期就已登上政治舞台，永嘉之乱后，王敦、王导兄弟辅佐司马睿在江东重建政权，史称"王与马，共天下"，实际上执掌东晋大权。在这个"琳琅珠玉"的家族中，既有两晋最高权力集团中的风云人物，也有堪称当时思想先锋的清谈领袖。实际上，王家的显赫远远超出这个名单，东晋时期的王羲之、王徽之、王献之也均出自王家。据统计，魏晋南北朝时期，琅琊王氏家族五品

---

① 《晋书》卷四《惠帝纪》。
② 《廿二史札记》卷八。
③ 《读通鉴论》卷十。
④ 《世说新语·容止》。

以上的官员有161人，一品官员共计15人。东晋书法家中的"八王"，王家共占6人。在中国历史上，恐怕很难找到第二个可与之比肩的华丽家族，真可谓一门显贵，几代风流。在东晋存续的百余年间，东晋的政权相继被王家、庾家、桓家、谢家轮流执掌。唐诗有云"王谢风流满晋书""旧时王谢堂前燕"等，均以"王谢"代指两晋时期名重一时、权倾天下的几大高门望族，足见门阀世族在当时的社会影响力。除了王、庾、桓、谢四大家族之外，可以被列入魏晋豪门的还有山西闻喜裴家、河南陈留阮家、山西太原王家、山东高平郗家等。在这些豪族的谱系上，不难发现历史长河中的那些璀璨耀眼的名字。当然，不能排除个人的才学、德行、努力和优良家风陶冶是他们名留青史的条件之一，但更重要的是，汉魏以来的门阀制度及世族大家的社会辐射力和影响力，造就了这个时期中国历史上典型的"豪门现象"。

由于门阀世族经济基础雄厚、政治地位优越之故，其影响已遍及社会的政治、经济、文化诸方面。就世族阶层对社会人伦道德的影响而言，主要体现在以下三个方面。

第一，世族阶层以其强大的社会影响力，成为魏晋时期社会变迁大舞台上鲜明的道德符号。从正始之音到竹林七贤，从西晋八达放纵的生活方式到东晋的清谈之风和寄情山水的闲适，世族阶层在一幕幕道德变迁的历史场景中出演着重要角色。首倡正始之音、曹魏政治集团中的重要人物何晏是曹操养子，其后又尚公主，成为曹操的女婿。以任诞不羁著称于当时的竹林七贤阮籍、阮咸叔侄二人，出自河南陈留阮氏家族，王戎出自山东琅琊王家。风流放纵的西晋八达中，阮放、阮修是阮氏后人，王澄是王家后人，桓彝出自安徽谯国桓家，是桓温之父。东晋时期，在玄远的清谈中怀念失落的河山、感喟世事无常的江左人士，大都是永嘉之乱后南渡的世族。在两晋六朝的世族身上反映着时代的迁革，凝结着社会变迁和道德变迁的丰富信息。

第二，世族阶层掌握着魏晋时期的道德话语权，成为魏晋时期新的生活方式和道德精神的代言人。他们的好尚带动了两晋、南朝奢侈、绮丽的社会风俗，"蒱酒永日，驰骛卒年，一宴之馔，费过十金，丽服之美，不可赀算，盛狗马之饰，营郑卫之音，南亩废而不垦，讲诵阙而无闻，凡庸竞驰，傲诞成俗"①；他们蔑视礼法、旷达任诞，使社会风俗日薄，"唯在于新声艳色，轻体妙手，评歌讴之清浊，理管弦之长短，相狗马之剿弩，议遨游之处所……品藻妓妾之妍蚩，指摘衣服之鄙野"②；他们崇尚清谈，使社会浮虚相扇，浮诞成俗，"（衍）妙善玄言，唯谈老庄为事。……后进之士，莫不景慕放效。选举登朝，皆以为称首。矜高浮诞，遂成风俗焉"③；他们情随事迁，在明山秀水中感怀人生，"仰观宇宙之大，俯察品类之盛……固知一死生为虚诞，齐彭殇为妄作"④。总之，他们影响了整个社会的风习，俨然成为一个时代的精神风向标。如果没有他们，旷达的魏晋风度、风流的江左之风、融道德和审美于山水的兰亭盛会等，这些具有象征意义的时代事件就都不会出现在中国的历史上。

第三，世族阶层固化了中国封建社会森严的等级制度，对社会生活的诸方面产生了重要影响。魏晋时期，"高门华阀"与"庶姓寒人"有云泥之殊，社会生活中出现了史家所描述的"高门华阀有世及之荣，庶姓寒人无寸进之路"⑤的现象。非门阀世族出身，即便才能超群、贡献卓著，也只能是一介"寒人""庶人""小人"，"晋宋以后，虽有英才勤劳于国，而非华族之有名誉者，谓之寒人，不得与于荐绅之选"⑥。名士们对这种阶层固化现象进行了深刻揭示，"尊卑设次序，事物齐纲纪"⑦，"世胄蹑高位，英俊沉下僚"⑧。士与庶之间、上品与下品之间、高门大姓与庶姓寒人之间的界限之分明犹如霄壤，阶层跨越几无可能，"魏晋以来，以贵役贱。士庶之科，较然有辨"⑨。一些寒门庶人为了改变自己低贱的出身，"甚至纳赀为士族门生，以求进身"⑩。东晋宰相何充出身官宦世家，祖父为豫州刺史，父亲为安丰太守，也算出身不低，但在时人看来，何家并非

---

① 《晋书》卷七十五《范宁传》。
② 《抱朴子外篇·崇教》。
③ 《晋书》卷四十三《王衍传》。
④ 《晋书》卷八十《王羲之传》。
⑤ 《廿二史札记》卷八。
⑥ 《读通鉴论》卷十。
⑦ 余冠英选注：《汉魏六朝诗选》，第133页。
⑧ 同上书，第149页。
⑨ 《宋书》卷九十四《恩幸传》。
⑩ 张亮采：《中国风俗史》，第76页。

当时的望族贵胄，故何充仍属于"布衣超居宰相之位"①。出身寒门的东晋名将陶侃年轻时与杨晫一同乘车，致使杨晫被朋友质问："奈何与小人共载？"② 为了保持贵族血统的纯粹，门阀世族都是在几大家族之间进行联姻。如裴家与王家联姻，王戎将女儿嫁给裴頠；郗家与王家联姻，王羲之娶了郗家的女儿；谢家与王家联姻，谢安的侄女谢道韫嫁给了王羲之的儿子王凝之，谢万的女儿嫁给了王珣。在士庶之别的社会氛围中，士庶之间非但不通婚，甚至不同坐。据史记载，南朝时中书舍人秋当、周纠二人前往当时的名士张敷家里拜访，他们去之前担心张敷有门第之见，果然，"敷先设二床，去壁三四尺，二客就席，敷呼左右曰：'移我远客！'"③ 阶层固化以及士庶之别森严，成为天经地义的人伦观念，影响几百年，其鼎盛时期是两晋及南北朝前期，直到隋代才逐渐衰落下去。

二、乱世的人伦伤痛

中国自古治世少而乱世多，而魏晋南北朝又可谓乱世之典型。魏晋隋唐五代760多年的时间里，战乱与分裂是主线。在隋统一前，只有西晋的短暂统一。唐末五代又陷入天下大乱。乱世的主流道德、风尚习俗以及生活于其间的人们的人生观、价值观均表现出了独特的一面，描绘出了一幅人伦道德的斑斓画卷。

混战与分裂是魏晋南北朝时期的主要特征。魏晋南北朝是中国历史上政权更迭最快的时期，从三国到隋朝统一，先后建立了二十多个政权。这一时期也可谓是集中国历史上分裂、混乱最多的时期，出现了三国鼎立、十六国混战、八王之乱、永嘉之乱、五胡乱华、侯景之乱、南北朝对峙，等等。八王之乱前后长达十六年之久，对于西晋人民来说不啻为一场旷日持久的浩劫，"百姓创痍，饥饿冻馁"④。战乱中死伤者以数十万计。赵王司马伦之乱，"自兵兴六十余日，战所杀害仅十万人"⑤；赵王司马伦与成

---

① 《世说新语·品藻》。
② 《晋书》卷六十六《陶侃传》。
③ 《宋书》卷四十六《张邵传》。
④ 《晋书》卷五十九《成都王颖传》。
⑤ 《晋书》卷五十九《赵王伦传》。

都王司马颖黄桥之战,"战亡者有八千余人,既经夏暑,露骨中野"①;东海王司马越与河间王司马颙之战,"大掠长安,杀两万人。是日,日光四散,赤如血"②。永嘉之乱中,日薄西山的西晋贵族在匈奴人和羯人的强势进攻下,毫无反抗能力。永嘉五年(公元311年),在匈奴人的追击下,晋军大溃,"王公已下死者十余万人"③,包括太尉王衍等在内的大臣被杀。洛阳城被围困后,"至是饥甚,人相食","百官士庶死者三万余人"④。长安城被围困后,"京师饥甚,米斗金二两,人相食,死者太半"⑤。不仅西晋的百姓遭受了巨大的战争痛苦,这一时期的西晋皇帝堪称中国历史上最倒霉、最可怜的皇帝,十年间,西晋的两个皇帝晋怀帝和晋愍帝先后被匈奴人俘虏、受辱、杀害,汉族皇帝死于少数部族之手,在中国历史上也堪称仅事。梁末的侯景之乱,以惨烈著称,"米斛数十万,人相食者十五六","城中积尸不暇埋瘗,又有已死而未敛,或将死而未绝,景悉聚而烧之,臭气闻十余里。尚书外兵郎鲍正疾笃,贼曳出焚之,宛转火中,久而方绝"⑥,建康城几成人间地狱。南北朝的大分裂,又使人们沉浸在故国沦亡、身仕胡族的痛苦中,羁留北方的士人期盼胡尘扫尽,汉月得圆,"秦关望楚路,灞岸想江潭,几人应落泪,看君马向南"⑦。

动荡与战乱在给社会和个体造成巨大创伤、不幸的同时,也必然给社会道德带来巨大冲击。三国时期,变乱的社会现实和历史机遇冲击着人们固有的人伦观念,汉代大一统以来的"忠"的观念、婚姻观念、对忠孝关系的理解、对"义"的认识均出现了变化,传统的人伦道德观念也必然经历荡涤、嬗变与整合。

魏晋权力代嬗之际,天下多故,嵇康、阮籍等名士以出位的言论和放浪的行为演绎出魏晋风度,弃礼法如敝屣,视君子如裈裆之虱,留下了中

---

① 《晋书》卷五十九《成都王颖传》。
② 《晋书》卷四《惠帝纪》。
③ 《晋书》卷五《孝怀帝纪》。
④ 同上。
⑤ 《晋书》卷五《孝愍帝纪》。
⑥ 《梁书》卷五十六《侯景传》。
⑦ 余冠英选注:《汉魏六朝诗选》,第298页。

国道德史上的千古绝响，也引起了当时和后世人们对魏晋风度所带来的种种道德后果的批评。东晋时期，在战乱中流离失所、仓皇南渡的东晋贵族们，在偏安江左的失意与适意中，他们的心态和价值观必然会有一些微妙的变化。古圣先贤所倡导的"三不朽"的价值观，在社会生活层面受到了及时行乐论和纵欲论的冲击，"十年亦死，百年亦死；仁圣亦死，凶愚亦死；生则尧舜，死则腐骨；生则桀纣，死则腐骨。腐骨一矣，孰知其异？且趣当生，奚遑死后？"① 人生如寄，世事无常，脆弱的生命在乱世中更是不堪死亡的轻轻一撞。乱世中人们很容易产生出一种生命被剥夺感，也必然会产生出一种独属于他们的"尽一生之欢，穷当年之乐"②的生活观和价值观。

永嘉之乱后，大批中原人纷纷南迁，史书中记载了大量"永嘉南渡""永嘉南奔"之事。人口迁徙与中华民族共同体形成过程相伴相随，在此过程中，各个民族文化接触、碰撞、交融，互鉴并蓄，各民族共同创造了中华文化。向南迁徙的人群中，有很多是原来的高门大姓，他们的南迁促进了南方相对落后的经济和文化的发展，使南北经济的差距逐步缩小，文化上的认同感进一步增强。东晋南朝时期，社会的知识阶层中普遍流行的是北方官话洛阳话，南渡的晋朝世族与江南原来的土著世族之间的交往也进一步加深，使南北方在风俗习惯、道德风尚方面的相互影响进一步显现出来。

隋结束了自东汉末年以来长达三百多年的分裂，中国又重新统一。在统一的大背景下，有唐一代尤其是唐的前半期堪称中国古代社会政治、经济、文化发展的巅峰。贞观时期社会经济开始复苏，"米谷踊贵"的局面得到控制，社会秩序也相对良好，"商旅野次，无复盗贼，囹圄常空，马牛布野，外户不闭。又频致丰稔，米斗三四钱，行旅自京师至于岭表，自山东至于沧海，皆不赍粮，取给于路。入山东村落，行客经过者，必厚加供待，或发时有赠遗。此皆古昔未有也"③。开元、天宝时期经济得到了

---

① 《列子·杨朱》。
② 同上。
③ 《贞观政要·政体》。

极大发展,"天宝中,承平岁久,自开远门至藩界一万二千里,居人满野,桑麻如织"①。经济发展也导致世风奢侈,宫廷中出现了"水陆珍馐数千,一盘之贵,盖中人十家之产"②的奢华消费。社会的富庶、国力的增强使唐代在文化上呈现出一种强势、开放、包容的姿态,儒释道多元文化并存,中华民族大融合进一步发展。在此过程中,浩浩唐风,鼓荡不已,佛教、道教的影响,胡俗的浸润,不同民族间交往交融更加深入,使唐代的社会伦理道德展现出了丰富多彩的特点。

安史之乱是唐由盛而衰的转折点。八年的战乱,致使"人烟断绝,千里萧条"③,如王维诗云,"万户伤心生野烟",社会遭到了一次空前浩劫。安史之乱后,唐代开始走下坡路。据史书记载,唐太宗时一斗米三钱,玄宗时一斗米五到十钱,安史之乱后,兵戈不息,土地荒芜,唐代宗时一斗米已至一千四百钱,百姓生活的困苦可想而知④。藩镇的兴起和唐末的农民起义更是为唐朝埋下了灭亡的种子。公元907年,朱温终结了近三百年的唐朝统治,建立后梁,揭开了五代的序幕。同时,四方割据政权吴、前蜀、楚、吴越、闽、南汉、荆南(即南平)、后蜀、南唐、北汉先后建国,史称"十国"。五代十国时期,天下动荡、混乱和分裂,"于此之时,天下大乱,中国之祸,篡弑相寻"⑤。短短53年的时间里,中原王朝五易其姓,无不伴以残酷的杀戮。长者存国不过十余年,短者三四年甚至一二年。这一时期,君主在位时间之短、死于非命的君主人数之多、人伦关系之坏、道德调控之弱、社会成员道德底线之低,都堪称中国历史之最,上演了中国历史上最典型、最为史家所诟病的人伦倾覆、道德败坏、士人无行的乱世人伦之觞。

三、"胡汉比肩"与"车书一家"

中华民族共同体渐进形成的历史过程,是中国各民族共同开拓中国疆

---

① 《明皇杂录·辑佚》。
② 《明皇杂录·补遗》。
③ 《旧唐书》卷一百二十《郭子仪传》。
④ 参见《廿二史札记》卷二十。
⑤ 《新五代史》卷六十一《吴世家》。

域、共同创造中华文化的过程，民族融合是血缘融合，更是文化融合，从南北朝时期的"胡汉比肩"到唐代的"车书一家"，其核心是对"中国""中华"的认同。

有学者通过研究云冈石窟雕刻的供养天和护法神发现，"在这些两两比肩的人物中，必有一位是高鼻、深目、须发卷曲的异族人，而另一位则是道地的中原人形象"①。云冈石窟中的"胡汉比肩"是北魏时期中原汉人与北方胡人杂居情形的历史实录，蕴含着人伦道德变迁的丰富信息，实证了中华民族共同体形成的历史进程。

魏晋南北朝是中国历史上典型的民族迁徙与融合时期。从三国时期开始，由于扩充兵力和拓荒垦田的需要，大批北方少数民族被征发南迁。唐长孺先生分析其原因，"三国时期由于人口的减少，统治者对于兵士来源更加利用各族人民来补充，而此时战争主要是在内地，所以需要使其更向内地迁移"②。其后，北方少数民族不断内迁南扩，其中以匈奴、羯、鲜卑、氐、羌为主，号称"五胡"。永嘉之乱后，中国北方开始了长达几百年的少数民族统治时期。民族融合对两晋南北朝的政治、经济以及社会伦理道德产生了重要影响，其余绪延及隋唐两代，尤其对唐代的社会风尚影响极大。在胡人内徙的同时，为躲避战乱，中原汉人不断外迁至西北，大批"中华高族"避难河西，"中州避难来者日月相继，分武威置武兴郡以居之"③，"因晋氏丧乱，播迁凉土"④，"乃永嘉之乱，能守先王之训典者，皆全身以去，西依张氏于河西"⑤。南北朝时期，大量中原汉人入仕北朝，有很多学者在北方传播儒家思想。民族融合促进了南北之间经济、文化的交流互通，人伦道德亦产生了交互影响。

魏晋南北朝时期的民族融合过程与中华民族共同体形成过程相伴，中国历史上以汉族为主体、多元的民族格局已然形成，为其后隋唐时期的繁荣和更大规模的民族融合创造了条件。隋的统一结束了南北朝长期分裂的

---

① 殷宪主编：《北朝史研究》，商务印书馆，2004，第488页。
② 唐长孺：《魏晋南北朝史论丛》，三联书店，1955，第132页。
③ 《晋书》卷八十六《张轨传》。
④ 《南史》卷七十《杜骥传》。
⑤ 《读通鉴论》卷十五。

局面，各民族间的交往和融合进一步加深。隋唐两朝的统治者杨氏、李氏都有鲜卑血统，唐朝宰相中北方少数民族出身的占十分之一，唐代著名诗人元稹、元结都是鲜卑族的后裔。魏晋南北朝隋唐五代760多年间，活跃在中国舞台上的不仅有中原的汉民族，还有其他众民族。五胡十六国时期，匈奴、鲜卑、羯、氐、羌分别建国，匈奴、鲜卑、氐建立了不止一个政权。唐末五代时期，突厥族的沙陀人建立了后唐、后晋、后汉。魏晋南北朝隋唐五代时期是中国历史上民族的大混杂、大融合时代，各个民族经济上相互依存、文化上交互影响，在民族融合的过程中增进了对"中国"的认同。

以北魏孝文帝改革为例，就可以很清楚地看到"胡汉比肩"作为当时北魏汉化（华化）过程中重要的文化现象，其中所体现的民族认同和伦理认同。鲜卑人认为黄帝是鲜卑族源，"昔黄帝有子二十五人，或内列诸华，或外分荒服。昌意少子，受封北土，国有大鲜卑山，因以为号"①。周朝确立"五服"的天下观和治理体系，鲜卑隶属于五服之制中的"荒服"。根据五服之制，周天子对不同地域、不同民族的人们在贡赋制度和治理方式上可因地制宜、因俗制宜，但在王朝认同和文化认同方面则是一致的。这也成为孝文帝改革的合法性依据。为了改变少数民族的旧俗，孝文帝迁都洛阳，并进行了一系列改革。拓跋氏认为，自己是黄帝后裔，与汉人同祖同源。孝文帝下诏改鲜卑姓为汉姓："北人谓土为拓，后为跋。魏之先出于黄帝，以土德王，故为拓跋氏。夫土者，黄中之色，万物之元也，宜改姓元氏"②。不仅如此，魏文帝为消除胡汉民族间的隔阂，鼓励胡人与汉人贵族子弟联姻；革衣服之制，弃穿胡服，改穿汉服，对改革旧俗不力的官员问责；禁绝鲜卑语，"断诸北语，一从正音"③，规定三十岁以上的人可以逐渐改，三十岁以下的人应速改，否则罢官；南迁的人死后必须就地埋葬，"迁洛人死者葬河南，不得还北"④。拓跋氏大胆改革，宇文氏继之，流风所被，施于上下。所有这些措施加速了北方民族学习中原文化的

---

① 《魏书》卷一《序纪》。
② 《资治通鉴》卷一百四十《齐纪六》。
③ 《魏书》卷二十一上《献文六王列传上》。
④ 《廿二史札记》卷十四。

进程，推进了儒家文化的传播和影响。中原之帝统绝，而中华文化之道统犹存，正可谓"一隅耳，而可以存天下之废绪"①，客观上促进了自在的中华民族共同体的形成。

"胡汉比肩"反映了民族融合中的血缘融合，从深层的意义上，它更是一种文化现象，体现了对中华伦理的认同，具有深刻的人伦道德意蕴。北魏孝文帝的汉化改革，其目的在于"欲变国俗而习华风"②，期望通过迁都及一系列文化改革，放弃旧俗，改变风化，认同儒家伦理，免成"被发之人"③。陈寅恪先生说，在北朝的血统与文化融合中，文化的融合远较血统融合更为重要。所谓的胡人汉人之分，不在血统而在文化，接受中原汉文化的即为汉人，固守鲜卑文化的即为胡人，"凡汉化之人即目为汉人，胡化之人即目为胡人，其血统如何，在所不论"④。"胡汉比肩"的影响是交互的、双方面的。北方鲜卑贵族对中原文化倾慕已久，当时留守和大批北迁的中原汉人中，有很多受儒家文化影响、文化素质较高的贵族世家和士人，他们在北朝受到礼遇，有一些得到北朝政权的擢用，"太和十七年，（王）肃自建邺来奔。孝文时幸邺，闻其至，虚衿待之，引见问故"⑤，"太和中，高祖选尽物望，河南人士，才学之徒，咸见申擢"⑥。他们中有的人参与到北魏的朝仪改革中，有的人参与到北朝典章制度的汉化中，"朝仪国典，咸自（王）肃出"⑦。还有学者传播、教授和研究儒家思想。北魏孝文帝精通儒家五经，又善谈老庄，具有很深厚的中原汉文化素养，他曾命人"以夷言译《孝经》之旨"，并"教于国人，谓之《国语孝经》"⑧。

费孝通先生认为，有唐一代名义上是汉族政权，实际上是各族参与的政权⑨。唐太宗说，自古重夷夏之防，贵中华，贱夷狄，"朕独爱之如一，

---

① 《读通鉴论》卷十五。
② 《廿二史札记》卷十四。
③ 《魏书》卷二十一上《献文六王列传上》。
④ 陈寅恪：《隋唐制度渊源略论稿/唐代政治史述论稿》，三联书店，2004，第200页。
⑤ 《北史》卷四十二《王肃传》。
⑥ 《魏书》卷四十三《刘休宾传》。
⑦ 《北史》卷四十二《王肃传》。
⑧ 《隋书》卷三十二《经籍一》。
⑨ 参见费孝通等：《中华民族多元一体格局》，第14页。

故其种落皆依朕如父母"①，夷夏一体、天下一家的中华民族共同体意识逐渐明晰。唐作为统一强大、多民族的王朝国家，沿袭中国自古以来对边疆的管辖与治理传统。地处东北建立渤海国的粟末靺鞨，是唐朝众多民族中的成员之一，其族源可追溯至西周的肃慎族，自先秦起就是古代中国的重要组成部分。唐代大祚荣建国，唐睿宗"遣使拜祚荣为左骁卫大将军、渤海郡王，以所统为忽汗州，领忽汗州都督，自是始去靺鞨号，专称渤海"②。渤海不是独立王朝，而是唐朝管辖的一个边州，尊称唐朝皇帝"天可汗"，大祚荣是天可汗册封的渤海郡王，忽汗州军事行政长官。渤海不但接受唐的册命，向唐称臣纳贡，而且受到唐代文化的影响。史载，渤海仰慕唐代文化，习用汉字，"颇知书契"；引入唐代制度，"数遣诸生诣京师太学，习识古今制度"，效仿唐六部，并以儒家六个核心的人伦规范命名，分别设立忠、仁、义、礼、智、信六部，"左六司，忠、仁、义部各一卿，居司政下，支司爵、仓、膳部"，"右六司，智、礼、信部，支司戎、计、水部"，反映了儒家思想对渤海的影响；一些行政机构和官职名称，如"胄子监""巷伯局"以及"左右猛贲"等取材于儒家经典，足见其"宪象中国制度如此"③。唐代诗人温庭筠《送渤海王子归本国》云："疆理虽重海，车书本一家。盛勋归旧国，佳句在中华。定界分秋涨，开帆到曙霞。九门风月好，回首是天涯。"这充分反映了渤海虽地处东北边陲，与长安隔山重海，但同为中华，同根同种，车书一家。

文化的影响往往是交互的，孟子主张"以夏变夷"，即用先进的华夏文化改变、陶冶夷狄文化，反对四夷文化对华夏文化的浸润影响。但不可否认的是，在民族融合的过程中，"以夏变夷"和"变于夷"都是客观存在的，汉化和胡化均于史有记。在中原汉文化尤其是儒家文化对北朝政权发生影响的同时，北方少数民族的生活习惯、人伦风尚也必然会影响中原汉文化，因此这一时期也出现了"胡化"现象。胡化现象不仅表现在胡服、胡乐、胡食方面，也出现了"胡心"的价值观念，对人伦道德产生影

---

① 《资治通鉴》卷一百九十八《唐纪十四》。
② 《新唐书》卷二百一十九《渤海传》。
③ 同上。

响。在民族融合的大背景下，魏晋南北朝隋唐五代时期的人伦道德状况表现为多样性、融合性、丰富性的特点。

四、儒释道融合对人伦的影响

自汉武帝立五经博士，先秦儒学在理论形态上逐渐转型为汉代经学。一方面，这一转向使汉代经学继续发挥儒家"序君臣父子之礼，列夫妇长幼之别"① 的理论优势，并逐步确立了"三纲六纪"的纲常体系，成为罢黜百家后的思想霸权和君权政治的代言人。另一方面，先秦儒学的这一转向也将经学的短处发展到了极致，"累世不能通其学，当年不能究其礼"②，烦琐的训诂淹没了对文本内在精神的思考，儒家经典中富有创造性的思想逐渐被训诂笺注淹没。"五字之文"动辄要用数万言来解释论证，"幼童而守一艺，白首而后能言"③，"一经说至百余万言，大师众至千余人"④。汉代重视儒家经典，目的当然是阐释儒家经典中的微言大义，论证纲常秩序的合理性与必要性，"但他们的做法，其实刚好是背道而驰，'大义'不是靠章句的训诂，而是靠思想的发挥才能真正有所创获的"⑤。经学转向已经使儒学丧失了推陈出新的创新活力。浩大的经学研究场面之下掩藏着人们对经学趋之若鹜的深层原因：由于国家的提倡，经学已经成为一些人谋食而非谋道的工具和晋身之阶。四十岁以后始治《春秋》的公孙弘于"卒伍之中，封为列侯，致位三公"⑥，成为儒生们希望通过研究儒家经典来改变命运、跻身仕途的成功样板。因此，班固曾深刻地指出汉代经学是儒生的"禄利之路"⑦。

汉代独崇儒家和儒家经典，是为了学术复建，更是为了以儒家思想来整饬人伦、教化社会。那么，如此推崇儒家，如此繁荣的经学研究，究竟在多大程度上影响了社会伦理道德，在纲纪人伦、化民成俗方面产生的效

---

① 《史记》卷一百三十《太史公自序》。
② 同上。
③ 《汉书》卷三十《艺文志》。
④ 《汉书》卷八十八《儒林传》。
⑤ 向世陵：《中国学术通史·魏晋南北朝卷》，人民出版社，2004，第10页。
⑥ 《汉书》卷五十八《公孙弘传》。
⑦ 《汉书》卷八十八《儒林传》。

果究竟如何呢？史家对两汉尤其是东汉社会道德风尚的评价一直较高。张锡勤先生在《中国伦理道德变迁史稿》中，对汉代的社会道德尤其是汉末的实际道德状况做过详尽的论述。他认为，需要对过去史家一致认同的"东汉尚名节"的成论做具体分析。在两汉，在国家的大力提倡下，确实有很多"名节之士"的懿行见诸史书，但在当时"尚名节"的社会大气候下，追求名节的同时不可避免地带来了对名节的攀比、过激行为，甚至不乏虚伪和欺骗。一是表现为"激诡"之行，在德行上刻意攀比，致使善行的标准节节攀升，甚至出现种种不近人情的过激道德行为，《后汉书·独行列传》中颇多这种"竞以名行相高"的记载。二是表现为"伪道德"，为了博取道德的名声而刻意造假。东汉赵宣守丧居住在父母的墓穴中，"行服二十余年"，因孝行成为乡里名士，但后来却被发现他的五个儿子竟然"皆服中所生"①。刘虞生活俭朴，世人敬重，"以俭素为操，冠敝不改，乃就补其穿"，但后来被发现"妻妾服罗纨，盛绮饰"②。这些"矫激"之行和伪道德的出现，是崇尚名节之"过"。过分的、刻意的德行，已经不是美德，而是伪道德，是顶着道德光环的恶行，具有更大的欺骗性。汉末欺世盗名的"伪道德"现象大量出现，而章句训诂却缺乏对现实道德现象的解释力，经学的繁荣非但不能挽救汉末越来越严重的道德危机，反而使人们把对伪善和欺骗的憎恶情绪迁怒到儒学之上。

佛教的兴盛是在魏晋南北朝时期。经历了五胡乱华的伤痛，民众对于乱世祸福的体验更为深切，佛教所宣扬的祸福报应之说更易于俘获人心，民间流行"奉佛以求福祥"③的说法，佛教赢得了民间百姓的支持。东晋的知识阶层崇尚谈玄，僧人们多精通老庄之学，善于用玄学来阐释佛理，以此来向知识阶层示好，僧人支遁（道林）屡屡出现在名士谈玄的聚会中，用佛学注解阐发《逍遥游》，堪称东晋的第一名僧。而文人士大夫们也以结交僧人为风雅之事，玄、佛结合，推动了佛学的发展。至东晋，佛寺已达一百八十多个，皇帝崇奉佛教者不乏其人，如东晋明帝、哀帝、简

---

① 《后汉书》卷六十六《陈王列传》。
② 《后汉书》卷七十三《刘虞公孙瓒陶谦列传》。
③ 汤用彤：《汉魏两晋南北朝佛教史》，武汉大学出版社，2008，第129页。

文帝、孝武帝为其中的代表，东晋的大臣崇佛者亦不在少数，宰相何充与其弟何准醉心佛典，以巨资供养沙门，史称"二何佞于佛"①。至南朝，崇佛之风大盛，梁武帝时，国都"佛寺五百余所，穷极宏丽，僧尼十余万，资产丰沃，所在郡县，不可胜言"②，唐人杜牧有"南朝四百八十寺，多少楼台烟雨中"的诗句。其实，"四百八十寺"仅仅是都城建康的佛寺数量，据史记载，整个南朝佛寺数量惊人，刘宋有佛寺一千九百十三所，南齐有两千零十五所，萧梁有两千八百四十六所，侯景之乱后的陈，还有佛寺一千二百三十二所③。北朝的佛教发展亦非常迅猛，北魏的僧尼人数多达两百多万。据《北史》记载："时太后锐于兴缮，在京师则起永宁、太上公等佛寺，工费不少，外州各造五级佛图。又数为一切斋会，施物动至万计。百姓疲于土木之功，金银之价为之踊上"④。在正史中列《释老志》，可谓历代正史中绝无仅有的现象，佛教对北朝社会生活的影响由此可见一斑，亦可窥见南北朝时期佛教鼎盛的情形。

隋代开国之初，隋文帝杨坚大力提倡佛教，全国佛经的数量数倍于儒家经典。隋朝两帝三十八年间，共建佛寺三千九百八十五所，度僧尼二十三万六千二百人。唐代隋而领有天下后，崇佛的势头丝毫不减。唐代有寺院约四万所，僧尼近二十七万人之众。唐代的崇佛是一种自上而下的狂热，史书所记唐代诸帝崇佛的一些事例有："九月癸巳，改九成宫为万年宫，废玉华宫以为佛寺"⑤，"甲午，上不康，皇后张氏刺血写佛经"⑥，"上不康，百僚于佛寺斋僧"⑦，如此等等。迎奉佛骨是唐代重要的宗教活动，据史记载，唐代近三百年间，先后有多位皇帝迎送、供养佛指舍利，每次活动均声势浩大，规格极高，皇帝致礼，朝野轰动。

佛教在中国传播的过程就是佛教本土化的过程。在这一过程中，以韩愈、傅奕为代表的儒家学者排佛不止。他们指出了佛教传播带来的政治隐

---

① 《晋书》卷七十七《何充传》。
② 《南史》卷七十《郭祖深传》。
③ 参见韩国磐：《魏晋南北朝史纲》，人民出版社，1983，第534页。
④ 《北史》卷十八《拓跋澄传》。
⑤ 《旧唐书》卷四《高宗本纪上》。
⑥ 《旧唐书》卷十《肃宗本纪》。
⑦ 同上。

患、经济负担以及在人伦道德方面的冲击，反佛的声音一直没有停止，甚至出现了灭佛运动。因此，佛学尽管大盛，对中国固有人伦观念产生了冲击，但并未改变中国传统文化以儒家为主干、儒道互补的构架，也未从根本上颠覆中国文化的人文精神、价值理想和人伦道德。佛教中国化的结果，是佛教融入中国文化，中国化的佛教已经不同于印度佛教，被宋明理学吸收，成为中国文化的一部分。

道教是中国本土的宗教。经过葛洪等道教学者的努力，道教系统化、理论化得到提升，在魏晋南北朝隋唐五代时期具有极大的影响力。唐初，道教成为国教，唐高宗追号老子为"太上玄远皇帝"，后又在科举考试中加试《老子》。"三元日，宣令崇玄学士讲《道德》《南华》等经，群公咸就观礼"①。史载，唐太宗时，有一个叫那罗迩娑婆寐的术士，号称自己有长生之术，寿二百岁，"太宗深加礼敬，馆之于金飙门内，造延年之药。令兵部尚书崔敦礼监主之，发使天下，采诸奇药异石，不可称数。延历岁月，药成，服竟不效，后放还本国"②。唐太宗对于长生不老之药的热情无疑会推高道教在唐代社会的地位，也无疑会对当时的社会生活产生重要影响。唐太宗嗜食丹药，最后也是死于丹药。武则天也是丹药的爱好者，她令道士"合长生药，所费巨万，三年乃成"，服后"以为神妙，望与彭祖同寿"，却不料"服药之后三年而则天崩"③。"唐诸帝多饵丹药"④ 已是史家的确论。唐代的很多皇帝均好结交道士。《明皇杂录》详细地记载了唐玄宗时期道士张果的种种异于常人之处，此人可以顷刻之间由一个发脱齿落的老者变成黑发皓齿的年轻人，可以知晓过往、预知未来，可以掌握他人的生死，唐玄宗"信其灵异"，视之为神仙，"授银青光禄大夫，赐号通玄先生"；道士李遐周，"颇有道术"，曾在房间的墙壁上题诗，云"燕市人皆去，函关马不归。若逢山下鬼，环上系罗衣"，预言安史之乱和杨贵妃之死，"时人莫晓，后方验之"⑤。唐武宗崇尚道教，"武宗好长生

---

① 《明皇杂录·逸文》。
② 《旧唐书》卷一百九十八《天竺传》。
③ 《朝野佥载》卷五。
④ 《廿二史札记》卷十九。
⑤ 《明皇杂录》卷下。

久视之术，于大明宫筑望仙台，势侵天汉"①；唐宣宗"晚岁酷好仙道"，曾诏轩辕道人赴京师，问自己"理天下当得几年"，道士回答"五十年"，宣宗闻之大喜，"及遏密之岁，春秋五十"②。由于唐代自上而下对道教的提倡、推崇，道教在民间的流传也是非常普及，人们笃信道教，相信的是丹药延长寿命的作用，至于道教的理论本身，并不是关注的重点，"世人学道，资一丹一药，聊固其命，何以修道"③。崇道的社会风气，直接影响这一时期的社会伦理道德观念，对当时的社会伦理道德产生了重要影响。

第二节　变迁中的人伦关系与人伦规范

魏晋南北朝隋唐五代时期的文化战略是儒释道并重。儒家纲常的独尊之势虽被三学并重的文化格局取代，但儒家伦理仍然是主流的人伦观念。由于这一时期特定的社会背景因素，父子伦理关系、君臣伦理关系和夫妇伦理关系方面表现出新的特点，以"三纲五常"为核心的人伦规范的约束力有所松弛。

一、父子伦理关系与"孝"

魏晋南北朝隋唐五代时期，在父子伦理关系和孝道方面，一方面表现为主流社会的持续提倡和表彰，另一方面亦受到一定的冲击。

第一，主流社会极为重视《孝经》。魏晋时期，"上品无寒门，下品无势族"④。门阀世族为了保持其在社会生活中的优势地位，凸显士庶之别，垄断社会资源，推崇"孝"是维系血缘纽带、强化门第观念的最好选择。自汉代独崇儒家，孝治天下，《孝经》的地位越来越高，汉代已立为博士，成为儒家"七经"之一。汉代以后，历代统治者对《孝经》的重视具有政

---

① 《东观奏记》上卷。
② 《东观奏记》下卷。
③ 《北梦琐言·北梦琐言逸文补遗》。
④ 《晋书》卷四十五《刘毅传》。

治象征意义。《晋书》《世说新语》都有关于晋穆帝与晋孝武帝亲自讲读《孝经》的记载。在皇帝讲《孝经》之前，大臣们先在家里研习，"孝武将讲《孝经》，谢公兄弟与诸人私庭讲习"①。皇帝亲讲之时，大臣们悉数到位，或侍坐侍讲，或执经摘句，"仆射谢安侍坐，尚书陆纳侍讲，侍中卞眈执读，黄门侍郎谢石、吏部郎袁宏执经，胤与丹杨尹王混摘句，时论荣之"②。晋元帝、晋孝武帝、梁武帝先后为《孝经》作注。晋之后，皇帝重视并亲讲《孝经》、注释《孝经》成为魏晋南北朝隋唐五代时期的一个传统。隋文帝时，曾令国子祭酒元善讲解《孝经》③。大臣苏威有"唯读《孝经》一卷，足可立身治国"④之言，隋文帝深以为然。在唐代《孝经》受到格外的重视。唐太宗亲临国子学，听经学家孔颖达讲解《孝经》，并与孔颖达讨论孝之本旨⑤。作为汉代的儒家"七经"之一，汉代的今文经学者宗郑玄之注，古文经学者宗孔安国之注。自汉魏至唐之前，注解《孝经》近百家，唐代学者认为，郑注"有十谬七惑"，孔注"多鄙俚不经"，其他各家"皆荣华其言，妄生穿凿"⑥。唐玄宗自谓"剪其繁芜""撮其枢要"⑦，他亲注《孝经》，于开元十年（公元722年）"训注《孝经》，颁于天下"⑧。唐文宗开成年间，在儒家"九经"的基础上，增列《孝经》《论语》《尔雅》，成"十二经"，《孝经》作为儒家经典，地位更加重要。

魏晋南北朝隋唐五代时期，当政者如此推崇《孝经》，虽亦是秉承汉代经学训诂传注之方法研究儒家经典，但更重要的是，有着深刻的政治用意。魏晋时期，曹丕篡汉，司马氏篡魏，虽名为禅让，实则巧取豪夺。在这种情况下，提倡"忠"自然不如高扬"孝"更有说服力。鲁迅先生的观点可谓一针见血，"因为天位从禅让，即巧取豪夺而来，若主张以忠治天下，他们的立脚点便不稳，办事便棘手，立论也难了，所以一定要以孝治

---

① 《世说新语·言语》。
② 《晋书》卷八十三《车胤传》。
③ 参见《隋书》卷七十五《元善传》。
④ 《隋书》卷七十五《何妥传》。
⑤ 参见《旧唐书》卷二十四《礼仪四》。
⑥ 《孝经注疏·孝经注疏序》。
⑦ 《孝经注疏·孝经序》。
⑧ 《旧唐书》卷八《玄宗本纪上》。

天下"①。在中国历史上,权力争夺总是伴随着阴谋与杀戮,甚至伴随着父子兄弟之间的人伦相残。唐太宗一代明君英主的文治武功,恐怕也难掩其玄武门之变杀兄屠弟、逼父退位的不孝不悌之行。因此,统治者越是缺乏人伦亲情,就越是要推崇孝道,为全社会打造孝的样板,以孝道来收拢人心,安顿秩序,维护统治。

第二,通过制度举措表彰孝子孝行,惩戒不孝。举孝廉之制始于汉代,魏晋继之。魏文帝时期诏令人口十万的郡国每年举孝廉一人,如果有孝行特别突出者,可不受人数、年龄限制②。据学者统计,从建安元年开始,曹魏通过举孝廉的途径步入仕途的官员计有 18 人③。晋武帝继续实行举孝廉之制,下诏推举选拔"好学笃道,孝弟忠信,清白异行者"④,并将举孝廉作为考核郡国官员的内容。隋代开创科举制,但举孝廉之制仍然没有完全废除,在唐代是举孝廉之制与科举制并行,"孝廉与旧举兼行"⑤,那些"茂才异行、安贫乐道、孝悌力田、高蹈不仕"⑥ 的学子,仍然可以通过策试入选。在物质表彰方面,唐玄宗时期,为了提倡孝道,"以敦风教",下诏规定,如果孝子为父母养老,则蠲免其劳役赋税,鼓励大家庭"同籍共居",对"别籍异居"实行经济上的制裁⑦。在鼓励孝道的同时,对不孝有严厉的处罚,通过法律确定下来。自汉代以后,儒家伦理思想成为立法和司法的基本精神,逐渐形成"礼律融合""援礼入法"的中华伦理法法系。晋武帝规定,对那些"不孝敬于父母,不长悌于族党,悖礼弃常,不率法令者",要"纠而罪之"⑧。魏晋时期,某人一旦被冠以"不孝"之名,在定罪量刑上都会受到加重处罚,有的被囚禁,有的被发配,有的被处死。如西晋吕安,被其弟吕巽告发为"不孝",吕安被

---

① 鲁迅:《鲁迅全集》第 3 卷,人民文学出版社,2005,第 534 页。
② 参见《三国志》卷二《魏书二·文帝纪》。
③ 参见刘伟航:《三国伦理研究》,巴蜀书社,2002,第 69 页。
④ 《晋书》卷三《武帝纪》。
⑤ 《旧唐书》卷一百一十九《杨绾传》。
⑥ 《旧唐书》卷十一《代宗本纪》。
⑦ 参见《旧唐书》卷四十八《食货志上》。
⑧ 《晋书》卷三《武帝纪》。

因，好友嵇康也被认为诋毁名教，受株连而被杀①。西晋庾纯被同僚弹劾"以前坐不孝免黜，不宜升进"②。南北朝的法律继续对不孝进行严厉处罚，贯彻儒家"子为父隐"的伦理原则，"不孝"被认为是"重罪十条"的罪行之一。南朝梁武帝时期，一女子因拐卖人口被定为死罪，其子向官府举证母亲拐卖人口的事实。判案法官认为，其子平素对母亲的行为疏于规劝，可谓陷亲于不义，有违孝道，"素无防闲之道，死有明目之据，陷亲极刑，伤和损俗"③，故其子被处以流刑。北魏时期，一桩贩卖人口案件引发了讨论。冀州人费羊皮母亡，家贫无以葬，为筹措葬母之资，将自己七岁女儿卖给张回为婢，后张回将此婢转卖他人。按照当时法律，卖子一岁刑。但此案判决结果是，羊皮卖女免于处罚，张回转卖则判刑五年。此案的法律解释是"羊皮卖女葬母，孝诚可嘉"，如若进行处罚，"恐非敦风厉俗，以德导民之谓"④。北魏法律保护血缘人伦，严惩不孝，"子杀伤殴父母，枭首；骂詈，弃市。妇谋杀夫之父母，亦弃市"⑤。

至隋唐，"不孝"成为"十恶"罪名之一，与谋反、叛逆同罪。《唐律疏议》集中反映了唐代法律对不孝的惩处，"首先，《唐律疏议》根据儒家经典，将'孝'解释为'无违'和'善事父母'，如果子孙违反教令、供养有缺、闻祖父母及父母丧匿不举哀、居父母丧嫁娶、告发和骂詈祖父母和父母等，均处以较重刑罚，以保证家长的教令权和受供养权，赋予被世俗习惯和社会舆论所认可的孝之内容以绝对的强制性和权威性。其次，《唐律疏议》规定，祖父母父母在，子孙别居异财者徒三年，以保证父系家长在家庭中的绝对财产权"⑥。

魏晋南北朝隋唐五代时期，通过主流推崇、法律保障、物质奖励、道德旌表的方式，在全社会营造了重视父子伦理关系、提倡孝道的氛围。自《晋书》开始，除少数几部史书外，历代正史中列《孝友传》《孝行传》

---

① 参见《三国志》卷二十一《魏书二十一·王卫二刘傅传》之注引《魏氏春秋》。
② 《晋书》卷五十《庾纯传》。
③ 《通典》卷一百六十七《刑法五》。
④ 《魏书》卷一百一十一《刑罚志》。
⑤ 《通典》卷一百六十七《刑法五》。
⑥ 张锡勤、柴文华主编：《中国伦理道德变迁史稿》上卷，第280页。

《孝义传》《孝感传》，影响极大。从历史记载来看，诸如"色养不怠""事亲至孝""性至孝""哀毁过礼"的孝行史不绝书，很多孝子的姓名、里籍、孝行都被载入正史。比如唐代，很多"闾巷刺草之民"的孝悌之行被记载在唐史中。据笔者不完全统计，《新唐书·孝友列传》中，"事亲居丧著至行者"155人，"数世同居者"36人，"父母疾，多刲股肉而进"者30人，他们或被"旌表门闾"，或被"州县存问"，或被"赐粟帛"，或被"授以官者"。为人们所熟知的"二十四孝"故事中的人物吴猛、杨香都出自这一时期。

第三，魏晋南北朝隋唐五代时期的父子伦理关系及孝的规范也表现出松弛的一面。正始时期，王弼何晏首倡以无为本，认为孝发自人的真性情，"自然亲爱为孝"①。竹林时期，竹林七贤以反传统的生活方式表达知识阶层的苦闷，为士族特立独行、不合流俗的伦理观念建立价值合理性依据，以出位的任诞之举，矫治汉末假孝子、伪孝行所带来的流弊，彰显孝源自人的自然天性之光辉。阮籍在母丧期间，"食一蒸肫，饮二斗酒"，"散发箕踞，醉而直视"，其行为完全不合儒家礼法，但他的内心是与母亲诀别的深深哀恸，"举声一号，因又吐血数升。毁瘠骨立，殆致灭性"②。人们非议其越名教的行为，但又不得不承认他"性至孝"③。竹林七贤中的另一人物王戎守丧同样不合礼法，"饮酒食肉，或观弈棋"，人们同样认为他"性至孝"。居丧以礼法自持，谓之"生孝"，阮籍、王戎则被时人称为"死孝"④。东晋简文帝崩，其子孝武帝司马曜未依常哭丧，左右提醒他应依礼哭吊，他则认为"哀至则哭，何常之有"⑤。这一时期，政局动荡，玄风强劲，孝的内涵具有鲜明的时代特点。人们一方面固守儒家传统孝道，另一方面用发自自然性情的"孝"去抵抗伪孝道，越名教而任自然。超越礼法，必然会使父子伦理关系出现松动。通过对居丧方式、孝与礼的问题、生孝与死孝的问题的讨论，孝的内涵也更为生动而丰富。北魏

---

① 《论语集解义疏》卷一，皇侃疏引。
② 《晋书》卷四十九《阮籍传》。
③ 同上。
④ 《晋书》卷四十三《王戎传》。
⑤ 《世说新语·言语》。

时期，皇室立子杀母，九个皇帝中只有两个皇帝的母亲得以保全。王夫之认为拓跋氏如此残忍灭伦，此乃夷狄之道，"拓跋氏将立其子为太子，则杀其母，夷狄残忍以灭大伦，亦至此哉"①。立子杀母滥觞于汉武帝，禁绝有可能出现的王权旁落，"国家所以乱，由子少母壮也。女主独居骄蹇，淫乱自恣，莫能禁也"②。鲜卑立子杀母残忍无道，悖于人伦，固然体现了北朝时期孝道松弛的一面，但立子杀母既非鲜卑独有，亦非少数部族发明，主要是出于维护王权正统的政治考虑。立子杀母反映了王权与人伦的紧张和冲突，不能作为华夷之别的例证。

在唐代，孝道受到了来自官方的极大推崇，但同时也受到了冲击。贞观十四年（公元640年），唐太宗与孔颖达讲论《孝经》，辨析孝之本旨。据史记载：

> 太宗问颖达曰："夫子门人，曾、闵俱称大孝，而今独为曾说，不为闵说，何耶？"对曰："曾孝而全，独为曾能达也。"制旨驳之曰："朕闻《家语》云：曾晳使曾参锄瓜，而误断其本，晳怒，援大杖以击其背，手仆地，绝而复苏。孔子闻之，告门人曰：'参来勿内。'既而曾子请焉，孔子曰：'舜之事父母也，使之，常在侧；欲杀之，乃不得。小棰则受，大杖则走。今参于父，委身以待暴怒，陷父于不义，不孝莫大焉。'由斯而言，孰愈于闵子骞也？"颖达不能对。太宗又谓侍臣："诸儒各生异意，皆非圣人论孝之本旨也。孝者，善事父母，自家刑国，忠于其君，战陈勇，朋友信，扬名显亲，此之谓孝。具在经典，而论者多离其文，迥出事外，以此为教，劳而非法，何谓孝之道耶！"③

唐太宗对"无违"提出质疑，其目的是通过曾晳杖责曾参的故事引出对"孝之本旨"的讨论。"无违即孝"一直以来都是儒家孝道的正统思想，经师孔颖达在国子学讲解《孝经》时应该也是遵循着这样的思路，但这并不是唐太宗理解的孝道，或者说不是唐太宗希望臣子及儒生们所理解和接受

---

① 《读通鉴论》卷十五。
② 《资治通鉴》卷二十二《汉纪十四》。
③ 《旧唐书》卷二十四《礼仪四》。

的孝道。在唐太宗看来,"善事父母,自家刑国,忠于其君,战陈勇,朋友信,扬名显亲,此之谓孝",这才是真正源自儒家经典的孝之本旨,而如曾参之无违、"陷父于不义"则根本就为不孝。很显然,他一方面是想用曾参的例子来证明自己有违父兄、登位大宝的合法性与合道德性,另一方面也是向臣子及儒生们灌输孝必"忠于其君"的正当合理性。当然,唐太宗对"无违"提出质疑和批评以及重释"孝之本旨"的深层动因首先不是出于学术考虑而是着眼于政治需要,但这种政治运作势必会对如何阐释儒家经典、如何理解传统孝道产生辐射作用。从某种意义上,这或许可以说明,传统孝道并不是坚冰一块,而是可以有理解上的松动和宽疏,汉以后确立的"父为子纲"的伦理原则还未被强化为宋儒所说的"天下无不是的父母"的观念,传统孝道正处于变异、整合中。有研究者从唐代所处的时期和当时特定的历史条件、唐代频繁的宫廷政变和政治斗争、佛教在唐代的兴盛这样三个方面,通过分析得出了"唐代总体不太重孝"的结论①。这一结论对于总体上把握唐代孝道特点、勾勒传统人伦观的历史变迁无疑具有提纲挈领的意义。但同时也应看到,孝作为中国传统文化中最重要的人伦规范之一,在其深厚的社会基础并未发生崩塌的前提下,其持续的惯性影响力并不会中绝或者完全消亡,"不太重孝"只是现象而非唐代孝道之本质。因此,综观有唐一代,对孝的冲击是事实,对孝的推崇也是事实;继承传统孝道是事实,孝之内涵发生变化也是事实。这种看似矛盾的特点恰恰勾勒出唐代孝道的整体风貌,孝道之变迁展现出一幅凝固与松动、坚守与宽疏、传承与变异的斑驳画卷。

二、君臣伦理关系与"忠"

总体而言,随着大一统的中央集权的进一步确立,出于维护君权的至上性和神圣性的需要,魏晋南北朝隋唐五代时期,君臣伦理关系被强化,忠的道德规范受到推崇,"君为臣纲"不但是政治原则,也是社会生活中普遍的人伦原则。这是魏晋南北朝隋唐五代时期君臣伦理关系的基调。在这一基调之下,君为臣纲被视为当然之则,"忠"被看作人臣之美德。但

---

① 参见肖群忠:《孝与中国文化》,人民出版社,2001,第89页。

由于760多年间特殊的历史背景，尤其是在政权更迭频繁、篡夺成风的乱世，这一时期君臣伦理关系与"忠"的表现较为复杂，"忠"的内涵有所松动，对"忠"的评价有一定的宽容。背恩弃义之徒不可胜数，竭节赴死的忠义之士也不乏其人。

第一，维护君为臣纲，强化尽忠观念。据研究三国伦理思想的学者统计，仅《三国志》中，与"忠"相连、表明人的道德品行的词汇就多达48个，所涉及的人物有200多位，以"忠"作为名字的有17人，且魏、蜀、吴三国都有以"忠"为名设立的官职[1]。另有一个饶有兴味的现象是，在魏晋南北朝隋唐五代时期的正史中，"忠"的使用频率颇高，且很多德目都与"忠"连用，公正、勇敢、谨慎、直谏、守信、正直、坚韧、勤勉、坚贞、厚道、谦敬、清廉等优秀品质都反映和体现在"忠"上，出现了诸如忠正、忠义、忠勇、忠谨、忠鲠、忠信、忠直、忠恳、忠笃、忠勤、忠顺、忠恪、忠谠、忠壮、忠谅等概念，"忠"几乎涵盖了人的所有美好品德。这一时期帝王或者公侯死后多以"忠"为谥，隋代更有所谓的忠勇、忠烈、忠猛、忠锐、忠壮、忠毅、忠捍、忠信、忠义、忠胜诸将军，号称"十忠将军"[2]。仅从词语使用来看，这种现象不见于先秦，而是出现在魏晋之后，不是偶然的，而是这一时期人伦观念和人伦规范变迁在语词使用上的一个反映。在先秦，"忠"的基本含义是尽己为人，为人谋事尽忠一直是被推崇的美德，"忠"指的是为人谋事的臣子对君主、对社稷之忠，也是对所有人的道德要求。在汉代，经过儒家对三纲的论证，"忠"被看作"土德"，受到特别重视，"圣人之行，莫贵于忠"[3]。魏晋南北朝隋唐五代时期，天下多故，忠的观念有所松动。在这种背景下，更需强化君为臣纲，表彰为人臣子竭节尽忠的美德。在这一时期的正史中，频现与"忠"相关联的词汇，多是表达对一个人忠德的嘉许。诸如，诸葛亮"弘毅忠壮，忘身忧国"[4]；裴秀"不忘王室，尽忠忧国"[5]；纪瞻才兼文

---

[1] 参见刘伟航：《三国伦理研究》，第2-3页。
[2] 《隋书》卷十一《礼仪六》。
[3] 《春秋繁露·五行之义》。
[4] 《三国志》卷三十三《蜀书三·后主传》裴松之注。
[5] 《晋书》卷三十五《裴秀传》。

武，被朝廷称作"忠亮雅正"①；隋代的庾质号为"操履贞悫，立言忠鲠"②之人；唐太宗称魏徵是"献纳忠谠，安国利人"③之臣。这些均可资魏晋南北朝隋唐五代时期强化忠君观念的佐证。

第二，乱世背景下"忠"的松动与尴尬。魏晋南北朝隋唐五代时期无疑是中国历史上朝代更迭频繁、战乱频仍、大动荡和大分裂的典型时期。"忠"的基本要求是一心不二，落实于忠君则是"不事二主"，而这一时期"不事二主"的观念是中国历史上自秦以后最为淡薄的，像冯道那样事几姓数君的人物大有人在。自魏始，晋、宋、齐、梁、陈，以至后梁、后唐、后晋、后汉、后周的建立，均系篡夺，这一时期君主在位时间之短，死于非命的人数之多，也堪称中国历史之最，有的君主是为外敌所杀，但更多的则是为臣下、将领所废、所杀，亦有为兄弟、儿子所杀，这是最基本的历史事实④。在此背景下，传统"忠"的内涵发生了变化。表现之一是对降臣、旧臣效忠前朝行为许之以"忠"，进行表彰嘉奖。隋朝大臣屈突通，事隋尽节。兵败后自愧"不能尽人臣之节，故至此，为本朝羞"，后顺势降唐，被唐太宗称为"忠臣"⑤。他前尽节于隋，后尽忠于唐，事二主而无污名，虽为降将，但被认为是忠臣。隋朝大臣姚思廉是代王杨侑侍读学士，隋末战乱中他恪尽职守，保护杨侑，其行为被唐太宗褒奖，称其"以明大节"⑥。大将尧君素效忠隋朝，宁死不降，唐太宗表彰他"固守忠义，克终臣节"⑦。表现之二是对"忠"的理解发生变化，"不必为忠皆当死"。按照传统观点，赴王命、死君难是忠臣之节，因此在历史上人们对春秋时期公子纠兵败，"管仲不死"的行为颇多非议。晋人认为，死是"忠之一目"，但是，人们如何选择自己的行为，不能以是否"死"定于一概。死固然是忠，但在某些情境中，不死一样是尽忠，"死虽是忠之

---

① 《晋书》卷六十八《纪瞻传》。
② 《隋书》卷七十八《庾质传》。
③ 《贞观政要·任贤》。
④ 参见张锡勤、柴文华主编：《中国伦理道德变迁史稿》上卷，第315页。
⑤ 《新唐书》卷八十九《屈突通传》。
⑥ 《贞观政要·论忠义》。
⑦ 同上。

一目,亦不必为忠皆当死也"①。在时人看来,尽节而死为忠,不违道义而保全生命也并非不忠。这种观念的出现是在社会变迁的大背景下,社会伦理道德观念必然受到冲击、道德标准发生变化的一个表现。

有史家认为,魏晋南北朝隋唐五代时期人们"忠"观念之松动、忠节之缺乏是一个普遍现象。张亮采在《中国风俗史》中专撰"名节""忠义之缺乏"两节,对这一人伦现象予以揭示。这一时期,很多大臣、士人历仕几朝,已成惯伎。安史之乱中,唐宰相陈希烈、驸马张垍纷纷从贼。平叛后,大臣李岘等人为其开脱,这些叛臣当时并没有被处死。这些都说明,凡此种种"名节"污损之行,不被世人苛责,不为世俗所怪,甚至得到人们的谅解。可见,自六朝至唐代,"君臣之大义不明,民人不复知有国家,其视贪生利己、背国忘君已为常事"②。至于唐末五代时期,五十三年间权力五次更迭,子篡父,臣弑君,已如家常便饭。后唐的石敬瑭为了篡位做皇帝,以幽云十六州换取契丹的军事支持;冯道历仕数朝数君,优渥从容,自得其乐。乱世之中,他们早已不知忠义为何物。人伦观念变化不是朝夕之事,其来也渐。追根溯源,一是曹魏时期急功近利的影响。曹操下令再三,求"负污辱之名、见笑之行、不仁不孝而有治国用兵士之术者",在求贤令之下,当时"国士不以孝悌清修为首,乃以趋势求利为先"③。自曹操始,"毁方败常之俗"盛行,将汉代较好的人伦风尚破坏殆尽。二是魏晋风度所衍生出的负面影响。魏晋士人祖述老庄,崇尚放达任诞的生活方式,弃名教如敝屣,视礼法之士如裈裆之虱。如果说竹林士人越名教而任自然行为的底色是抗争现实的自由精神,那么世族子弟则只见其放荡,未见其处多事之秋的苦闷与抗争,只学其皮毛,而丢弃了其中弥足珍贵的士人风骨。玄风盛行之下,衍生出对人伦道德的负面影响。综上,虽然"忠"作为主流的伦理观念在这一时期仍然受到推崇、旌表,但对君为臣纲所造成的冲击以及忠德松动,也是客观存在的。

第三,乱世中"忠国"与"爱主"的忠义忠节行为。乱世的道德总是

---

① 《晋书》卷五十八《周札传》。
② 张亮采:《中国风俗史》,第97页。
③ 《日知录》卷十三。

呈现出复杂情形。魏晋南北朝隋唐五代时期，虽忠节观念较为淡薄，但忠义之士、忠节之行未尝无之。正如史家所言，"虽背恩忘义之徒不可胜载，而蹈节轻生之士无乏于时"①。表现之一为"谏诤为忠"的观念流行，忠谏之臣名留青史。儒家认为，"故当不义，则子不可以不争于父，臣不可以不争于君"②。魏晋南北朝隋唐五代时期，人们延续儒家关于谏诤与忠君的观点，以敢于犯颜直谏、匡救君恶为忠，以为君护短、掩饰过恶为不忠，甚至在有些朝代，形成了不谏即为不忠的风气。"若其顾护嫌疑，以避咎责，此是人臣不忠之利，实非明主社稷之福也"③。唐代武则天时期，大臣苏安恒上书请求将皇位归于太子，指责武则天"贪有大宝，忘母子之恩，蔽其元良，以据神器"④。作为武后朝的臣子，以如此激烈的言辞批评武则天，看似不忠，实则是对李唐王朝之忠。在苏安恒看来，臣子匡正君王之过为"忠"，"见过不谏非忠"⑤。唐初魏徵忠言直谏之行更为人们所熟知。表现之二为"赴君难死王事"的忠节之行。在历史上，悖主不忠之人总是被人们鄙夷唾弃，被称为"奔臣"⑥，而为王命赴死的忠臣、尽忠之士往往被人们敬重。魏晋南北朝隋唐五代时期，虽然忠的观念松弛，但人们仍然对赴君难、死王事的人充满敬重，"赴君难，忠也；死王事，义也。惟忠与义，夫复何求"⑦。三国时期，陈宫被俘，曹操以陈宫的老母和妻女为条件，诱其投降。陈宫不为所动，说："宫闻孝治天下者不绝人之亲，仁施四海者不乏人之祀，老母在公，不在宫也"⑧。陈宫为曹操所杀，但曹操感其忠义，"召养其母终其身，嫁其女"⑨。据史记载，晋人辛恭靖有言，"宁为国家鬼，不为羌贼臣"；南朝齐刘思忌言曰，"宁为南鬼，不为北臣"；刘宋沈攸之有言，"宁为王凌死，不为贾充生"；建康民

---

① 《晋书》卷八十九《忠义传》。
② 《孝经·谏诤章第十五》。
③ 《晋书》卷四十二《王濬传》。
④ 《新唐书》卷一百一十二《苏安恒传》。
⑤ 同上。
⑥ 《三国志》卷四十五《蜀书十五·邓张宗杨传》。
⑦ 《晋书》卷三十七《宗室传》。
⑧ 《三国志》卷七《魏书七·吕布张邈臧洪传》。
⑨ 同上。

谣曰,"宁为袁粲死,不作褚渊生"①。表现之三是以忠代孝得到强化。忠与孝在总体精神上是一致的,故求忠臣必于孝子之门。但二者也有冲突的一面。儒家提倡三年之丧,守丧三年不仅不婚嫁,不食肉,不饮酒,不处内,而且"不赴举,不服官"②。臣子丁忧三年,势必影响为社稷、为君主尽忠。尤其在国家用人之际,忠孝之间的冲突越发凸显出来。三国吴曾专就官员奔丧进行讨论,结论是"世治道泰,上下无事,君子不夺人情,故三年不逮孝子之门",而在国家多事之秋,用人之际,官员"遭丧不奔",不是违反名教,而是"随时之宜,以义断恩"之举,"国家多难,凡在官司,宜各尽节,先公后私"③。唐代于志宁任太子詹事,担负太子之师。他在为母亲服丧期间,被夺情起复,不能终丧。唐太宗对他说:"忠孝不两立,今太子须人教约,卿强起"④。孝必须服从忠,反映了这一时期对"忠"德的强化。

这一时期由于频繁的政权更迭以及南北朝的分裂,"忠"德及对其评价表现出更为复杂的情形。比如冯道,在国破君易的乱世之秋,保全性命而自得其乐,虽然招致后世史家严厉的道德挞伐,但于个体而言,冯道所为不过是乱世之中小人物苟全性命的自保而已。他数易其主,"忠"自然无从谈起。但他不是天下改姓易主的"开创者",他也没有在乱世中助纣为虐。他的行为固然不高尚,不可被推崇,不具有道德光环。作为时代大势变迁中随波逐流的一分子,他与忠诚无缘,但可以被哀矜与宽恕。王夫之认为,冯道之恶尽人皆知,但有些士人的行为比之冯道更为可恶。冯道毕竟是改朝换代之后的贪生惜利,而三国时期蜀国某些读书人,国尚存,君尚在,视魏如战国时的强秦,将蜀看作任秦吞噬的韩、燕,这无异于涣散斗志。虽然蜀无法与魏抗衡,天下鼎立乃时势使然,但作为士大夫的公论,若以异说消弭人心,其恶更甚于冯道⑤。

---

① 张亮采:《中国风俗史》,第79页。
② 《日知录》卷五。
③ 《三国志》卷四十七《吴书二·吴主传》。
④ 《新唐书》卷一百四《于志宁传》。
⑤ 参见《读通鉴论》卷十。

三、夫妇伦理关系与两性道德

孟子曰："男女居室，人之大伦"①。儒家认为，有夫妇然后有父子，有父子然后有君臣。夫妇伦理关系是人伦起点。魏晋南北朝隋唐五代主流社会延续儒家对夫妇伦理的看法，重申传统观点。关于夫妇伦理关系的理解遵循儒家最基本的观念，延续《周易》与阴阳学说对夫妇伦理的解释框架。《周易》之所谓"有天地然后有万物，有万物然后有男女，有男女然后有夫妇，有夫妇然后有父子，有父子然后有君臣，有君臣然后有上下，有上下然后礼义有所错"②的传统思想，成为夫妇伦理关系论述的理论基点。天地合而有万物，阴阳交而生人类。男尊女卑的伦理秩序来自天尊地卑的自然秩序，夫妇之道必然是男主阳女主阴，男为天女为地，男为尊女为卑，故"夫妇之道不可以不久也"③。魏晋人认为，"《易》称有夫妇然后有父子，夫人伦之始，恩纪之隆，莫尚于此矣"④。隋唐人认为，"夫阴阳肇分，乾坤定位，君臣之道斯著，夫妇之义存焉"⑤，"乾尊坤卑，天一地二，阴阳之位分矣，夫妇之道配焉"⑥。在传统人伦观的框架下，通过整肃夫妇伦理来整饬社会伦理关系。北魏时期，朝廷颁布诏书，力图修正夫妇伦理方面的差池，"夫婚姻者，人道之始。是以夫妇之义，三纲之首，礼之重者，莫过于斯"⑦。唐代也强调夫妇关系对社会伦理关系的重要意义，"夫妇之道，人伦之始。尊卑法于天地，动静合于阴阳，阴阳和而天地生成，夫妇正而人伦式序"⑧。《关雎》冠于《诗经》之首，隐藏着先贤以夫妇之伦教化社会的深意，"夫妇之义，人伦大端"⑨。

魏晋南北朝隋唐五代时期，人们对于夫妇伦理关系的高度重视，是先

---

① 《孟子·万章上》。
② 《周易·序卦》。
③ 同上。
④ 《三国志》卷三十四《蜀书四·二主妃子传》。
⑤ 《隋书》卷三十六《后妃列传》。
⑥ 《旧唐书》卷二十七《礼仪七》。
⑦ 《魏书》卷五《高宗纪》。
⑧ 《旧唐书》卷二十七《礼仪七》。
⑨ 《旧唐书》卷一百四十一《张茂宗传》。

秦以来形成的关于夫妇关系及其伦理的传统观念持续发挥巨大影响的结果。经过主流社会的提倡，魏晋南北朝隋唐五代时期总体上传统的"三从""四德"观念是主流。七百多年间，很多女子被作为"妇德"典范载入史书。她们中，有夫妇相敬如宾、志同道合者，有温良贤淑、恪守妇德者，有坚守贞节、甘做"节妇"者。据学者统计，《晋书·列女传》共记载女性36人，其中"誓不改节"、不嫁二夫者6人，保全贞洁、誓死不为贼人所辱者11人，其余则为贤淑、才学、聪慧、勇敢等方面卓然出众者，如羊耽之妻辛氏、王浑之妻钟氏、孟昶之妻周氏、苻坚之妻张氏等以聪明智慧名史，王凝之妻谢道韫、刘臻之妻陈氏、韦逞之母宋氏、窦涛之妻苏氏等以才学过人入选，这说明魏晋时期人们所理解的"妇德"是多方面的，不仅仅是对女子守节的嘉许，更是对其人品、节操、才学的全面肯定。而在《魏书》《北史》《隋书》《旧唐书》《新唐书》的《列女传》中，贞妇烈女则比比皆是。记载见于《魏书·列女传》和《北史·列女传》，前者所记为17人，后者所记为34人，多有重复，其中偶见女子因才学智能而入选者，所记多是贞妇烈女类。《隋书·列女传》记载女性15人，多为贞洁烈女。唐代女性的事迹见于《旧唐书》《新唐书》之《列女传》，《旧唐书》所记为30人，《新唐书》所记为47人，强调贞妇烈女的意味更加浓厚①。

在魏晋南北朝隋唐五代时期大的社会背景下，传统的人伦关系与人伦规范均遭到冲击，这是一个大的时代语境。因此，夫妇伦理关系也自然相应地出现新的特点。

第一，在夫妇伦理关系和两性道德方面表现出相对的自由与开放。魏晋时期，越名教而任自然一时成为士人时尚，出现很多率性放达、任诞不羁、超越名教的行为。在两性关系方面，女子的道德约束相对较少，自由度相对增加。《世说新语》中对此有很多形象的呈现。诸如，阮籍醉卧卖酒妇人之侧，"阮公邻家妇有美色，当垆酤酒。阮与王安丰常从妇饮酒，阮醉，便眠其妇侧"②；长相漂亮的潘岳被女人们围观，相貌丑陋的左思

---

① 参见张锡勤、柴文华主编：《中国伦理道德变迁史稿》上卷，第319-320页。
② 《世说新语·任诞》。

被女人们吐口水,"潘岳妙有姿容,好神情。少时挟弹出洛阳道,妇人遇者,莫不连手共萦之。左太冲绝丑,亦复效岳游遨,于是群妪齐共乱唾之,委顿而返"①;贾充之女见韩寿姿容俊美,"恒怀存想,发于吟咏"②,并与之私通;山涛妻子钦慕阮籍、嵇康的名士风姿,彻夜偷窥,"夜穿墉以视之,达旦忘反"③;等等。在宽松的社会氛围下,女性在一定程度上拥有了择偶的自由权。徐邈为女儿择夫,"大会佐吏,令女于内观之,女指濬告母,邈遂妻之"④;李林甫有女六人,为给女儿择婿,在厅里开了一扇窗,饰以沙幔,"每有贵族子弟入谒,林甫即使女于窗中自选,可意者事之"⑤。在宽松的社会氛围下,女性不再专心于织布、纺纱、刺绣、厨艺、持家,而是出游聚会,宴乐饮酒,甚至夜不归宿。据史记载,这一时期的女子,"庄枏织纴皆取成于婢仆,未尝知女工丝枲之业,中馈酒食之事也"⑥。这些记载和描写中的女性形象鲜活生动,看不到传统浸润之下女性三从四德的影子,她们活泼而美好,充满了生命的活力与激情,反映出这一时期社会道德氛围的宽松。与此相关,这一时期女性妒风盛行,"父母嫁女,则教以妒;姑姊逢迎,必相劝以忌。以制夫为妇德,以能妒为女工"⑦,无论是平民人家女子,还是公主皇妃,妒风盛行,妒妇频出。这些都说明,女性地位虽然没有根本上的改变,但表现出一定的自由度,成为这一时期社会风尚的重要现象。

第二,贞节观念较为淡薄。儒家认为,"妇人有三从之义,无专用之道"⑧,"妇人,从人者也。幼从父兄,嫁从夫,夫死从子"⑨。魏晋南北朝隋唐五代时期,总体上儒家"三从之义"仍然占据主导地位,但对女子再嫁则出现较为宽容的倾向,贞节观出现松动。诸如曹操纳何晏母亲尹氏为

---

① 《世说新语·容止》。
② 《世说新语·惑溺》。
③ 《世说新语·贤媛》。
④ 《晋书》卷四十二《王濬传》。
⑤ 《开元天宝遗事》卷上。
⑥ 《晋书》卷五《孝愍帝纪》。
⑦ 《北齐书》卷二十八《元孝友传》。
⑧ 《仪礼·丧服》。
⑨ 《礼记·郊特牲》。

夫人，纳张济之妻为夫人，纳降将秦宜禄之妻为夫人。曹操死后，魏文帝曹丕"悉取武帝宫人自侍"①。自魏始，寡妇再嫁几成社会风气，人们见惯不怪，社会舆论不以之为非，总体上较为宽容。一个非常重要的原因在于，汉末三国社会动荡，天下大乱，"白骨露于野，千里无鸡鸣"②，连年征战致使人口锐减。出于增殖人口的需要，女子再嫁获得道德容许，"今世妇女少，当配将士"③。这充分说明，人伦道德由社会存在决定，利益是道德的基础，人伦观念要让位于利益需要。综观魏晋南北朝隋唐五代时期，无论是皇室还是平民，寡妇再嫁都极为普遍，几成中国历史上两性关系方面的独特文化现象。这一文化现象，可从唐代诸帝公主再嫁现象中窥其一斑。唐代公主 211 人中，再嫁者甚多，三嫁者也不乏其人。唐太宗的 21 个公主中，再嫁 3 人。唐高宗的 3 个公主中，再嫁 1 人。唐玄宗齐国公主，唐中宗安定公主，都是三嫁④。这一时期，皇室女子宫闱之乱，也较为典型。南朝刘宋时期，"山阴公主淫恣过度，谓帝曰：'妾与陛下虽男女有殊，俱托体先帝，陛下后宫数百，而妾惟驸马一人。事不均平，一何至此？'帝为置面首左右三十人"⑤，足见南朝宫闱混乱，以至于士大夫将与皇室联姻视为畏途。至于唐末五代，天下大乱，社会道德全面倾覆，两性关系更是人伦颠倒，丑态百出。

第三节　浮靡时代的人伦风尚

魏晋南北朝隋唐五代时期，传统的"三纲五常"受到冲击与削弱，是一个不争的历史事实。关于魏晋南朝，史家有"晋宋以来，风衰义缺"⑥、"六朝无忠臣"（康有为语）之论；关于唐代的人伦道德，宋儒有所谓"唐

---

① 《世说新语·贤媛》。
② 余冠英选注：《汉魏六朝诗选》，第 87 页。
③ 《三国志》卷五《魏书五·后妃传》。
④ 参见《新唐书》卷八十三《诸帝公主传》。
⑤ 《廿二史札记》卷十一。
⑥ 《南史》卷七十四《王知玄传》。

之有天下数百年,自是无纲纪"① 之评;至于唐末五代,更是被冠以"乱世之极"的恶名。本节撷取几个典型的时代语境,反映这一时期风俗嬗坏、人伦危机的道德状况。

一、魏晋风度的道德后果

魏晋风度是指士林独特的生活方式、行为方式,更是指其独特的精神气质。透过魏晋名士们高自标持、任诞放达的外在表现,我们看到的是魏晋士人独具特色的宇宙观、世界观和人生观。外在表现的背后其实是浸润着时代气息的哲学精神,生活方式背后其实蕴含着浓郁的人文诉求。其间,魏晋风度与西晋中后期严重的社会道德问题交织在一起,与南朝奢侈、绮丽、旷达、文懦的江左之风相表里,经历了从黄金到土泥的蜕变,引起了当时一些士人的警觉和后世史家的无数争议。

魏晋士人鄙视纲常名教,与传统人伦观发生冲突。阮籍对那些"惟法是修,惟礼是克"的"世人所谓君子"极为鄙夷,他们少称乡党,长闻邻国,上欲图三公之位,下不失九州牧,俨然社会楷模。然而,他们不过是"行不敢离缝际,动不敢出裈裆"的"群虱",一旦"炎丘火流,焦邑灭都,群虱处于裈中而不能出也"②。阮籍抨击那些寄生于礼法中的伪君子,以激烈的反传统方式表达了对儒学的困惑与失望。继嵇康、阮籍等竹林名士之后,魏晋士人蔑视礼法的言行层出不穷。他们言论大胆,行为放荡,穷极酒色,奢靡纵欲。西晋的贵族子弟更是酗酒,服食五石散,裸体狂欢,他们"相与为散发裸身之饮,对弄婢妾"③。西晋张华对贵族浮华放逸生活进行揭露:"末世多轻薄,骄代好浮华。志意既放逸,赀财亦丰奢。被服极纤丽,肴膳尽柔嘉。……美女兴齐赵,妍唱出西巴。一顾倾城国,千金不足多。北里献奇舞,大陵奏名歌。新声逾《激楚》,妙妓绝《阳阿》"④。《世说新语》对此有很多记载,用紫丝铺地,以椒泥涂墙,用人乳喂猪,一餐数万钱,如此等等,极尽奢靡。奢靡则耗费,耗费则必滋生

---

① 《二程集·河南程氏外书》卷十《大全集拾遗》。
② 《晋书》卷四十九《阮籍传》。
③ 《晋书》卷二十七《五行志上》。
④ 余冠英选注:《汉魏六朝诗选》,第140页。

贪利之风。西晋中后期，世风奢靡，贪利爱钱成风。时人鲁褒曾写过一篇《钱神论》，对"惟钱而已"的世风进行揭露："钱之为体，有乾坤之象。内则其方，外则其圆。……亲之如兄，字曰孔方。失之则贫弱，得之则富昌。……钱多者处前，钱少者居后；处前者为君长，在后者为臣仆。……谚曰：'钱无耳，可使鬼。'凡今之人，惟钱而已"①。

魏晋风度是一个广义的概念，总体上是指魏晋士人的精神气质、风姿气度，包括魏晋士人的价值观念、生活方式以及交往方式和学术活动。魏晋风度在生活方式上表现为旷达任诞的名士风度，在学术形式上则是由汉代经学转型而来的魏晋玄学。名士风度与玄学的学术形式相结合，则表现为魏晋清谈。玄学的学术形式、放达的生活方式与崇尚清谈的风尚，是相互蕴含的统一整体，无法截然分开。

魏正始年间，贵族子弟何晏、夏侯玄等人在洛阳的名士中掀起了一股谈玄的风气，后有王弼等青年才俊加入，史称"正始之音"。"玄"是正始清谈的关键词。在本体论上，他们关注本体论问题，重视"有无之辨"；在儒道关系上，他们援道入儒，儒道合流；在伦理观上，他们调和名教与自然之间的矛盾，得出了"名教本于自然"的结论。

竹林时期，清谈是玄理与生活方式的结合。竹林七贤"崇尚虚无，轻蔑礼法，纵酒昏酣，遗落世事"②。阮籍"发言玄远"③，嵇康"善谈理，又能属文，其高情远趣，率然玄远"④，向秀"清悟有远识"⑤。竹林七贤几乎个个都是清谈家。与正始清谈相比，竹林清谈的关键词是"放"，即玄远的谈辩与放达的行为相映衬，甚至清谈成为他们不拘礼法、放浪形骸的行为和生活方式的注脚。竹林人物的清谈，不在清谈本身，而是为了超越礼法的限制，"越名教而任自然"，冲破现实的桎梏。他们崇尚精神自由，留下了独属于那个时代的一抹亮色，但也招致了后世的道德指责。

西晋中后期，清谈以乐广、王衍、裴𬱟、郭象、王戎、卫玠等人为代

---

① 《晋书》卷九十四《鲁褒传》。
② 《资治通鉴》卷七十八《魏纪十》。
③ 《晋书》卷四十九《阮籍传》。
④ 《晋书》卷四十九《嵇康传》。
⑤ 《晋书》卷四十九《向秀传》。

表。此时的西晋已处在山雨欲来的前夕，酝酿着内外交困的巨大危机，但沉浸在洛水之畔的优渥奢华中的西晋贵族们并没有意识到这一点。竹林士人所倡导的自由精神和抗争品格，也已蜕变为穷奢极欲的人生态度和放纵的生活方式。竹林时期，反传统的自由精神已不复存在，清谈之风却是愈演愈盛。"诸名士共至洛水戏，还，乐令问王夷甫曰：'今日戏乐乎？'王曰：'裴仆射善谈名理，混混有雅致；张茂先论《史》《汉》，靡靡可听；我与王安丰说延陵、子房，亦超超玄箸'"①。这俨然是西晋时期的清谈盛会。从记载可见，人们似乎更注重的是清谈"混混有雅致""靡靡可听""超超玄箸"等语言神韵，至于立场对峙和义理争锋，似乎不是清谈家们的关注重点。永嘉年间，清谈奇才卫玠的出现，被视为何王开启的正始金声之玉振于江南，"昔王辅嗣吐金声于中朝，此子复玉振于江表，微言之绪，绝而复续。不意永嘉之末，复闻正始之音"②。名士们对清谈中表现出来的形神兼备的美学意味津津乐道，赞美郭象如"悬河写水，注而不竭"③的谈玄气度，称道裴颜清谈中展现的渊博学问是"言谈之林薮"④，欣赏卫玠令人"叹息绝倒"⑤的神韵。清谈的立场和价值取向似乎不是最重要的，而清谈的审美意味则受到格外的关注。

东晋时期，清谈承接魏晋清谈之余绪，在形式上更为精致，在内容上更追求玄远。一是玄谈糅杂以佛理。东晋时期，僧人加入清谈盛会，"支道林、许掾诸人共在会稽王斋头，支为法师，许为都讲。支通一义，四坐莫不厌心；许送一难，众人莫不抃舞。但共嗟咏二家之美，不辩其理之所在"⑥。玄谈和佛理已经融为一体。二是融合审美与伦理。南渡后，东晋的贵族名士们所面对的既是江南的明山秀水，也是半壁的残山剩水。他们既有偏安一隅的随遇而安，也有新亭对泣的黍离之悲。会稽山阴的兰亭之会，惠风和畅，曲水流觞，此情此景引发了他们对世事更迭、人事迁移的

---

① 《世说新语·言语》。
② 《晋书》卷三十六《卫玠传》。
③ 《世说新语·赏誉》。
④ 同上。
⑤ 同上。
⑥ 《世说新语·文学》。

无限感怀,"夫人之相与,俯仰一世,或取诸怀抱,悟言一室之内,或因寄所托,放浪形骸之外。虽趣舍万殊,静躁不同,当其欣于所遇,暂得于己,快然自足,不知老之将至。及其所之既倦,情随事迁,感慨系之矣。向之所欣,俯仰之间,已为陈迹,犹不能不以之兴怀。况修短随化,终期于尽。古人云:'死生亦大矣。'岂不痛哉!"① 正始之音的玄远思辨、竹林名士的任诞旷达、洛水贵族的奢华放纵,此时沉淀为寄情山水、感悟人生的审美体验与道德沉思。

魏晋风度无疑是这一时期最亮眼的文化景观,也是一张最具特色的士人群像名片,独特的生活方式、独特的行为举止、独特的精神气质,展现了士人群体独特的宇宙观与人生观。但是,正如前文所述,由于世族阶层所拥有的天然优越的社会地位、强大的话语权和道德影响力,魏晋风度自然成为人们仰慕的生活方式样板与理想人格典范。孔子曰"君子之德风,小人之德草"②,孟子言"上有好者,下必有甚焉者矣"③,司马光说"人之慕名,如水趋下"④。魏晋风度所衍生出的道德后果,可能是魏晋士人所始料不及的,也招致了人们的严厉批评。先贤之言诚如是哉!

20世纪40年代,日本学者宫崎市定发表关于魏晋清谈的文章,他将魏晋名士的清谈分为黄金时代、白银时代、西晋时代、东晋时代,后来,美国的汉学家又将后两个时代分别称为黄铜时代和土泥时代⑤。学者借此四个阶段的划分来说明魏晋清谈逐渐变为纯理论游戏的蜕变过程。清谈是魏晋风度的重要组成部分,魏晋清谈的变化在某种意义上也是魏晋风度发展、蜕变的一个缩影。魏晋风度自何、王首开正始之音,经过了竹林七贤的反复弹拨,到两晋时期,已经成为名士们的精神象征。总体上说,魏晋名士们的精神气质是一以贯之的,但其间也经历了从精神气质到外在行为的演变,大体上也经历了从黄金到土泥的蜕变。

清谈是士人的学术活动和交往活动,是魏晋社会门阀世族生活方式和

---

① 《晋书》卷八十《王羲之传》。
② 《论语·颜渊》。
③ 《孟子·滕文公上》。
④ 《资治通鉴》卷二百二《唐纪十八》。
⑤ 参见唐翼明:《魏晋清谈》,人民文学出版社,2002,第2-3页。

价值取向的反映，代表了一个时代的风向标，是魏晋时代的精神符号。西晋灭亡后，有识之士如应詹、卞壶、范宁、虞预等人就表达了对清谈的批评。应詹认为，西晋自元康之后，"以玄虚宏放为夷达，以儒术清俭为鄙俗。永嘉之弊，未必不由此也"①。卞壶批评贵族子弟王澄、谢鲲、阮孚等人，认为他们风流相尚，悖礼伤教，"中朝倾覆，实由于此"②。范宁认为，何晏王弼"蔑弃典文，不尊礼度，游辞浮说，波荡后生"，正始之音开启玄风，致使"礼坏乐崩，中原倾覆"，何、王二人是西晋灭亡的罪魁祸首，"二人之罪，深于桀纣"③。虞预则批评阮籍，认为竹林士人的生活风尚，引导世风沦丧，导致五胡乱华，"胡虏遍于中国"④。后世学者同样对魏晋风度和魏晋清谈予以严厉的道德指责。他们认为，魏晋名士们的旷达放荡以及崇尚玄虚的清谈之风，祸乱世道人心，带坏社会风气，是永嘉之乱的始作俑者，应该为西晋灭亡承担道德责任。顾炎武认为，改姓易号，谓之亡国；人伦沦丧，谓之亡天下。魏晋清谈必须背负亡天下的罪责。魏晋时期弃经典而尚老庄，蔑礼法而崇放达，"以至国亡于上，教沦于下，羌胡互僭，君臣屡易，非林下诸贤之咎而谁咎哉！"⑤当然，让魏晋风度承担五胡乱华、西晋覆亡之责，如同让先秦法家为秦二世而亡背锅一样，虽有敦厉、警示士人承担社会责任之深刻用意，但未免失之简单。西晋灭亡，首先是祸起萧墙之内，宫廷内斗导致宗室之乱，八王之乱长达十六年之久，极大地削弱了西晋的实力，最终导致西晋灭亡；其次在用人之误，晋武帝所用之人，大都"寡廉鲜耻、贪冒骄奢之鄙夫"，朝堂之上，耿直之士不敌群小，"小人浊乱，国无与立，非但王衍辈清谈误之也"⑥。因此，如果说承担责任，西晋最高权力者和皇室无疑是第一责任人。

但我们也应看到，人们对魏晋风度和魏晋清谈的批评与指责，关注对

---

① 《晋书》卷七十《应詹传》。
② 《晋书》卷七十《卞壶传》。
③ 《晋书》卷七十五《范宁传》。
④ 《晋书》卷八十二《虞预传》。
⑤ 《日知录》卷十三。
⑥ 《读通鉴论》卷十一。

社会具有重要影响力、话语权的阶层和群体，着眼于这些阶层和群体的行为方式对全社会的导向作用，尤其对知识分子群体提出了更高的要求和警示，蕴含深刻的道德用意，具有一定的合理性。魏晋风度也好，魏晋清谈也罢，如果失去了对现实生活关注的入世情怀，抽掉了干预社会生活、敦厉社会风尚、引领世道人心、惩恶劝善的人伦价值导向，再唯美的形式也不过是一现的昙花，注定会受到人们的冷落，甚至会背负"清谈误国"的恶名，被认为是社会道德沦丧的始作俑者。

二、佛教对人伦的影响

魏晋南北朝隋唐五代时期，佛教的流行使佛教思想注入朝野的各个阶层中，也必然体现在这一时期人们的人生观中。

唐代传奇小说展示了唐人对社会、人生的看法，展现了他们的人生苦闷以及对这种苦闷和困惑的幡然醒悟，反映了佛教对当时人们人生观的影响。沈既济《枕中记》中的主人公叫卢生，某日，他路遇一位老者，两人共席而坐，畅谈人生。卢生对老者说：他的人生理想是"建功树名，出将入相，列鼎而食"，可现在自己仍是一介农夫，什么人生价值都没有实现，因此非常苦闷。说着说着，卢生感到自己很困乏，老人递过来一个枕头，对他说，你枕着这个枕头，一切都能如愿。卢生做了一个梦，梦中他的一切愿望都实现了。他娶了出身名门的小姐为妻，中了进士，当了官，深得皇帝的器重，位至宰相。他一生荣宠，良田千顷，佳人环抱，财富不可胜数，最后安然离世。梦醒后，卢生发现自己仍卧在路边的邸舍中，老者仍在旁边，周围的一切没有任何变化。此时，他如梦方醒，梦中的一切原来不过是一场空①。李公佐《南柯太守传》描写的故事与之相仿。主人公淳于棼嗜好酒色。一次，他梦游槐安国。在梦中，他娶了公主，当了南郡太守，封了爵位，生了五男二女，男以门荫授官，女亦聘于王族，荣耀显赫，一时之盛。梦醒之后，"生感南柯之浮虚，悟人世之倏忽，遂栖心道门，绝弃酒色"②。作者通过小说告诉人们，儒家所谓的人生理想是空

---

① 参见鲁迅校录：《唐宋传奇集》，齐鲁书社，1997，第13－15页。
② 鲁迅校录：《唐宋传奇集》，第56页。

的，是虚幻的，不值得追求。《红线传》描写了一个男子，因为前世伤人性命，遂转世为女子。又因为他赎其前罪，便还为本形，再修为男身。这显然是佛教因果报应思想的翻版。这种女身修为男身，或者男身因为犯罪而降为女身的说法虽然十分荒唐，但却是市井百姓对佛教理论的世俗化理解。

在佛教传入之前，"建功树名，出将入相，列鼎而食"就是儒家所倡导的人生观的世俗表达形式。而佛教盛行之后，影响了人们对儒家人生观的看法。小说中所流露出的一切皆空，要人们放弃对富贵名利的执着和贪念的情绪，无疑具有强烈的佛教色彩，说明在唐人的世俗生活中，佛教的义理已经潜移默化地渗透到了人们的人生观中。

墓志是坟墓内或坟墓上的碑文，内容一般为记述死者生平，表达对死者的悼念，以及对死者一生的评价。中国墓志约起源于东汉时期，魏晋以后盛行。墓志是对死者的盖棺定论，记述死者的人生活动轨迹和人们对死者的道德评价，可以大体反映出死者的人生价值取向，亦可窥见当时社会道德风尚之一斑。

今藏于香港中文大学文物馆的《杨无醜墓志》云：

> 女姓杨，讳无醜，字慧芬。……禀灵闲慧，资神独挺，体兼四德，智洞三明。该般若之玄旨，遵斑氏之秘诫，雅操与孟光俱邈，渊意与文姬共远。信逸群之姝哲，绝伦之淑女者也。①

据墓志记载，墓主杨无醜是北魏时人，二十一岁亡。从墓志可见，这是一个市井中普通的温良贤淑女子。在中国传统社会，说一个女子具备"妇容、妇言、妇德、妇工"的品德，是再正常不过的道德评价，但墓主除了具有传统道德要求的"四德"之外，同时还"该般若之玄旨"，这个评价已经溢出了传统"三从四德"的范围，显然反映了在佛教盛行的北朝社会里，佛教对女子道德观念的影响。

今藏于洛阳博物馆的《刘宾及妻王氏墓志》也反映了佛教对当时社会的影响。隋人刘宾的妻子王氏死于隋炀帝大业七年（公元611年），享年

---

① 罗新、叶炜：《新出魏晋南北朝墓志疏证》，中华书局，2005，第87页。

八十三岁。墓志曰:

> 夫人王氏……妇德母仪,金望斯在。又能识达苦空,洞明真假,修心八解,专精三业。①

这也是将儒家和佛家的评价标准加诸一个女子。当然,墓志作为盖棺定论的文字,不排除对死者的拔高和溢美,但透过这些溢美之词,我们仍可以看到,佛教确实渗透到了当时的世俗生活中。这种影响,不仅体现在墓主生前的行为、品格中,而且反映在人们对墓主的评价中。

士大夫是中国传统社会的精英阶层,他们的好尚会成为一个时代的风向标。唐代的士大夫与佛教有着种种不解之缘②。他们的崇佛风气,既是整个唐代社会崇佛潮流的一个缩影,同时又以样板的作用推动了整个唐代的崇佛热潮。

被佛门称为"天下楷模"的萧瑀,就是一个典型代表。萧瑀是唐初人,唐太宗时拜太子太保。唐高祖时,大臣傅奕给皇帝上书请求废除佛教,唐高祖让群臣进行讨论。萧瑀激烈反对,认为佛乃圣人,建议唐高祖将傅奕处死,"佛,圣人也,非圣人者无法,请诛之",并且咒骂傅奕,"地狱正为是人设矣"③。萧瑀对佛经颇有研究,他采集多家注解,为《法华经》作疏。他还经常邀请名僧一起讲解佛经,交流心得体会。萧瑀的家族中有男女近二十人出家,家里人对《法华经》都能成诵。在唐代的佛教史上,唐宣宗时的裴休,以"宰相沙门"著称。他出生在一个世代信佛的家庭,自幼受到佛教的熏染。传说裴休曾遇到一位天竺异僧,送他一首偈语:"大士涉俗,小士居真,欲求佛道,岂离红尘?"笃信佛教的裴休后来果然当上了宰相。据《北梦琐言》记载,他"留心释氏,精于禅律",经常给佛僧写的宗教文章作序,对佛法有很深的造诣。据说他中年以后不茹荤食,摒弃诸欲,他还效法印度原始佛教的做法,向妓女乞食,"常被毳衲,于歌妓院持钵乞食。自言曰:'不为俗情所染,可以说法为人'"。他的愿望是"愿世世为国王,弘护佛法",后来,于阗国的国王生了一个儿

---

① 罗新、叶炜:《新出魏晋南北朝墓志疏证》,第 597 页。
② 参见郭绍林:《唐代士大夫与佛教》,增补本,三秦出版社,2006,第 1 页。
③ 《新唐书》卷一百七《傅奕传》。

子，手纹上隐约有一个"裴"字。此说虽荒诞无稽，但确实可以反映出唐代士大夫阶层与佛教的密切关系。唐玄宗时期的河南尹裴宽，也是一个潜心于佛教的人。史载，"开元末，裴宽为河南尹，深信释氏，师事普寂禅师，日夕造焉"，他亲眼见到了一行大师的圆寂，"灭度后，宽乃服衰绖葬之，自徒步出城送之"①。

唐代很多著名诗人都是佛教的崇信者。被称为"诗名冠代"的王维，字摩诘，"摩诘"乃取典于佛教。据史记载，王维与其弟俱信佛，"居常蔬食，不茹荤血，晚年长斋，不衣文彩"，在京城，王维"日饭十数名僧，以玄谈为乐。斋中无所有，唯茶铛、药臼、经案、绳床而已。退朝之后，焚香独坐，以禅诵为事"，他妻亡后不再娶，三十年孤居一室。临终之际，给平生好友写信，"多敦厉朋友奉佛修心之旨"②。王维有诗云："人生几许伤心事，不向空门何处销？"以潜心佛教来纾解自己无法排遣的人生苦闷。白居易是唐代的现实主义诗人，他关心民间疾苦，以诗为百姓代言，多次给皇帝上书，但被当路所忌，宦海沉浮，于是看破世事，无意于功名，潜心佛教，做了居士，"至经月不食荤，称香山居士"③。他是唐代士大夫在家出家的代表，身不出家心出家，"朝餐唯药菜，夜伴只纱灯。除却青衫在，其余便是僧"④。他还专门写了一首在家出家的诗："衣食支分婚嫁毕，从今家事不相仍。夜眠身是投林鸟，朝饭心同乞食僧。清唳数声松下鹤，寒光一点竹间灯。中宵入定跏趺坐，女唤妻呼多不应"⑤。仕途坎坷、无意功名的白居易在佛教那里找到了自己的精神寄托，"只有解脱门，能度衰苦厄"⑥。

如果说普通民众崇信佛教确实有着明确的功利目的的话，唐代士大夫阶层对佛教的推崇，是与一般民众寄希望信佛给自己带来福报有着显著差别的。有学者指出，唐代士大夫是把佛教当作"解脱学原理"和"人生观

---

① 《明皇杂录·补遗》。
② 《旧唐书》卷一百九十下《王维传》。
③ 《新唐书》卷一百一十九《白居易传》。
④ 《白居易诗集校注》卷十六《律诗·山居》。
⑤ 《白居易诗集校注》卷三十五《律诗·在家出家》。
⑥ 《白居易诗集校注》卷十《感伤二·因沐感发寄朗上人二首·其二》。

概论"来加以学习与接受的①。的确,他们外为君子儒,内修菩萨心,希望在佛教精致的思辨形式和出世的超越精神中寻求心灵的栖息之所,"王休高尚不亲势利,常与名僧数人,或跨驴,或骑牛,寻访山水,自谓结物外之游"②。在中国传统伦理文化的浸染下,士大夫们的思想主流是儒家的,但他们在按照儒家式的人生理想,以天下为己任,努力实现自己的人生目标时却发现,辅佐圣主、济世救民、修齐治平的道路并不顺畅,仕途上充满了太多不可预料的人生变数。因此,如何看待自己的人生际遇,如何安抚失意的心灵,如何解脱现实的烦恼,就成为一个亟须在人生观、价值观层面解决的问题,既然"不堪匡圣主",那么就选择"只合事空王"③,在佛教那里找到心灵的皈依之处。

三、胡俗对人伦的浸润

魏晋南北朝时期是中国历史上民族融合的典型时期。西晋灭亡后,五胡入主中原,民族融合进一步加快,文化上的交互影响也在加深。北方少数民族在吸取儒家文化的同时,其生活习俗、价值取向、人伦道德也对社会生活产生浸润,出现了孟子所言"变于夷"的情形,使这一时期的人伦观表现出一定的地区差异性和民族性的特点。

第一,从"胡俗"浸润到"胡心"萌生。在民族融合的过程中,北方少数民族以及周边外族的风俗习惯对汉族产生了重要影响,"胡化"现象较为普遍。在服饰方面,胡服几乎成为唐朝的服饰时尚。"天宝初,时士庶好为胡服貂皮帽,妇人则步摇钗,窄小襟袖"④。在音乐、舞蹈方面,外族的元素极为明显。北朝庾信有"胡笳落泪曲,羌笛断肠歌"的诗句,岑参有诗云"中军置酒饮归客,胡琴琵琶与羌笛";史载,杨贵妃善弹琵琶,很多王公贵族竞相做她的琵琶弟子,曾有人进献了一只精美绝伦的琵

---

① 参见郭绍林:《唐代士大夫与佛教》,增补本,第48页。
② 《开元天宝遗事》卷上。
③ 《白居易诗集校注》卷十八《律诗·郡斋暇日忆庐山草堂兼寄二林僧社三十韵多叙贬官已来出处之意》。
④ 《明皇杂录·辑佚》。

琶,"贵妃每抱是琵琶奏于梨园,音韵凄清,飘如云外"①;唐人宫廷和民间流行跳"胡旋舞",白居易诗云:"天宝季年时欲变,臣妾人人学圆转"②。在饮食方面,唐代"贵人御馔,尽供胡食"③,民间流行吃"胡饼",唐传奇小说《任氏传》中有长安城中"胡人鬻饼之舍"的描写④,说明胡食在唐代社会已是非常普遍。

胡俗在社会生活中方方面面的渗透自然影响到当时的社会风尚,使南、北方的习俗表现出了较大差异。颜之推生活于南北朝时期,他由江南入齐,对南、北方的习俗均有了解,因此在《颜氏家训》中对南北习俗、好尚做过对比研究。其一,北方的气质较为粗犷,南方的气质较为婉约。颜之推举例说,南方人在歧路言别时气氛伤感,"江南饯送,下泣言离",而北方人则较为豪放,"北间风俗,不屑此事,歧路言离,欢笑分首";江南人哭丧,"时有哀诉之言耳",而河北地区的人哭丧,"则唯呼苍天,期功以下,则唯呼痛深,便是号而不哭"⑤。其二,北方的民风较为俭朴,南方的风气较为奢华。北方人"率能躬俭节用,以赡衣食",而南方人则"江南奢侈,多不逮焉"⑥。其三,北方人较为随意、简约,南方人较为遵从古礼。颜之推列举了北人和南人对各种称谓的不同理解,他认为北朝人对人的称谓过于随意,以致闹出笑话,"齐朝士子,皆呼祖仆射为祖公,全不嫌有所涉也"⑦;丧礼也是如此,"江南凡遭重丧,若相知者,同在城邑,三日不吊则绝之;除丧,虽相遇则避之,怨其不己悯也。有故及道遥者,致书可也,无书亦如之。北俗则不尔"⑧。其四,妇女在家中的地位作用也有南北差异之不同。"江东妇女,略无交游,其婚姻之家,或十数年间,未相识者",而北朝"邺下风俗,专以妇持门户,争讼曲直,造请

---

① 《明皇杂录·逸文》。
② 《白居易诗集校注》卷三《讽喻三·胡旋女》。
③ 《旧唐书》卷四十五《舆服志》。
④ 参见鲁迅校录:《唐宋传奇集》,第17页。
⑤ 《颜氏家训·风操》。
⑥ 《颜氏家训·治家》。
⑦ 《颜氏家训·风操》。
⑧ 同上。

逢迎，车乘填街衢，绮罗盈府寺，代子求官，为夫诉屈"①，北朝妇女主持家政，也较多抛头露面。

一个社会道德风气的变化并非如风雨骤至，而是风俗浸润的渐变过程。饮食、服饰、语言、音乐、舞蹈等方面长时间的胡俗浸染，久而久之，就会影响人们的价值观念，由习染胡俗到产生"胡心"，"今北胡与京师杂处，娶妻生子。长安中少年，有胡心矣"②。风俗习惯、行为方式等是文化的表层，人伦观念则是其内核。长安少年滋长出的"胡心"反映了在民族融合的过程中少数民族价值观念与中原固有人伦观念的交互影响。

第二，烝报婚对人伦观的冲击。"烝报"是古代北方少数民族流行的婚俗，指父（伯、叔）死，儿子娶其庶母（叔母）；兄死，弟弟娶其寡嫂。烝报婚俗古已有之，据司马迁记载，"匈奴之俗……父子兄弟死，取其妻妻之，恶种姓之失也"③。汉元帝时，王昭君出塞匈奴和亲，与南匈奴单于呼韩邪生有二子。呼韩邪死后，依照匈奴的习俗，王昭君要嫁给王后之子为妻，"昭君上书求归，成帝敕令从胡俗，遂复为后单于阏氏焉"④，这是"胡俗"中子娶庶母的典型例子。这样的婚俗一直被保留下来。及至北朝时期，少数民族地区的突厥、党项、吐谷浑等族仍然流行烝报婚，史载："父、兄、伯、叔死，子、弟及侄等妻其后母、世叔母、嫂"⑤。《北史·后妃列传》中记载了很多烝报婚俗的事例，反映了北方民族的性观念和性道德。少数民族烝报婚俗的延续，一是为了增殖人口和延续后代，如司马迁说的"恶种姓之失"；二是为了保证财产不外流。烝报婚俗的存在是历史上少数民族适合自身人口再生产需要的体现，在当时的历史条件下，它与汉民族的婚俗只是不同而已。

在华夏族的两性关系史上，烝报婚的存在也是一种历史的事实，《左传》中有关于"烝""报"的记载。这是在当时的社会经济、政治背景下，人们对于两性关系的一种理解。随着社会的发展，人们对于人自身的生产

---

① 《颜氏家训·治家》。
② 鲁迅校录：《唐宋传奇集》，第80页。
③ 《史记》卷一百十《匈奴列传》。
④ 《后汉书》卷八十九《南匈奴列传》。
⑤ 《北史》卷九十九《突厥列传》。

进行反思，两性道德观念也随之进步，这种婚俗逐渐被汉民族扬弃，人伦观念逐渐凸显出来。尤其是儒家，以人伦观念的确立来判定"人禽之别"。在两性关系方面，乱伦为中国传统人伦观念所不齿，可人人得而诛之。以中国传统伦理道德的视角观之，少数民族的烝报婚显然有违人伦之道，因此《北史》和《魏书》将这些不合中原礼法的男女性关系和性行为均称为"烝"，即以下淫上之意，表达了明确的以传统人伦观来评价两性关系的价值立场。在当时民族融合的大背景下，这样一种完全不同于儒家礼法、有违于传统伦常规范的婚俗，对中国社会，尤其是隋唐时期的两性关系道德，产生了重要影响。

第三，开放的两性风气。北方游牧民族粗犷豪放、直率尚武，在婚姻观和两性道德方面体现了民族特点。当时突厥族的婚俗与丧葬习俗联系得非常紧密，送葬的场合就是相亲的场所："是日也，男女咸盛服饰，会于葬所，男有悦爱于女者，归即遣人聘问，其父母多不违也"①。父母多不反对儿女自由相恋，婚姻风气开放。北朝民歌中有很多这种婚恋习俗的描写，《捉搦歌》曰："天生男女共一处，愿得两个成翁妪。"这是当时婚恋风气的真实写照。北朝社会开放的两性风气引起了史家的高度关注。撰写《北史》的唐人李延寿认为，三代以降的历史发展说明，政权更迭系于男女之伦，"何尝不败于娇诐而兴于圣淑"②。他把社会伦理道德的好坏乃至政权更迭的责任加诸女性，与历史上的"红颜祸水"说如出一辙，显然是出于对女性的偏见。但他看到两性道德对于社会生活的重要影响，坚持中国传统的"男女正位，人伦大纲"的性道德和婚姻观，这无疑又具有深刻的一面。赵翼专门以"北齐宫闱之丑"来描述北朝的两性关系，他认为，"古来宫闱之乱，未有如北齐者"③。赵翼对历史上这种道德现象的总结、描述，无疑表现出史家独到的眼光，但他将这种现象归于"天道之施报"，又未免失之偏颇。

第四，"财婚"对人伦的渗透。魏晋南北朝时期重门阀，一些卑族要

---

① 《北史》卷九十九《突厥列传》。
② 《北史》卷十四《炀愍皇后萧氏列传》。
③ 《廿二史札记》卷十五。

想与高门大姓通婚，只好用雄厚的物质基础铺就通往豪门之路，用财力抵消士庶之间的界限，时间既久，遂成风俗。北朝魏、齐时期，在嫁娶中出现了一种新现象，即"财婚"。北魏时期，朝廷以诏书的形式反对婚姻中的"贪利财贿"，从一个方面反衬出财婚对人伦的影响。北朝的婚俗特别看重钱财，"凡婚嫁无不以财币为事，争多竞少"①，在当时几乎成为风尚，人们对此不以为怪。北朝的颜之推对"财婚"亦做过记述："近世嫁娶，遂有卖女纳财，买妇输绢，比量父祖，计较锱铢，责多还少，市井无异。或猥婿在门，或傲妇擅室，贪荣求利，反招羞耻，可不慎欤！"② 在颜之推的笔下，婚姻完全与市井中的交易无异，两家讨价还价、锱铢必较，女家是"卖女纳财"，男方是"买妇输绢"，都是为了"贪荣求利"。财婚之风在魏、齐时期非常盛行。史载，北齐有官员为了娶妻的高额聘礼，竟然挪用府库中的钱，"卢思道私贷库钱四十万娉太原王乂女为妻，而王氏已先纳陆孔文礼娉为定"③，男方为娶妻挪用四十万库钱，女方则一女聘两家，无非是看哪家出的聘礼多。有的女家因为聘礼不足，竟使婚礼搁置，甚至有两家为了聘礼的事情竟然打起官司。北齐人封述，为儿子娶陇西李士元之女，"大输财娉，及将成礼，犹竟悬违"；次子娶范阳卢庄之女，为了聘礼的事情竟然诉至官府，"送骡乃嫌脚跛，评田则云咸薄，铜器又嫌古废"④，虽然封述为人悭吝，看重钱财，但这些记载也反映了当时的财婚之风。

四、唐代的社会风气

在隋唐两代，特别是盛唐时期，出现了中国历史上少有的治世，一个辉煌、繁盛、进取、包容的王朝国家出现在当时的世界，展现出盛唐的道德气象。至于中晚唐，社会风气为之一变，贪腐、浮华、宴游之风日渐盛行，预示着盛世转衰。

唐初君臣伦理关系生态较好。贞观二年（公元 628 年），唐太宗与魏

---

① 《廿二史札记》卷十五。
② 《颜氏家训·治家》。
③ 《北齐书》卷四十二《袁聿修传》。
④ 《北齐书》卷四十三《封述传》。

徵探讨"何谓明君暗君"的问题。魏徵认为,"君之所以明者,兼听也;其所以暗者,偏信也"①。史载,"太宗每见人上书有所裨益者,必令黏于寝殿之壁,坐卧观览焉"②。对于直谏的魏徵,唐太宗既恨又爱。某次,魏徵很让唐太宗下不来台,罢朝之后,唐太宗自语"杀却此田舍汉"③,以此来舒缓自己的郁闷。但说到底,他对魏徵的喜爱和尊敬使得天下归心,"初嗣位,与郑公语恒自名,由是天下之人归心焉"④。唐太宗认为,"以人为镜,可以明得失",魏徵去世后,唐太宗"遂亡一镜"⑤,深感痛惜。后世史家分析了臣子"敢谏"与天子"受谏"的辩证关系,"是诸臣之敢谏,实由于帝之能受谏也"⑥。在唐太宗肯"受谏"的宽松政治氛围中,不止是魏徵,贞观时期还涌现出一批"敢谏"的大臣。赵翼曾撰"贞观中直谏者不止魏徵"条,列举了虞世南等十四位大臣直谏的例子⑦。

唐代道德风气较为开放、宽容。女性的道德约束较为宽松。唐代女性组织"探春之宴","各乘车跨马,供帐于园圃或郊野中,为探春之宴"⑧。她们在游春时,"遇名花则设席藉草,以红裙递相插挂以为宴幄"⑨。在唐朝皇室中,不修妇礼的公主很多,成为历史上的一个很独特的现象。据史记载,公主不修妇礼,甚至专横、淫荡、残暴,使世族之家望而生畏。据史记载,唐宪宗为岐阳公主选驸马,"初于文学后进中选择,皆辞疾不应"⑩。人们甚至认为"娶妇得公主,甚可畏也"⑪,足见唐代公主妇德的宽松。

随着科举制兴盛,士子们的行为带动和影响了社会的道德风尚。唐代自安史之乱后开始由盛转衰,国力大不如前,世风也逐渐转变,出现士人

---

① 《贞观政要·君道》。
② 《隋唐嘉话》上。
③ 《大唐新语·规谏》。
④ 《隋唐嘉话》上。
⑤ 同上。
⑥ 《廿二史札记》卷十九。
⑦ 参见上书。
⑧ 《开元天宝遗事》卷下。
⑨ 同上。
⑩ 《旧唐书》卷一百四十七《杜悰传》。
⑪ 《明皇杂录》卷下。

攀附之风、官场贪腐之风和宴游狎妓之风。唐太宗曾有"天下英雄入吾彀中矣"① 之语，表达了他对人才的渴望之情，也激励了唐代的学子们发奋苦读，立志出人头地。在推重进士的风气下，一些读书人把致进士第看作步入社会上流阶层的捷径。他们送礼请托、打通关节，营私舞弊之风盛行。史载：

> 时宰相段文昌出镇蜀川。文昌好学，尤喜图书古画。故刑部侍郎杨凭兄弟以文学知名，家多书画，钟、王、张、郑之迹在《书断》《画品》者，兼而有之。凭子浑之求进，尽以家藏书画献文昌，求致进士第。文昌将发，面托钱徽，继以私书保荐。翰林学士李绅亦托举子周汉宾于徽。及榜出，浑之、汉宾皆不中选。……文昌、李绅大怒。文昌赴镇，辞日，内殿面奏，言徽所放进士郑朗等十四人，皆子弟艺薄，不当在选中。穆宗以其事访于学士元稹、李绅，二人对与文昌同。遂命中书舍人王起、主客郎中知制诰白居易，于子亭重试。……而十人不中选。②

这是发生在唐穆宗时期的考场公案，最后以取消成绩、重新开考和主考官礼部侍郎钱徽坐贬而告终。这次事件使很多读书人和官员牵扯其中，也成为唐代著名的朋党事件。他们"扇为朋党，谓之关节，干挠主司。每岁策名，无不先定"③，给进士的清誉带来了极坏的影响。在唐代重视进士的社会风气下，这样的事情并非个案，科考中请托、走关系之风盛行，"有裴垣之子之私议名氏，而常出入其家之僧人，可以为同乡翁颜枢要求及第"；官场与考场勾结，有人甚至巴结宦官以打通关节，取得头名，"有仇士良之关节，而裴思谦可得状头"；至于"崔元输为杨炎所引，欲举进士，则先求题目为地"，"有元载署名之空函，至河北而其丈人可获绢千匹"④，则更是明目张胆的考场贿赂。

考场上的贿赂公行、权钱交易之风，使一大批士人通过捷径而进入了

---

① 《唐摭言》卷一。
② 《旧唐书》卷一百六十八《钱徽传》。
③ 同上。
④ 张亮采：《中国风俗史》，第96页。

社会上层，也自然会堵塞很多不会结交权贵、不懂疏通"关节"之读书人的进阶之路。因此，很多读书人把与官员交往、博取他们对自己的好感，看作应试前的必要功课。"洞房昨夜停红烛，待晓堂前拜舅姑。妆罢低声问夫婿：画眉深浅入时无？"这首题为《近试上张水部》的诗，是士子朱庆馀在科考前为呈水部员外郎张籍而作，精巧心思溢于笔端。一些读书人开始攀附权臣、曲意逢迎，杜甫的"朝叩富儿门，暮随肥马尘"就是读书人出入豪门府邸、干谒显宦贵戚、以求谋得一官半职的无奈写照。元稹等读书人历经官场浮沉，初心已改，"由径以徼进达"① 的读书人玷污了士人清誉，为时人所诟病，为史家所扼腕，如元稹、宋之问等。《论语·泰伯》有言"士不可以不弘毅"。弘毅者首先是一个坚守底线的人，因此像澹台灭明那样"行不由径"② 的读书人往往为人们所敬重。他们行为自律，不走捷径、不拉关系、不攀附权贵，甚至清高而不通世故。士人品行反映的是一个社会的世道人心，因此人们往往把读书人看作社会良心的维护者、社会道德的守望者。士人无行，既暴露了一个社会的人心风俗之坏，同时，又以一种道德样板的作用，为社会道德风气的形成推波助澜。唐代士人的浮华、攀附之风，对社会道德产生了一定的负面影响。

贪腐是封建吏治不可根治的赘生物。贞观时期，君明臣良，官德相对良好。随着唐朝政治越来越黑暗，贞观之后的贪腐之风越来越严重。武则天久视年间，张昌仪为洛阳令，他借着武则天的宠臣张易之的权势，大肆卖官，名声在外，"有一人姓薛，赍金五十两遮而奉之"，张昌仪收了金子后，把该人的名状交给天官侍郎张锡，嘱咐他提拔此人；几天后，张锡把该人的名状弄丢了，就问张昌仪那人叫什么名字，张昌仪说"我亦不记，得有姓薛者即与"，最后只好把名册中六十多个姓薛的"并令与官"③。郑愔为吏部侍郎掌选，他贪污受贿，声名狼藉。在一次考试中，"有选人系百钱于靴带上，愔问其故，答曰：'当今之选，非钱不行'"④。中宗时期，

---

① 《旧唐书》卷一百六十八《钱徽传》。
② 《论语·雍也》。
③ 《朝野佥载》卷三。
④ 《朝野佥载》卷一。

有二百人公然买官谓之"斜封","从屠贩而跻高位"①;唐末,江陵富人郭七郎之子,"输数百万于鬻爵者门,竟以白丁易得横州刺史"②,等等。这样的例子在唐代的正史和笔记小说中绝非个案。在这种卖官鬻爵的风气下,"手不把笔,即送东司;眼不识文,被举南馆。正员不足,权补试、摄、检校之官"③。贿赂公行之风大盛,人伦风气大坏。

唐代风气开放,较少禁忌和约束,社会道德评价趋于宽容。同时,唐代极为推重进士,他们的诗赋文章受到人们的追捧,他们的风习好尚、日常生活、社会交往也会成为人们倾慕、效仿的对象,甚至被当成文人的风流雅事,传为佳话。在这样的社会氛围下,浮华宴游、进士狎妓自然就成为唐代中后期的朝野风尚。长安进士郑愚、刘参、郭保衡、王冲、张道隐等人,狎妓宴游,"每春时,选妖妓三五人,乘小犊车,指名园曲沼,藉草裸形,去其巾帽,叫笑喧呼,自谓之'颠饮'"④。结交妓女甚至成了每年新科进士不可或缺的社交活动,"长安有平康坊,妓女所居之地。京都侠少萃集于此。兼每年新进士以红笺名纸游谒其中,时人谓此坊为'风流薮泽'"⑤。

中晚唐卖官鬻爵风气以及社会风习败坏,首先是因为家天下的社会结构致使封建吏治具有天然的缺陷,无法根治自身的腐败。人存政举,人亡政息,明君英主的时代,自然是吏治相对清明,官德相对良好,而那些暗主、荒主、庸主当政的时代,则免不了"贿货纵横,赃污狼藉"⑥的官场腐败。皇帝身边的近侍、宠臣和家人是官场腐败的高危人群。他们有更多的机会接触皇帝,有可能会影响到皇帝的用人决策。同时,他们有机会接触高层官员,并可利用自己的特殊身份向官员们施加影响。如张昌仪是借张易之的势力来卖官,李林甫、杨国忠因高力士而得相,李揆以子侄认阉奴李辅国为"五父",等等,即是例子。唐朝的公主恃宠而骄,她们势倾

---

① 《朝野佥载》卷一。
② 张亮采:《中国风俗史》,第96页。
③ 《朝野佥载》卷一。
④ 《开元天宝遗事》卷上。
⑤ 同上。
⑥ 《朝野佥载》卷一。

朝野，干预朝政。唐中宗时期，安乐公主恃宠而骄，卖官鬻爵。肃宗、代宗时期，公道阻塞、官出贿成，四方以货贿求官者络绎于途，无不称意而去。古人有云，"上之所好，下必从之"，统治集团的行为对社会人伦道德举足轻重的影响由此可见一斑。

五、五代的人伦之殇

史家有言，中国治世少而乱世多。而在所有乱世中，五代之乱当数最典型，最具代表性。论及五代，史家均冠之以"乱世"之名，"古来僭乱之极，未有如五代者"①，"于此之时，天下大乱"②。在中国历史上，对最高权力的争夺从来都与阴谋、杀戮相伴，这一点在五代时期表现得尤为明显，战乱频仍，篡弑相继。53年的时间里，政权频繁更迭，后梁存在时间最长为16年，后汉存在时间最短仅为3年。这一时期，朝代更迭之快、国祚之短、死于非命的君主人数之多，堪称中国历史之最。如此乱世演绎出了中国历史上最赤裸的一幕道德倾覆、风俗隳坏、士人无行的乱世人伦之殇。

第一，世道衰而人伦坏，伦理关系全面破坏。五代时期，世道衰微，基本的人伦关系倾覆，君不君，臣不臣，父不父，子不子，兄弟手足相残，夫妇人伦颠覆。"亲疏之理反其常，干戈起于骨肉，异类合为父子"③。人伦之坏、人伦之丑随处可见，短短53年表现出明显的乱世道德景象。从君臣伦理关系来看，传统的君为臣纲与忠的观念受到乱世荡涤。唐代亡于藩镇，五代藩镇割据尤甚，几有冠履倒置之势。谁掌握军权，谁就拥有篡夺的资源和胜算，故"五代诸帝多由军士拥立"④，已成相沿的传统。正如欧阳修所说，"五代之君往往不得其死"⑤。政权既然由军事篡夺而来，那么则必然伴随着阴谋与杀戮，臣弑其君乃家常便饭，"忠"无

---

① 《廿二史札记》卷二十一。
② 《新五代史》卷六十一《吴世家》。
③ 《新五代史》卷三十六《义儿传》。
④ 《廿二史札记》卷二十一。
⑤ 《新五代史》卷四十《杂传》。

从谈起,综观五代,"得全节之士三人而已"①。从父子伦理关系来看,传统的父为子纲与孝的观念大为削弱。五代时期,弑父篡位的皇帝不乏其人,后梁太祖朱温为儿子朱友珪随从所杀,"刺帝腹,刃出于背。友珪自以败毡裹之,瘗于寝殿"②。从兄弟伦理关系来看,手足相残比比皆是,兄友弟悌不复存在。朱温纵意声色,征儿媳入侍,导致祸起萧墙,死于儿子之手。正可谓"君君臣臣、父父子子之道乖,而宗庙、朝廷、人鬼皆失其序"③。

第二,社会纲纪废弛,人伦规范崩溃。五代"天下大乱,戎夷交侵,生民之命,急于倒悬"④。乱世中人们永远不知道明天与死亡哪个先降临。古语有言,"疾风知劲草,乱世见忠臣"。但乱世中人们的"忠"德变化也是一个基本的历史事实。在颠沛流离的焦灼感、生命的被剥夺感之下,人们的道德观念与人伦操守必然发生变化。以"忠"而论,五代可以说是中国历史上"忠"德最薄弱的时期,"士大夫忠义之气,至于五季,变化殆尽"⑤,这几乎已成史家共识。五代时期,历仕数朝之人不在少数,有人仕四姓十君,有人仕十一君。遭逢乱世是个体的不幸,苟活乱世更是个体不得已而为之的选择,可以获得道德评价上的宽容与理解,不能一味地站在道德制高点上对其大加挞伐。历史上几易其主的臣子不乏其人。管仲不死公子纠,魏徵先后五易其主。管仲获得孔子极高的评价,魏徵一代名臣的美誉也不会因所谓"不忠"而受损。没有人因为人臣改投新主而认为其有玷臣节,有损清白。因此,我们说五代"忠"德薄弱、"忠"节缺乏,并不是要求人们必须尽忠而死,而是指充斥在五代社会的政治娼妓之风。人们对朝代更迭司空见惯,已无国恨家仇之感。朝堂之上满是朝秦暮楚、随波逐流之人。缙绅之士安于禄位,不知气节为何物。"朝为仇敌,暮为君臣,易面变辞,曾无愧怍"⑥。欧阳修说,找遍整个五代,全节之人屈

---

① 《新五代史》卷三十三《死事传》。
② 《资治通鉴》卷二百六十八《后梁纪三》。
③ 《新五代史》卷十六《唐废帝家人传》。
④ 《新五代史》卷五十四《冯道传》。
⑤ 《日知录》卷十三。
⑥ 《资治通鉴》卷二百九十一《后周纪二》。

指可数,"自开平讫于显德,终始五十三年,而天下五代,士之不幸而生其时,欲全其节而不二者,固鲜矣"①,更有很多人不忠不义,其行为堪比政治娼妓。

第三,廉耻之心殆尽,道德底线失守。如此世风之下,寡廉鲜耻之徒比比皆是。五代时期,"搢绅之士安其禄而立其朝,充然无复廉耻之色者皆是也"②。孟子言:"人有不为也,而后可以有为"③。廉耻是士人美节,做人底线。有廉耻之心,方能有所不为,"不耻,则无所不为"④。如果人们对无耻之行见惯不怪,甚至无耻之人在社会生活中大行其道,人望甚高,则不能不说是一个时代的道德悲哀。张全义媚事朱温,朱温打仗时在张全义家里休整,"留旬日,全义妻女皆迫淫之"⑤,张全义之子难忍羞愤,欲杀朱温,被张全义制止,其无耻之行令人瞠目。后梁灭亡后,张全义又"贿赂唐庄宗、刘后、伶人、宦官等,以保禄位"⑥。冯道历仕数朝,却公然自谓"孝于家,忠于国,为子、为弟、为人臣、为师长、为夫、为父,有子、有孙。时开一卷,时饮一杯,食味、别声、被色,老安于当代,老而自乐,何乐如之?"⑦像冯道这样如此高调、如此具有道德底气的人,在中国历史上恐怕是绝无仅有。对于冯道"孝于家,忠于国"、自得安乐的自我评价,史家难抑道德愤慨,欧阳修称其为"无廉耻者","予读冯道《长乐老叙》,见其自述以为荣,其可谓无廉耻者矣"⑧。司马光认为冯道乃"奸臣之尤"⑨。更有学者认为,冯道是衣冠禽兽,是古今无耻者的代表,"古今之无耻者,无过于冯道"⑩。

史家认为,五代士大夫毫无廉耻以冯道为最。在乱世之中,祸乱频仍,国祚短暂,投机之风盛行,廉耻之心殆尽。乱世的人伦没有最坏,只

---

① 《新五代史》卷三十三《死事传》。
② 《新五代史》卷三十四《一行传》。
③ 《孟子·离娄下》。
④ 《新五代史》卷五十四《杂传》。
⑤ 《新五代史》卷四十五《张全义传》。
⑥ 《廿二史札记》卷二十二。
⑦ 《新五代史》卷五十四《冯道传》。
⑧ 同上。
⑨ 《资治通鉴》卷二百九十一《后周纪二》。
⑩ 张亮采:《中国风俗史》,第113页。

有更坏；乱世的道德没有最无耻，只有更无耻。如冯道、张全义之徒比比皆是，他们不过是一个乱世的道德象征，一道最丑陋、最刺目的乱世道德疮疤而已。从历史记载来看，五代社会对冯道、张全义的行为并没有太多非议，这是当时的社会风气使然。可以说，是五代的道德风气造就了冯道、张全义，同时，冯道、张全义们又以道德样板的示范作用进一步为五代的道德之恶推波助澜。毫无疑问，在一个人伦沦丧、道德失语，是非、善恶、荣辱观念完全颠倒的社会中，卑鄙不但会成为卑鄙者的通行证，而且会被贴上高尚的标签，成为人们仰慕、追逐的对象。此时，不以为耻，反以为荣的反常现象就会大量充斥在社会生活中，冯道、张全义现象的出现自然也就不足为怪[①]。

在中国历史上，乱世的根本原因是封建统治阶层无休止的压榨和盘剥，是社会矛盾无法调和的必然结果。人伦道德作为社会的精神层面，与其他社会因素互为因果。人伦大坏既是五代乱世的重要表现，也是造成五代大乱的重要因素。而这，恰恰是一个社会最大的道德隐忧。

---

① 参见关健英：《冯道现象与五代之乱的道德伤痛》，《学术交流》2011年第6期。

第六章 人伦的本体言说与问题意识

第一节 宋明道学的伦理诉求

在宋代儒者看来，孔孟儒学千余年来命运多舛，它颠错于秦火，支离于汉儒，两汉以降，更是择焉而不精，语焉而不详，为佛老异端所坏。因此，越度诸子而上承孔孟，继承和发展儒学，是宋代儒者的自觉与学术使命。"道学"是宋明新儒学，道学的出现既是儒家思想符合时代需求创造性转化与创新性发展的逻辑结果，也是宋明时期时代精神状况的反映。

一、宋代道学的遭际

早在汉代，司马谈既已指出儒学在序列人伦、整饬社会秩序方面非百家所能及的作用，"若夫列君臣父子之礼，序夫妇长幼之别，虽百家弗能易也"①。经历了唐末五代社会的大动乱，"斯民不复见《诗》《书》《礼》《乐》之化"②，不但儒家经籍编帙散佚，即便是幸存者也是百无二三。传统的君臣父子之礼、夫妇长幼之别，在乱世荡涤之下，其作为个人安身立命之信条和维护社会秩序之规范的功用已大打折扣。

北宋建国之初，宋太祖即巡视太学，下诏增葺祠宇，塑绘先圣先贤

---

① 《史记》卷一百三十《太史公自序》。
② 《宋史》卷二百二《艺文一》。

像,"禁铁铸浮屠及佛像"①。他重视儒者,"《诗》《书》《易》三经学究,依三经、三传资叙入官",曾言"作相须读书人"②。宋太宗建崇文院,表明国家层面对儒学的重视,宋太宗诏刻《礼记·儒行》赐予近臣,宋真宗赐近臣《大学》《中庸》。宋初,朝廷敦厉风俗,用法律手段保障孝道,"敢有不省父母疾者罪之","有父母在而别籍异财者,论死"③。北宋的司马光、程颐,南宋的朱熹,都做过朝廷的经筵官,为皇帝讲解儒家经典。宋初对儒学的提倡有其深刻的社会历史原因。北宋是在唐代藩镇割据、五代之乱的基础上建立起来的。"陈桥兵变"是武力夺取,"杯酒释兵权"标志着在军事、政治、财政方面中央集权的进一步强化。加强中央集权需要的政治举措是宋代建国后统治者的当务之急,而整顿社会秩序,排斥释老异端,恢复纲常权威,则有赖于儒家学者。正如钱穆先生所言,"至于理论思想上正式的提倡,使人从内心感到中央统一之必需与其尊严,则有待于他们"④。正是在这样的社会大背景下,提倡儒学自然是不二之举,宋初道学应运而生。

宋代之前,并无"道学"之名。但"道"概念则古已有之,"道"不独是道家的哲学范畴,亦是儒家的价值理想,是中国传统文化的核心概念。孔子曰:"朝闻道,夕死可矣"⑤。董仲舒云:"道之大原出于天"⑥。西汉司马谈认为儒家"于道最为高"⑦。道,是现象背后的义理,是具体背后的抽象,"是故盈覆载之间,无一民一物不被是道之泽,以遂其性"⑧。宋儒认为,"道"是"事物当然之理"⑨。唐代佛学大盛,韩愈站在儒家立场上排佛,与佛老之道对立,提出儒家之"道"。韩愈说:"博爱之谓仁,行而宜之之谓义,由是而之焉之谓道"⑩。韩愈认为,儒家有一传

---

① 《宋史》卷三《太祖三》。
② 同上。
③ 《宋史》卷二《太祖二》。
④ 钱穆:《国史大纲》下册,修订本,商务印书馆,1996,第560页。
⑤ 《论语·里仁》。
⑥ 《汉书》卷五十六《董仲舒传》。
⑦ 《汉书》卷三十《艺文志》。
⑧ 《宋史》卷四百二十七《道学一》。
⑨ 《四书章句集注·论语集注·里仁第四》。
⑩ 《原道》。

"道"系统，孟子是孔子之正传，孟子之后道统中绝不传。"尧以是传之舜，舜以是传之禹，禹以是传之汤，汤以是传之文武周公，文武周公传之孔子，孔子传之孟轲；轲之死，不得其传焉"①。其实关于儒家的传承，秦汉之际和汉初学者在总结先秦儒家思想发展历程时已经提出。《中庸》说："仲尼祖述尧舜，宪章文武"。西汉司马谈《论六家之要指》以游文六经，留意仁义，"祖述尧舜，宪章文武，宗师仲尼"为儒家学派特征。在他们看来，儒家传承系统是从尧舜文武到孔子，孟子并未被列于其中。而韩愈在此基础上，抬高孟子在儒家系统中的地位，以孟子为儒家思想之正传。韩愈如此推重孟子，与后来宋代道学家抬孟贬荀的倾向相契合，由此韩愈道统说可谓为宋代道学做了最好的理论铺垫。

宋初儒者孙复以治经而有名于山东，石介严华夷之防，著《中国论》贬抑佛老，胡瑗以教授学生而闻名，被称为"宋初三先生"，开宋代道学之先。被宋儒认为真正"接着讲"并光大孔孟之学的人，则是周敦颐。周敦颐著249字《太极图说》，阐述由无极而太极的宇宙生成论，并在宇宙论的基础上提出他的伦理观。周敦颐认为，二气交感化生万物。与万物相比，人是宇宙万物中最为灵秀的存在；与众人相比，圣人是做人的最高准则，"惟人也，得其秀而最灵。形既生矣，神发知矣。五性感动而善恶分，万事出矣。圣人定之以中正仁义而主静，立人极焉"。周敦颐援引《周易》，认为作为"人极"的圣人"与天地合其德，日月合其明，四时合其序，鬼神合其吉凶"。在周敦颐构建的《太极图》及《太极图说》中，其旨在命于天而性于人，"立天之道，曰阴与阳。立地之道，曰柔与刚。立人之道，曰仁与义"。可见，周敦颐将宇宙论与人伦论相互贯通，将作为"人极"的圣人之道"仁义"建立在宇宙论的基础上。周敦颐的思想被宋儒看作儒家传道系统中的重要环节，他"得孔孟之本源，大有功于学者也"②。关学创始人张载认为，"知人而不知天，求为贤人而不求为圣人"③，这是汉代经学的一大弊端。因此，他以《周易》为宗，以《中庸》

---

① 《原道》。
② 《宋史》卷四百二十七《道学一·周敦颐传》。
③ 《宋史》卷四百二十七《道学一·张载传》。

为体，以孔孟为法，言理一而分殊，提出天人合一，致力阐述"道之大原出于天者"①，在唯物主义气一元论的基础上阐述其伦理学说。程颢程颐兄弟受业于周敦颐，创立洛学，推崇《大学》《中庸》两篇，与《论语》《孟子》并行，而达于"六经"。程颢认为，他们的学问虽然有所受，但"天理二字却是自家体贴出来"②，并将其作为洛学的最高范畴，"天理"的内容则是人伦纲常。

迄于北宋南渡，朱熹师从二程三传弟子李侗，得二程之正传，其学被称为"闽学"。朱熹认为，"圣贤道统之传散在方册，圣经之旨不明，而道统之传始晦"③，其为学，穷理以致其知，反躬以践其实，在修养方法上以居敬为主。唐代韩愈提出儒家传承谱系，被后人称为道统说，但韩愈并未提出"道统"概念。朱熹承续韩愈思想，首提"道统"概念，认为：儒家"道统之传有自来矣"，自尧、舜、禹三圣始，成汤、文、武之为君，皋陶、伊、傅、周、召之为臣，圣圣相承，叮咛告诫，"既皆以此而接夫道统之传"；孔子继往圣开来学，颜回、曾子受其传，由曾子传之子思，子思传之孟子，孟子没，"遂失其传焉"，自孟子至宋代，儒家道统千载不传；北宋"程夫子兄弟者出，得有所考，以续夫千载不传之绪"④。朱熹说他自己"于道统之传不敢妄议"⑤，但他认为自己继承了二程的思想。南宋黄榦认为，自先秦以来，儒家道统传承者不过数人，而能使道统光大者，不过一二人而已。朱熹思想可以越度诸子，上接孟子，并将朱熹与孟子在道统中的地位并称，"由孔子而后，曾子、子思继其微，至孟子而始著。由孟子而后，周、程、张子继其绝，至熹而始著"⑥。黄榦是朱熹门人，他对朱熹的评价，虽然有弟子对老师的溢美之嫌，但也确实反映出朱熹学说在宋代道学中的地位。后人将二程与朱熹合称程朱道学或程朱理学。

---

① 《宋史》卷四百二十七《道学一》。
② 《二程集·河南程氏外书》卷十二《传闻杂记》。
③ 《宋史》卷四百二十九《道学三·朱熹传》。
④ 《四书章句集注·中庸章句·中庸章句序》。
⑤ 同上。
⑥ 《宋史》卷四百二十九《道学三·朱熹传》。

道学盛于宋，以"三先生"开道学之先河，而北宋五子则开创了人伦的本体论言说之转型，全南宋朱熹集道学之大成。道学在融合佛老、建构道德本体论、重义利理欲之辨方面是一致的，但内部存在分歧，大体说来有程朱的理本论、张载的气本论、陆王的心本论之分。总体来看，道学是以一种精致的思辨形式，把人伦纲常论证为具有天经地义的永恒性，从本体论的角度论证三纲五常的神圣性，故又被称为新儒学。程朱在世之时，虽弟子门人追随者众多，也都曾是朝廷的经筵官，程颐为宋哲宗侍讲，朱熹为宋宁宗侍讲，但由于当时的党争，朱熹短短四十多天的帝师生涯即宣告结束。其学频遭厉禁，"守道循理之士"为时所不容，"群讥众排，指为'道学'"。有谏官将程朱理学斥为"伪学"，将朱熹等人称为"伪党""逆党"，将朱熹的门人弟子称为"伪徒"，将朱熹称为"伪师"。朝中有人"攻伪日急"，甚至有人上疏乞斩朱熹。朱熹去世后，宋理宗时朝廷把他的《四书章句集注》立于学官。宋理宗淳祐元年（1241年），朱熹与周敦颐、张载、二程一起从祀孔子庙①。程朱道学从此成为自南宋至明清几百年间官方的正统思想。

二、道学背后的伦理诉求

宋明时期是中国封建制度进一步完备的时期。随着中央集权的加强，人伦纲常体系进一步确立的需求越发凸显。思想是对时代精神状况的反映，凝聚着一个时代的诉求。宋明道学是中国古代社会政治、经济发展在伦理观方面的深刻反映。

第一，道学坚守儒家人伦立场，在抵御佛道的同时吸纳佛道思想。宋初，佛寺、道观是很多读书人的居所，范仲淹曾在佛寺断齑画粥，胡瑗、孙复曾在泰山的道院苦读，佛道的影响可见一斑。尽管国家层面提倡儒学，但北宋初期对佛道持容许态度，佛道的影响总体上与儒学的影响持平，甚至在某些方面大于儒学对社会生活的影响。唐末五代以来，战乱频仍，给人民带来了深重苦难。宗教所虚构的彼岸在一定程度上成为无助下层百姓的心灵麻醉剂。从社会治理和思想控制的角度来看，宋初统治者认

---

① 参见《宋史》卷四百二十九《道学三·朱熹传》。

为佛道宣扬改过迁善，可有效于柔化人心，防止农民起义。宋太祖认为，佛教教法可以防止群盗并起，因此鼓励佛教。宋太祖也支持道教，将道士陈抟封为"希夷先生"。宋真宗时期，有儒家学者上疏反佛，宋真宗则认为"道释二门，有助世教"①。宋仁宗时期，大建佛寺，当时僧尼人数达43万之多。宋仁宗同僧徒一同参禅，许多士大夫皈依禅宗。南宋时期，宋孝宗"颇留意于老子、释氏之书"②。佛教在民间传播甚广，"凡有丧事，无不供佛饭僧，云为死者减罪资福，使生天堂，受诸快乐。不为者必入地狱，锉烧舂磨，受诸苦楚"③。宗教在社会生活中的影响加深，排斥佛道尤其是反佛的呼声一直没有停止。与历史上反佛者一样，宋初反佛道者首先是算经济账。李觏指出佛道于国计民生有十大害处，"幼不为黄，长不为丁，坐逃徭役，弗给公上"④，佛教侵占土地和劳动力，寺院占据大山泽薮、上好田地，僧尼坐逃徭役，不纳人丁税，成为特权阶层之一。同时，儒家学者更注重从伦理道德的角度对佛道进行清算。"宋初三先生"之一的石介，认为宋初的社会问题之一是"佛老为蠹"⑤，故著《中国论》排佛。他认为，宋朝"大道破散消亡，睢盱然惟杨、庄之归而佛、老之从"⑥，佛教传入后中国岌岌可危，"以其人易中国之人，以其道易中国之道，以其俗易中国之俗，以其书易中国之书，以其教易中国之教，以其居庐易中国之居庐，以其礼乐易中国之礼乐，以其文章易中国之文章，以其衣服易中国之衣服，以其饮食易中国之饮食，以其祭祀易中国之祭祀"⑦。孙复也认为，自战国始，杨墨、申韩之学纷然淆乱，儒学既已遭致折辱，佛教传入以及道教兴起后，儒学的地位每况愈下，竟至与佛道并而为三，"汉、魏而下，则又甚焉。佛老之徒横于中国，彼以死生祸福、虚无报应为事。……于是其教与儒齐驱并驾，峙而为三"⑧。孙复指陈佛老对人伦

---

① 《续资治通鉴长编》卷六十三《真宗·景德三年》。
② 《宋史》卷四百二十九《道学三·朱熹传》。
③ 张亮采：《中国风俗史》，第124页。
④ 《李觏集》卷十六《富国策第五》。
⑤ 《宋史》卷四百三十二《儒林二·石介传》。
⑥ 《徂徕石先生文集》卷七《读〈原道〉》。
⑦ 《徂徕石先生文集》卷十《中国论》。
⑧ 《宋元学案》卷二《泰山学案》。

纲常的破坏，"去君臣之礼，绝父子之戚，灭夫妇之义。儒者不以仁义礼乐为心则已，若以为心，得不鸣鼓而攻之乎"①。曾巩认为佛经"乱俗"，迷惑世人②。欧阳修继承韩愈排佛思想，从儒家立场反佛，认为"礼义者，胜佛之本也"③，反对以佛道治国。

宋代道学兴盛并非偶然，从历史溯源而言，是隋唐以来儒释道融合、宋初反思传统儒学重振儒学的结果。在佛道盛行与反对佛道的两种力量中，儒学与佛道既相互对峙又相互吸纳。道学家固然坚守儒家人伦的立场，但同时都具有很深厚的佛学和道教素养。据史记载，张载研读《中庸》，犹以为未足，"又访诸释、老，累年究极其说"④；程颢之学"泛滥于诸家，出入于老、释者几十年，返求诸六经而后得之"⑤。一方面，传统的训诂、辞章之学无力应对佛教思辨而精致的理论形式，必须吸收佛道思想养分，使其理论形式更加精致化；另一方面，佛道思想也必须与儒家思想相妥协，使其教义世俗化、伦理化。在这样的契机下，在抵御佛道的同时，儒学与佛教、道教相互吸纳借鉴，产生了儒释道互补的思想成果，即宋明新儒学。

第二，道学致力于修复人伦秩序，恢复儒家纲常权威。唐末五代是中国历史上大分裂大混乱时期。当此之时天下大乱，篡弑相寻，道德沦丧。在宋人的眼里，这是一个干戈贼乱、人伦尽丧之世，"礼乐崩坏，三纲五常之道绝，而先王之制度文章扫地而尽于是矣"⑥。对纲常的破坏，尤其以君为臣纲最为严重。因此，宋代建立政权后，一方面要强干弱枝，加强中央集权，另一方面要在思想上加强控制，整饬社会秩序，修复残唐五代对人伦道德造成的巨大创伤，重新树立三纲的绝对权威，在思想上强化臣子对君主之忠。宋太宗曾对春秋时期管仲不死公子纠而相桓公一事发表议论，认为管仲不能固守臣子之节，质疑管仲的"为臣之道"，他说："管

---

① 《宋元学案》卷二《泰山学案》。
② 参见《王荆公文集笺注》卷三十六《答曾子固书》。
③ 《欧阳修诗文集校笺》卷十七《论六首·本论上》。
④ 《宋史》卷四百二十七《道学一·张载传》。
⑤ 《宋史》卷四百二十七《道学一·程颢传》。
⑥ 《新五代史》卷十七《晋家人传》。

仲、召忽皆事公子纠，小白之入，召忽死之，管仲乃归齐相桓公。岂非召忽以忠死，而管仲不能固其节，为臣之道当若是乎？"① 儒家学者邢昺任国子博士，为诸王讲说儒家经义，"每至发明君臣父子之道，必重复陈之"，这件事被宋太宗知道后，"太宗益喜"②。宋仁宗时期，翰林侍讲学士孙奭在讲解儒家经典时，以唐末五代为反面典型，"每讲论至前世乱君亡国，必反覆规讽"③。

宋明时期，以儒家人伦纲常修缮风俗，整顿世道人心，一直是道学家的重要任务。北宋灭亡后，学者们从道德角度反思靖康之败的根本原因。罗从彦认为，天下之变不起于四方，而起于朝廷。若儒学昌明，则天下明道者多，"忠义行之者易"；而汉唐以来崇尚经学，失周、孔之心，明道者寡，"忠义行之者难"④。二程三传弟子、朱熹的老师李侗"伤时忧国"，将北宋灭亡归结为纲常破坏所致，他说："今日三纲不振，义利不分。三纲不振，故人心邪僻，不堪任用，是致上下之气间隔，而中国日衰"⑤。朱熹从人伦道德的角度，多次给皇帝上疏阐明君臣父子之道。他认为，南宋的当务之急为"六事"：培养太子、选任大臣、振举纲纪、变化风俗、爱养民力、修明军政。他认为，"父子大伦，三纲所系"；他反对自汉文帝以来的短丧之制，"自汉文短丧，历代因之，天子遂无三年之丧。为父且然，则嫡孙承重可知。人纪废坏，三纲不明，千有余年，莫能厘正"；他主张用儒家古礼，"子为父，嫡孙承重为祖父，皆斩缞三年"，若嫡子继承皇位不能执丧，则由嫡孙代执三年之丧；他劝诫皇帝亲近儒学，"日用之间，以求放心为之本"⑥。朱熹认为，南宋社会道德积弊甚多，为患日久，"纲纪不正于上，风俗颓弊于下"：以社会风气而论，人们追求"软美之态，依阿之言"；在价值观上，人们"以不分是非、不辨曲直为得计"，为求得一己之私，"惟得之求，无复廉耻"⑦。明代的王阳明有感于程朱理学

---

① 《宋史》卷四百三十一《儒林一·邢昺传》。
② 同上。
③ 《宋史》卷四百三十一《儒林一·孙奭传》。
④ 《宋史》卷四百二十八《道学二·罗从彦传》。
⑤ 《宋史》卷四百二十八《道学二·李侗传》。
⑥ 《宋史》卷四百二十九《道学三·朱熹传》。
⑦ 同上。

由于支离僵化烦琐之弊,已渐失约束人心之功效,遂以心学致力于"破心中贼"。

第三,道学持儒家重义轻利的价值立场,是宋明时期复杂的社会背景在伦理观方面的反映。北宋收拾五代残乱,但它的统一并不彻底。当时,北方是契丹建立的辽,西北有党项人的西夏,云南有白族大理政权,新疆是黑汗和西州回鹘政权,西藏是吐蕃诸部。辽、西夏对宋侵扰不断。同时,宋初土地兼并严重,"势官富姓,占田无限,兼并冒伪,习以成俗"①,社会矛盾十分尖锐。在此情势下,富国强兵为时势所需,而富国强兵的出路则在变法。宋仁宗时期,范仲淹主持庆历新政。宋神宗时期,王安石主持熙宁变法。两次变法均以失败而告终。宋神宗死后,哲宗年幼,高太后垂帘,元祐年间起用司马光为相,尽废新法,史称元祐更化。宋哲宗亲政后,改年号为"绍圣",意谓继承宋神宗时期的新法。六年后,哲宗去世,徽宗继位,次年改元"崇宁",意谓回到熙宁变法。综观北宋政治,在变法与反变法、新与旧之间盘桓。拥护变法与反对变法各有庞大的拥护者,遂成朋党之争。政见不同而致党同伐异,百姓负担加重更加致使社会矛盾激化,加之对外与辽、金的关系不当与失利,遂致北宋灭亡。

道学家倡道德义理,反对改革所致的急功近利,和当时的改革与守旧之争、主战与主和之争、功利之学与义理之学之争交织在一起。熙宁变法时,王安石新法遭到很多人的反对,当时颇有人望的韩琦、富弼、司马光、欧阳修、程颐、苏轼等人均反对王安石,双方犹冰炭之不可共器。反对变法的人,既有居高位的大臣,也有道学家,很多人是官员与道学家两重身份兼具。他们反对变法,矛头指向新法操之过急,百姓负担加重,以及推行新法而拔擢新锐,导致用人不当,等等。道学家们更关注的是新法推行所可能带来的始料不及的人伦隐患。程颐认为,即便王安石变法侥幸成功,变法对社会道德风尚造成隐患也绝非国家之福,"正使侥幸有小成,而兴利之臣日进,尚德之风浸衰,尤非朝廷之福"②。苏轼认为,变法导致社会急功近利,危害风俗,破坏社会的伦理基础。他说:"国家之所以

---

① 《宋史》卷一百七十三《食货志上》。
② 《宋史》卷四百二十七《道学一·程颢传》。

存亡者，在道德之浅深，不在乎强与弱。历数之所以长短者，在风俗之薄厚，不在乎富与贫"①。苏轼认为，道德风俗对于社会的重要性不啻物质基础。社会的急功近利之心一旦被激发，"其所得小，而所丧大也"，"未享其利，浇风已成"②。他上疏宋神宗，"愿陛下务崇道德而厚风俗，不愿陛下急于有功而贪富强"③。靖康之难后，宋代道学家如杨时、李侗等将北宋灭亡的罪魁祸首归于王安石的新法，认为王安石挟管商之术，"陷溺人心"，"今日之祸，实安石有以启之"④。这种观点淡化了宋统治者的妥协退让以及战略失利、奸佞当道、士大夫集团的朋党之争等因素，让王安石的新法为靖康之耻背锅，固然失之于简单，但从人伦道德、社会风尚对社会的深层影响来评价新法，应该说具有深刻性与敏锐性。人伦道德作为一个社会赖以稳定的深层维系力量，对社会伦理、道德风尚的破坏所可能导致的灾难，已为历史上的思想家们所重视，如贾谊对秦法的批评，司马迁对战国尚利之风的揭露，等等。以此言之，宋明道学家的义理之说，虽难辞迂阔之评，但亦不乏深刻用意，正如顾炎武对苏轼指责王安石新法的点评，"当时论新法者多矣，未有若此之深切者"⑤。

第二节　宋明道学的本体言说

按照张岱年先生的观点，理学继承孔孟道统，汲取佛道思想成分，提出以"天理"为宇宙本体和道德本原，对以往儒家的人性论、义利观、修养论等思想做了总结和发展，进一步把道德观与本体论、认识论融为一体，给儒家伦理思想以"理学"的思辨形态⑥。道学的核心是伦理观，但其在理论形态上与先秦儒学、两汉儒学不同，其人伦道德建立在本体论的

---

① 《宋史》卷三百三十八《苏轼传》。
② 同上。
③ 同上。
④ 《宋史》卷四百二十八《道学二·杨时传》。
⑤ 《日知录》卷十三。
⑥ 参见张岱年：《〈中国伦理思想史〉绪论》，《中国社会科学》1988年第6期。

基础上，使道学具有新儒学的特质。

一、本体论视域下的道学人伦观

张载认为，秦汉以来儒学的一大弊病是"知人而不知天"①，因此张载在天人关系上下功夫，明确提出"天人合一"，为其人伦观构建本体论基础，建立了"气本论"的自然观。张载把存在分为有形有象的万物和虚空无物的太虚。太虚为"气之本体"，万物为气之"客形"。有形有象的万物是由气构成的，"凡可状，皆有也；凡有，皆象也；凡象，皆气也"②。张载所说的"有"即存在，"象"即现象。一切存在、现象都是气。"气"是宇宙的本体，有形有象的宇宙万物是由气构成的。有形有象为物，无形无象则为太虚。有形有象的物，人可以看见；无形无象的太虚，人看不见。太虚看似空若无物，但并不是不存在，而是气散在、尚未聚合的状态。他说："太虚不能无气，气不能不聚而为万物，万物不能不散而为太虚"③。气聚则有形，气散则无形。气聚而为万物，气散则为太虚，太虚、气、万物的关系是聚散的关系。在张载看来，气的聚散只有明显和幽暗的差别，而不是有与无的区分，"知太虚即气，则无无"④。张载"太虚即气"反对的是佛道宇宙论。道家认为"有生于无"，主张以无为本；佛家认为万物是空无的太虚所生出的幻象，宣扬万物为空。张载认为，一个虚无的实体，无法产生有形的万事万物。如果说"虚能生气"的话，那么这就等于承认了虚是绝对的、气是相对的，虚是无穷的、气是有限的。这样就割裂了体用不二的关系，陷入了道家"有生于无"的误区。如果按照佛教的说法，山川大地都是幻象，自然世界是心所创造，"以心法起灭天地，以小缘大，以末缘本"⑤，那么这就如同把不知道的东西说成假的，像夏虫疑冰一样荒谬。张载的气本论是对中国古代元气自然论的继承和发展。他在批评佛道的同时，访诸佛道，潜心研究，吸纳佛道思辨的思想因素，在

---

① 《宋史》卷四百二十七《道学一·张载传》。
② 《张载集·正蒙·乾称》。
③ 《张载集·正蒙·太和》。
④ 同上。
⑤ 《张载集·正蒙·大心》。

自然观上提出"太虚即气",以气为本;又由气有清浊之别,进而得出人有天地之性与气质之性的人性观点,在人伦观上着眼于道德教化,强调以礼为教,变化气质。

二程和朱熹的人伦本体论可被概括为"理本论"。程颢说:"吾学虽有所受,天理二字却是自家体贴出来"①。"理"是二程思想的核心范畴、最高范畴。二程认为,世界的根源是"理"。天理是永恒存在的,"天理云者,这一个道理,更有甚穷已?不为尧存,不为桀亡"②。在二程的基础上,朱熹进一步发展了理一元论。朱熹说:"天地之间,有理有气。理也者,形而上之道也,生物之本也。气也者,形而下之器也,生物之具也"③。朱熹承认宇宙中有理有气,而且认为二者不能分开;但他更要强调的是理是根本的、主要的、第一性的,是形而上之道,是世界的本原,"宇宙之间,一理而已"④。在程朱看来,"理"先于宇宙万物而存在,"未有天地之先,毕竟也只是理。有此理,便有此天地。若无此理,便亦无天地,无人无物"⑤。被程朱当作宇宙本原、观念逻辑先在的"理",其内容无他,正是儒家的人伦纲常。二程说:"人伦者,天理也"⑥。二程认为,放之四海而不易之"理",无外乎君臣、父子、夫妇、长幼、朋友之道,无外乎人伦之理,"父子君臣,天下之定理,无所逃于天地之间"⑦。朱熹把人伦纲常之道的"当然之则"称作"理",他说:"君臣父子夫妇长幼朋友之常,是皆必有当然之则,而自不容已,所谓理也"⑧。朱熹认为,万物一理,禀气有异,故理同而气异,此即"理一分殊","理一分殊,合天地万物而言,只是一个理。及在人,则又各自有一个理"⑨。"理一分殊"是宋明道学汲取华严宗"一多相容"的观点发展而来,认为理本一贯,分

---

① 《二程集·河南程氏外书》卷十二《传闻杂记》。
② 《二程集·河南程氏遗书》卷二上《二先生语二上》。
③ 《晦庵先生朱文公文集》卷五十八《答黄道夫》。
④ 《晦庵先生朱文公文集》卷七十《读大纪》。
⑤ 《朱子语类》卷一《理气上》。
⑥ 《二程集·河南程氏外书》卷七《胡氏本拾遗》。
⑦ 《二程集·河南程氏遗书》卷五《二先生语五》。
⑧ 《四书或问·大学或问下》。
⑨ 《朱子语类》卷一《理气上》。

殊各有一理，朱熹将之喻为"月映万川"。道学强调理一分殊，旨在为人伦道德奠定基础。万物皆有此理，此理同出一原，此为"理一"；因为每个人在伦理关系中的位置不同，故伦理要求自然不同，此为"分殊"。虽然每个人在伦理关系中的地位不同、角色不一，但人人安伦、尽伦的要求是一样的，"如为君须仁，为臣须敬，为子须孝，为父须慈"，君臣、父子之伦，无不是天理的体现，"然莫非一理之流行也"①。程朱把人伦纲常提升到"天理"的高度，"宇宙之间，一理而已。……其张之为三纲，其纪之为五常，盖皆此理之流行，无所适而不在"②。既然纲常为天理，那么人伦之道就为天理之至，"三纲之要，五常之本，人伦天理之至，无所逃于天地之间"③。在程朱看来，君臣父子夫妇之道不可改变，"三纲五常，终变不得。君臣依旧是君臣，父子依旧是父子"④。理本论的道德哲学不但使纲常人伦获得本体论支撑，使中国传统哲学转向本体论言说，而且使作为天理具体内容的人伦道德同样具有逻辑先在性，"未有这事，先有这理"⑤。未有君臣关系，已先有君臣之理，未有父子关系，已先有父子之理，成为宋明时期加强中央集权的思想利器。

陆九渊和王阳明的人伦本体论为"心本论"。在程朱理学盛行的南宋时期，陆九渊亦承认"理"是世界本原、万物本体，"塞宇宙一理耳"⑥。但他认为，此理并非孤立悬空的存在，理在心中，心外无理，别树一帜创立"心学"。他说："人皆有是心，心皆具是理。心即理也"⑦。既然充塞宇宙的理不外于人心，理与心不容有二，理与心合一，那么心便成为宇宙之本原，"宇宙便是吾心，吾心即是宇宙"⑧。明代王守仁继陆九渊"心即理"而提出"心外无理"，"心即理也。天下又有心外之事，心外之理

---

① 《朱子语类》卷十八《大学五》。
② 《晦庵先生朱文公文集》卷七十《读大纪》。
③ 《晦庵先生朱文公文集》卷十三《垂拱奏劄二》。
④ 《朱子语类》卷二十四《论语六》。
⑤ 《朱子语类》卷九十五《程子之书一》。
⑥ 《陆九渊集》卷十二《与赵咏道》。
⑦ 《陆九渊集》卷十一《与李宰》。
⑧ 《陆九渊集》卷二十二《杂说》。

乎?"① 陆王所说的"心"与程朱所说的"理",在内容上并无不同,都是指儒家的人伦纲常。王阳明说:"此心无私欲之蔽,即是天理,不须外面添一分。以此纯乎天理之心,发之事父便是孝,发之事君便是忠,发之交友治民便是信与仁"②。陆九渊继承孟子四心说,将心看作道德之原,看作人伦道德的本体依据。陆王的人伦心本论与程朱的人伦理本论虽然有别,一个将人伦道德诉诸主观的心本体,一个将人伦道德诉诸客观的理本体,但都在寻找道德原则、人伦纲常背后的"所以然","这就把古代的社会道德准则上升到本体、本原的高度,对它的神圣性、永恒性作了进一步的理论论证"③。

二、两重人性、两重人心与人伦

自孟子道性善,言"人之所以异于禽兽者",将爱亲敬长的人伦道德看作人本有的"良知良能",人性问题遂成为中国哲学解释人伦道德的元问题。与先秦汉唐对人性的理解不同,宋代理学的人性论是人性二元论或者两重人性论,而此前人性论大抵为性一元论。张岱年先生认为,人性二元论始创于张载,精练于程颐,集大成于朱熹④。

张载在气一元论的基础上提出其人性论。人人都有"天地之性",太虚之气是气的本来状态,它清澈纯粹,是至善的。每个人的人伦道德来自至清至纯的太虚之气,这是宇宙全体之性,是人人共有的天地之性。但每个人的人伦道德因其禀气不同而不同,气杂而不纯,有清有浊,因此每个人又有特殊的"气质之性"。天地之性是善的来源,是人伦道德的应然状态;气质之性有善有恶、可善可恶,是人伦道德的实然状态。张载认为,"饮食男女皆性也"⑤,每个人都有饮食男女的自然欲求,但人的气质之性并非一成不变,经过变化气质,使自己的欲求合乎人伦规范、社会纲常,每个人都可以去恶为善。张载的天地之性和气质之性的两重人性论开启了

---

① 《传习录》上。
② 同上。
③ 张锡勤、柴文华主编:《中国伦理道德变迁史稿》下卷,人民出版社,2008,第10页。
④ 参见张岱年:《中国哲学大纲》,第211页。
⑤ 《张载集·正蒙·乾称》。

宋明道学人性论的新阶段，用抽象与具体、一般与个别的关系来阐述人性的善与恶，其关于人性的应然与实然、恶的来源、去恶为善之方等问题的阐释，较此前性一元论的阐述更为完备和精致，对人伦与人性的关系做了更为深入的道德哲学的论证。继张载之后，二程同样认为，人禀气不同，故人有善恶之别，"有自幼而善，有自幼而恶，是气禀有然也"①。尽管人有恶有善，但因为"性即理"，而天理的内容是三纲五常的人伦道德，所以每个人的人伦道德具有应然的善性，"自性而行，皆善也，圣人因其善也，则为仁义礼智信以名之"②。朱熹继张载、二程之后，其两重人性论更为系统和精致。从其理本论出发，朱熹认为，人之所以生，是理与气相合的结果，人的语言动作、思虑营为，乃为气；人的孝悌忠信、仁义礼智，乃为理。正因为人有理有气，所以在人性上，人有"天地之性"与"气质之性"。朱熹认为，性即理，在心为性，在事为理。"性是实理，仁义礼智皆具"③。既然性即理，人人皆具纯粹、至善的天地之性，那么恶从何而来？朱熹仍然用张载的禀气说来解释。朱熹认为，性即理，人人具有天地之性未尝不同，"但人物之禀受自有异耳"④，由于人禀气的不同，至善的理与各种性质的气相混杂，并形成了人人不同的"气质之性"，"论天地之性，则专指理言；论气质之性，则以理与气杂而言之"⑤。朱熹明确指出，人的善恶全在于禀气不同，且多数人禀气不佳、气质不善，只有通过"学"，服膺社会既定的人伦纲常，方可变化气质。由张载首创、二程精练、朱熹集大成的道学两重人性论，是对先秦、汉唐人性论的理论总结。它首先阐释了人伦道德既源出于天，又根植于性，论证了人伦道德的神圣性和天然合理性；同时，既说明了人伦纲常之于人的可能性，又指出了人伦教化和人伦修养之于人的必要性。两重人性论系统而完备，将人伦说为天理，又将人伦根植于人性，具有鲜明的宋明新儒学特质。两重人性论不但终结了此前关于人性的争论，更可谓有功于圣门，有补于后学，影

---

① 《二程集·河南程氏遗书》卷一《二先生语一》。
② 《二程集·河南程氏遗书》卷二十五《伊川先生语十一》。
③ 《朱子语类》卷五《性理二》。
④ 《朱子语类》卷四《性理一》。
⑤ 同上。

响深远。

由两重人性，朱熹进一步提出两重人心。朱熹认为，心"虚灵知觉"，心所认识的对象是"理"，因此心"一而已矣"；但由于每个人禀气不同，故"有人心、道心之异"①。有的人禀气清澈纯粹，得天地之性，"原于性命之正"，是为"道心"；有的人则禀气浑浊不纯，得气质之性，"生于形气之私"，是为"人心"②。朱熹认为，人有气有理，有天地之性亦有气质之性，故人既有道心也有人心，"人莫不有是形，故虽上智不能无人心；亦莫不有是性，故虽下愚不能无道心"③。朱熹认为，人心和道心并不是说人有两个心，也不是说人有两种心，道心与人心其实是一个心，或者说是两重心，指的是人的欲望以及道德理性对欲望的驾驭能力，"二者杂于方寸之间"④。朱熹对人心道心的论述，源自《尚书·大禹谟》的"人心惟危，道心惟微，惟精惟一，允执厥中"十六个字，虽然《大禹谟》后被证明为伪书，但宋儒认为，这是尧舜禹三圣的"十六字心传"。宋代，佛道盛行，儒学几至没而不传，在道学家看来，正可谓人心危险难安，道心幽微不明。因此，弘扬儒家的人伦纲常，用道心去控制人心，"使道心常为一身之主，而人心每听命焉"⑤，是以朱熹为代表的宋明道学家的责任与使命。

朱熹认为，所谓人心便是人的自然欲望和利益追求，而道心则是人的道德理性，是对自然欲望和利益追求的掌控、把握能力，"人心便是饥而思食、寒而思衣底心。饥而思食后，思量当食与不当食；寒而思衣后，思量当者与不当者，这便是道心"⑥。朱熹称《中庸》首句的"天命之谓性，率性之谓道"，是"道心之谓也"⑦。他更形象地把人心与道心的关系比作船与柁，"人心如船，道心如柁"⑧。在儒家看来，自觉践行儒家的人伦道

---

① 《四书章句集注·中庸章句·中庸章句序》。
② 同上。
③ 同上。
④ 同上。
⑤ 同上。
⑥ 《朱子语类》卷七十八《尚书一》。
⑦ 《四书章句集注·中庸章句·中庸章句序》。
⑧ 《朱子语类》卷七十八《尚书一》。

德，自觉地对个人的自然欲望和利益追求进行节制，此乃圣贤相传的心法，不可须臾背离。朱熹关于两重人心的观点是非常深刻的。无论任何时代，道德理性与利益欲求之间都存在辩证的关系，其间的取舍令人纠结，也令人沉思。作为道德主体的个人，如何认识到人人先天拥有的天地之性，认识到人之为人的高贵，行其所当行，在进入新时代的今天，仍然是一个未完结的伦理议题。

第三节 道学人伦观及其问题意识

道学的出现可谓宋代思想文化领域最具标志性的事件。尽管宋代道学的内部思想并不完全一致，从宇宙观而言，有气本论、理本论、心本论之别，在政治立场上有新党与旧党、主战派与主和派对立，在价值取向上有义理之学与事功学派之争，又有程朱理学与陆王心学之异，但究其根本，宋代道学契合时代语境，回应朝野关切，关注由先秦儒家提出的义利、理欲、知行、夷夏诸问题，于切磋攻讦中反映出鲜明的问题意识。

一、"利最难言"的道德隐忧

义利问题是中国传统伦理的基本问题之一。重义轻利是儒家的主流价值取向，亦为宋代道学家所尊崇，二程说："天下之事，惟义利而已"①。在义利观上，他们首先承认，"利者，众人所同欲"②，既然众人皆有求利之心，那么圣贤、君子也不能例外，"君子未尝不欲利"③。为了说明利本身并不是洪水猛兽，朱熹针对《论语》中"子罕言利"一句解释说，圣人并非不言利，不过是"罕言"而已；利不能不要，"利不是不好"，孔子之所以"罕言"，是因为利益问题最难处理，故"不是不言又不可多言"，因为"利最难言"④。他说："圣人岂不言利，但所以罕言者，正恐人求之则

---

① 《二程集·河南程氏遗书》卷十一《明道先生语一》。
② 《二程集·周易程氏传》卷三《周易下经上》。
③ 《二程集·河南程氏遗书》卷十九《伊川先生语五》。
④ 《朱子语类》卷三十六《论语十八》。

害义矣。……利最难言。利不是不好，但圣人方要言，恐人一向去趋利；方不言，不应是教人去就害，故但罕言之耳"①。道学义利观首先承认利的合理性，但其论述重点则在于阐述"罕言利"、轻利的道德正当性。那么，如何既获得正当的利益又避免使人因"趋利"而"就害"呢？朱熹认为，《周易》的"利者义之和也"命题义理深刻，利与义紧密关联，利不离义，求利不是抛开义。他说："只万物各得其分，便是利。君得其为君，臣得其为臣，父得其为父，子得其为子，何利如之！"② 在朱熹看来，所谓义利关系无非是"各得其分"，即每个人安于自己在社会伦理关系中的位置，完成各自的人伦义务，君君臣臣，父父子子，各安其伦，各得其义，亦各得其利。宋代心学乃道学别派，朱熹与陆氏兄弟互相切磋、辩难，他们重义轻利的立场完全一致，但致思理路则反映出理学与心学的不同。淳熙八年（1181年），陆九渊访朱熹于南康，受朱熹之邀到白鹿洞书院讲学，专讲"君子喻于义，小人喻于利"一章。陆九渊说："人之所喻由其所习，所习由其所志。志乎义，则所习者必在于义，所习在义，斯喻于义矣。志乎利，则所习者必在于利，所习在利，斯喻于利矣"③。在心学看来，义利选择取决于"志"，是由"心"决定的。讲毕，朱熹表示"熹当与诸生共守，以无忘陆先生之训"；又复请陆九渊"书其说"，并"以讲义刻于石"。朱熹对弟子杨道夫说，读书人逐利之风大盛，读书为了做官，做官后还要升官，"自少至老，自顶至踵，无非为利"，因此，朱熹赞陆九渊"说得这义利分明"，认为其"说得好"，"说得痛快"④。

宋代道学将义利问题看作儒者第一义，反复发明，尤为关切，有其深刻的社会背景。宋明时期是中国古代社会发展的成熟时期。宋代城市繁荣，商业发达，求利之风盛行。经济发展的同时，土地兼并严重，统治集团肆无忌惮地攫取百姓利益。在对外关系上，澶渊之盟宋与辽约为兄弟之国，"定岁币之数银十万两，绢二十万匹"，仁宗时期，辽再起兵端，"加

---

① 《朱子语类》卷三十六《论语十八》。
② 《朱子语类》卷六十八《易四》。
③ 《陆九渊集》卷二十三《讲义》。
④ 《陆九渊集》卷三十六《年谱》。

岁币银绢各十万两匹"；与西夏达成和议，"赐岁币银绢茶彩共二十五万五千"①。岁币负担必然转嫁到百姓身上，内外双重因素导致宋代财政紧张和政治危机交叠。当此情势之下，变法是富国强兵的唯一出路。但是，熙宁变法遭到以司马光、二程、欧阳修、苏轼等一批士人领袖为代表的道学家的抵制。他们或上疏皇帝，或开坛讲学，或著书立说，对以王安石等为代表的改革派进行批评。他们以儒家重义轻利说为武器，以"尚德"反对"兴利"，以"崇道德"反对"贪富强"，以"公义"反对"私利"。宋代道学家把义利与公私并列，他们以公私来解释义利，甚至直接将利等同于私，将义等同于公。二程认为，"义利云者，公与私之异也"②；陆九渊说："凡欲为学，当先识义利公私之辨"③。义利之辨在道学中处在根本性地位，"学莫先于义利之辨"④。

宋代道学家严义利之辨，既有告诫统治集团、以正君心之用意，同时也反映了道学内部的理论分歧和政治立场。宋仁宗时期，李觏强调财用对于治国理政的重要意义，《洪范》"八政"首言食货，孔子曰"足食足兵"⑤，李觏认为这些都说明圣人从来都把物质生活放在重要位置，所谓"贵义而贱利"是儒家道德教化之论，而非治国之策，因此他提出"治国之实，必本于财用"⑥。以王安石为代表的新党重视功利，主张义利统一，"理财"求利的变法呼声较高。王安石说，一部《周礼》理财居其半，岂能说周公好利，可见治理国家离不开"利"。王安石提出"政事所以理财，理财乃所谓义"⑦，为宋神宗熙宁变法提供理论依据。宋室南渡后，以陈亮、叶适为代表的南宋浙东学派呼吁北伐，重视事功，反对空谈义理，与朱熹一派继续就"王霸义利"展开争论。陈亮认为，从三代到汉唐的历史来看，义不离利，霸不离王，"谓之杂霸者，其道固本于王"⑧，追求事功

---

① 《廿二史札记》卷二十六。
② 《二程集·河南程氏粹言》卷一《论道篇》。
③ 《陆九渊集》卷三十五《语录下》。
④ 《宋史》卷四百二十九《道学三·张栻传》。
⑤ 《论语·颜渊》。
⑥ 《李觏集》卷十六《富国策第一》。
⑦ 《王荆公文集笺注》卷三十六《答曾公立书》。
⑧ 《陈亮集》卷二十《又甲辰秋书》。

本身就是王道，故黄宗羲将其思想主旨概括为"功到成处，便是有德；事到济处，便是有理"①的功利主义。

作为中国传统伦理基本议题，义利关系总是常议常新，每每成为一个具有鲜明时代印记的话题。宋室南渡后，道学家们总结北宋亡于金的历史教训，将矛头直指王安石。杨时、李侗认为，新法崇尚功利，陷溺世道风俗，王安石应该为靖康之变承担责任。当然，这种指责流于表面，亦有为皇帝开脱之嫌，也存在政见、学术主张不同等因素。但关注新法推行过程中引发的急功近利之风有可能给社会带来的道德隐患，关注一个社会的道德风尚和精神状态对于该社会长治久安的重要意义，关注物质与精神、公平与效率、当下之利与长远发展之间的平衡和协调，一直是中国伦理思想史上更重要的议题。道学家之论虽显迂阔，但亦不乏深刻用意，也为后人提供了思想启迪。

二、物化的焦虑与窒欲的必要

理欲问题是关于人的规定性及其道德制衡的哲学反思。孔孟虽未明确提出理欲关系命题，但节欲的基本立场是明确的。《礼记》首提"天理""人欲"两个概念，认为穷尽人欲将导致天理湮灭，告诫人们警惕为物欲所化，反映了儒家在理欲问题上的主流价值观。

宋代道学是建立在本体论基础上的道德哲学，为人伦道德确立了形上依据。张载认为，太虚即气，气有聚散；散则为太虚，聚则为万物。清澈纯粹的太虚之气是气之本体，张载称之为"天地之性"。天地之性体现为人的本质规定性，"仁义礼智，人之道也，亦可谓性"②。天地之性人人皆有，人人皆同，是人与动物的本质区别。程朱认为性理同一，"性即是理，理则自尧舜至于涂人，一也"③，"性者，人之所得于天之理也"④，"理"是道德的终极依据，故称"天理"，其内容是儒家人伦纲常。道学家从形上层面阐述了"理"的价值优先性，是对孔孟以来儒家理欲观的继承和发

---

① 《宋元学案》卷五十六《龙川学案》。
② 《张载集·张子语录·中》。
③ 《二程集·河南程氏遗书》卷十八《伊川先生语四》。
④ 《四书章句集注·孟子集注·告子章句上》。

展，使理欲观具有了宋代新儒学的特质。

宋代道学认为，性同气异，人既有纯然至善的天地之性，又有因禀气不同而善恶混杂的气质之性，"人之性虽同，气则有异"①。气质之性有善有恶，"饮食男女皆性也，是乌可灭？"② 人的本能欲望不是恶，不当的、过多的私欲才是恶。通过变化气质，被私欲遮蔽的天地之性方可彰显，因此张载强调"寡欲"，要做到"不以嗜欲累其心"③。程朱认为，人有饮食男女之欲，乃性之自然，欲望不能禁绝也无法禁绝，"耳闻目见，饮食男女之欲，喜怒哀乐之变，皆其性之自然"④。朱熹基于人心道心论"欲"，认为人心之中有人欲，但"人心不全是人欲"⑤。朱熹把那种认为"人心，人欲也"的观点称为"有病"⑥。道学家肯定人的欲望具有合理性，并不是把人的所有欲望全都看作洪水猛兽加以禁绝，体现了儒家节欲说与佛家禁欲说的区别。但是，他们更为关注的则是如何用道德超越欲望，避免其肆而横流，甚至完全吞没道心，淹没天理。故此，道学家理欲之辨的重点显然不在于论述欲望的合理性，而在于阐述"窒欲"的必要性。为严理欲之防，论证人欲的危害，他们将理与欲对立起来，明确提出"明天理，灭人欲"⑦。

二程认为，圣人十六字心传中的"人心惟危"即指"人欲"，"道心惟微"即指"天理"，"人心私欲，故危殆。道心天理，故精微。灭私欲则天理明矣"⑧，人心充斥着私欲，因而是危险的；道心由天理所充塞，故而是精微的。二程认为道心之"惟微"是"精微"，朱熹则认为道心是"微妙而难见"，若任由人欲遮蔽，则"微者愈微，而天理之公卒无以胜夫人欲之私矣"⑨。基于人心道心的两重人心说，程朱严格划定"天理"与

---

① 《张载集·张子语录·下》。
② 《张载集·正蒙·乾称》。
③ 《张载集·正蒙·诚明》。
④ 《二程集·河南程氏粹言》卷一《论道篇》。
⑤ 《朱子语类》卷一百一十八《朱子十五》。
⑥ 《朱子语类》卷七十八《尚书一》。
⑦ 《朱子语类》卷十二《学六》。
⑧ 《二程集·河南程氏遗书》卷二十四《伊川先生语十》。
⑨ 《四书章句集注·中庸章句·中庸章句序》。

"人欲"之间的界限。朱熹以饮食和衣服为喻来界定"理""欲","饮食者,天理也;要求美味,人欲也"①,"夏葛冬裘,渴饮饥食,此理所当然。才是葛必欲精细,食必求饱美,这便是欲"②。这个划分标准粗看有道理,但实际上,"要求美味""葛必欲精细""食必求饱美"并无统一标准。对于某些人来说属于正当欲求的衣食住行,对于其他人而言,则为越礼的"人欲"。为了解决这个问题,朱熹引入"礼"标准,"非礼勿视听言动,便是天理;非礼而视听言动,便是人欲"③,将判定"人欲"的标准直接与人在社会伦理关系中的地位及其伦理规范对应,符合社会伦理准则的,为天理,反之则是人欲。

为了阐述人欲之害,宋代道学家对欲望保持高度警觉。在他们看来,哪怕是正当的欲望,也潜伏着吞噬天理的道德风险。据《宋元学案》记载,"宋初三先生"之一的石介做举子时生活清苦,当地官员爱才,送给他很多美味佳肴,被石介拒绝,"甘脆者,亦介之愿也。但日飨之则可,若止一餐,则明日无继。朝飨膏粱,暮厌粗粝,人之常情也。介所以不敢当赐"④。在石介看似迂腐的行为背后,其实是儒家一直以来对人可能沉溺于欲望的道德焦虑,这就是《礼记》关于"人化物"的观点,"好恶无节于内,知诱于外,不能反躬,天理灭矣。夫物之感人无穷,而人之好恶无节,则是物至而人化物也。人化物也者,灭天理而穷人欲者也"⑤。为了避免"人化物",对欲望时刻保持警醒之心,节欲甚至窒欲就十分必要。二程认为,人之所以为恶,不在于欲望,而在于人对欲望的不自省。"甚矣欲之害人也!人之为不善,欲诱之也。诱之而弗知,则至于天理灭而不知返"⑥。目则欲色,耳则欲声,鼻则欲香,口则欲味,体则欲安,这些欲望并不过分,但欲望的诱惑使人沉沦其中,人对此浑然不觉才是最危险的。道德主体"不自知",没有反求诸己的道德心,最终必将导致欲望湮

---

① 《朱子语类》卷十三《学七》。
② 《朱子语类》卷六十一《孟子十一》。
③ 《朱子语类》卷四十《论语二十二》。
④ 《宋元学案》卷二《泰山学案》。
⑤ 《礼记·乐记》。
⑥ 《二程集·河南程氏遗书》卷二十五《伊川先生语十一》。

灭天理。陆九渊说，居茅屋而慕楼宇，衣敝袍而慕华服，食粗茶淡饭而慕甘肥，"此乃是世人之通病"①，因此他主张以道德制衡私欲，"以道制欲，则乐而不厌；以欲忘道，则惑而不乐"②。王阳明"致良知"的内容也同样是"存天理，去人欲"。王阳明所力破的"心中贼"，就是宋儒所言之"人欲"。王阳明说："减得一分人欲，便是复得一分天理"③。

总体上，宋代道学并不否认人的欲望，但即便是正当的欲望，若任凭其牵引而不自知自省，也终将铸成大恶。有人问寡妇可否再嫁，程颐说："只是后世怕寒饿死，故有是说。然饿死事极小，失节事极大"④。可见，道学虽然不否认饮食男女等基本欲望的合理性，但更强调以道德超越欲望，甚至将理与欲对立起来，认为只有"窒欲""灭欲"，才能"存天理"。因此，理欲之辨关注的重点不在于为人的合理欲望做道德辩护，而在于阐述超越欲望的必要。道学家为了论证人欲害人之甚，告诫人们时刻警惕被欲望牵引而滑入物欲的泥潭；他们认为天理与人欲不两立，于道德主体而言只能做出非此即彼的选择。人欲胜则天理灭，天理存则人欲亡，二者此消彼长，只有节欲窒欲，才能彰显天理，"革尽人欲，复尽天理"⑤。

理学家严理欲之辨是面向所有人而言，自然也包括最高统治者。据《宋史》记载，程颢为宋神宗御史，经常劝谏宋神宗"正心窒欲"，"防未萌之欲"⑥；朱熹做经筵官，谏宋孝宗"六事"，告诫皇帝警惕"人心私欲"，他说："一心正则六事无不正，一有人心私欲以介乎其间，则虽欲愈精劳力，以求正夫六事者，亦将徒为文具，而天下之事愈至于不可为矣"⑦。因此，道学理欲观包含讽谏统治者约束过分膨胀的私欲、告诫他们杜绝未萌的欲望、节制奢靡行为、缓和社会矛盾的用意，具有现实针对性。同时，道学家的理欲之辨在理论层面回答欲望的合理性及其超越欲望的必要性问题，将先秦汉唐以来儒家理欲观创新性地发展为宋代道学理欲观。

---

① 《陆九渊集》卷三十四《语录上》。
② 《陆九渊集》卷二十二《杂说》。
③ 《传习录》上。
④ 《二程集·河南程氏遗书》卷二十二下《伊川先生语八下》。
⑤ 《朱子语类》卷十三《学七》。
⑥ 《宋史》卷四百二十七《道学一·程颢传》。
⑦ 《宋史》卷四百二十九《道学三·朱熹传》。

三、匡正人伦时弊之"对病的药"

知与行是认识论范畴，但中国传统伦理文化中的知与行，更具有道德认识和道德实践的意义。知行关系是中国传统伦理文化的主要议题。古人对知行问题有很多论述，总体倾向是知行相须，反对知而不行。孔子说："先行其言，而后从之"①。《中庸》有言"力行近乎仁"。宋明理学继承了儒家重行思想，尤为关切知行问题，展开激烈争论，以朱熹的"知先行后"说和王阳明的"知行合一"说为代表。

朱熹所说的知与行，主要不是认识论意义上的知行范畴，而是道德之知与道德之行、人伦之理与人伦实践。关于知行关系，朱熹认为，知与行紧密关联，不可分开，朱熹将知行称为"相须"，如同"目无足不行，足无目不见"②。同时，朱熹认为，知与行相互促进，"知之愈明，则行之愈笃；行之愈笃，则知之益明"③。就知行的先后次序来说，朱熹认为知先行后，他说，知行关系就如同人走路，总要先知道路，见到路，才可行路，可见知在先行在后，不知便不能行；一个人要践行孝、悌、信，首先要知孝、知悌、知信，"若讲得道理明时，自是事亲不得不孝，事兄不得不弟，交朋友不得不信"④。朱熹主张通过"穷理"而"致知"。朱熹说："天下之物莫不有理"⑤。此"理"是物之理，更是指儒家相传之"道"，"天下之理，岂有以加于此哉"⑥。"天理"的内容就是人伦纲常。朱熹认为，天理流行，只因为每个人禀气不同，故人伦道德为气禀所拘，为人欲所蔽，因此教民以穷理于日用彝伦之中，使人们获得正确的人伦之知，"其学焉者，无不有以知其性分之所固有，职分之所当为，而各俯焉以尽其力"⑦。在这里，朱熹强调人伦认识对于人伦实践的重要意义，人们只有通过穷理，明确自己在人伦关系中的位置，知道自己的伦理义务（"所

---

① 《论语·为政》。
② 《朱子语类》卷九《学三》。
③ 《朱子语类》卷十四《大学一》。
④ 《朱子语类》卷九《学三》。
⑤ 《四书章句集注·大学章句》。
⑥ 《四书章句集注·中庸章句·中庸章句序》。
⑦ 《四书章句集注·大学章句·大学章句序》。

当为"），才能尽力践行。因此，朱熹强调人伦之知的重要性，如果没有正确的道德认识，其行无异于"盲行"。朱熹认为，孔孟道统自汉唐以降，几为佛老异端之说所淹没。朱熹认识到穷理致知对于人伦践履的重要性，因此他毕生"竭其精力"，其卷帙浩繁的著述皆以阐明儒家经典为要务，致力于拨乱反正，去除佛老迷惑，使人们获得正确的道德之知，来指导正确的人伦实践。

朱熹重视人伦之知，但就知与行的重要性而言，朱熹则以行为目的，以道德践履为重。朱熹认为，获取真知是为了更好地践行，否则便失去了知的意义；如果知而不行，其结果与不知无异。他说："学之之博，未若知之之要；知之之要，未若行之之实"①。隆兴元年（1163年），朱熹曾谏议宋孝宗将"即理"与"应事"相结合，"大学之道在乎格物以致其知。陛下虽有生知之性，高世之行，而未尝随事以观理，即理以应事"②。据此朱熹批评宋孝宗知行脱节，知而不行，"举措之间动涉疑贰，听纳之际未免蔽欺，平治之效所以未著"③。显然朱熹主张知行相须，既强调知的重要性，也强调行的重要性；既反对空疏的学风，也反对空谈的世风。正如史家所言，朱熹为学，"大抵穷理以致其知，反躬以践其实"④。

程朱理学知行观固然重行，但"知先行后"说在客观上具有导致知行脱节的可能倾向。自宋代始，道学内部已经注意到这个问题，并力图加以矫正，以凸显朱熹重视人伦道德实践的一面。朱熹的弟子陈淳认为，"知行不是两截事，譬如行路，目视足履，岂能废一"⑤。至明代，王阳明从心外无理的人伦本体论出发，认为格物不应去格心外之理，而应格心，因为理不在心外。他说："外心以求理，此知行之所以二也。求理于吾心，此圣门知行合一之教"⑥。王阳明主张，在"知"则"省察克治"，于"行"则"事上磨练"。知与行共同的目标是去除人欲之私，将其斩杀于未

---

① 《朱子语类》卷十三《学七》。
② 《宋史》卷四百二十九《道学三・朱熹传》。
③ 同上。
④ 同上。
⑤ 《宋元学案》卷六十八《北溪学案》。
⑥ 《传习录》中。

萌之先。王阳明说："无事时将好色、好货、好名等私逐一追究，搜寻出来，定要拔去病根，永不复起，方始为快"①。王阳明认为，朱熹的错误在于将知与行分为两截，他则认为知与行不可分离："知是行的主意，行是知的功夫；知是行之始，行是知之成；若会得时，只说一个知已自有行在；只说一个行已自有知在"②。与朱熹一样，王阳明关注知行。他倡导知行合一当然主要不是进行道学的理论建构，他所针对的是明代的学风与世风。在王阳明的时代，人们的一个普遍弊病是道德上的心口不一、知行脱节，道德理论成为一些人猎取功名利禄的工具，"如今人尽有知得父当孝、兄当弟者，却不能孝、不能弟，便是知与行分明是两件"③。王阳明认为，这绝不是一个"小病痛"，而是时代的大问题，"知行合一"正是切中时弊的一剂良药。

四、华夷之辨与道学人伦观的关切

华夷之辨也称夷夏之辨，是中国古代思想家对华夏族和其他族群各自特点的分辨、认识，以及争论如何处理夷夏之间关系的价值准则。作为一个思想史话题，夷夏问题肇始于周朝天下体系的制度设计和伦理建构，成形于各民族融合浪潮风起云涌的春秋时期。孔子直接讲夷夏的资料不多，《论语》中仅见四条，从中可以看出孔子对华夏文化的推崇，但贵华夏贱夷狄的思想倾向并不明显。另有一条是孔子对管仲历史贡献的评价，虽然没有明确出现"夷夏"字样，但从中可见孔子推崇中华文化的立场。孟子在夷夏问题上的立场非常鲜明，他的"吾闻用夏变夷者，未闻变于夷者也"④，是儒家关于夷夏之辨的典型命题。秦汉以降，随着历史上第一个统一的多民族国家秦朝的建立，随着汉代大一统的政治和文化理念的确立，随着民族大融合的发展，夷夏之辨的问题意识和关于夷夏关系的讨论一直贯穿思想史始终。

宋结束了唐末五代十国的分裂割据，但宋的统一并不彻底。从疆域版

---

① 《传习录》上。
② 同上。
③ 同上。
④ 《孟子·滕文公上》。

图来看，宋的行政管辖区远比汉唐狭小；从王朝政权来看，宋与辽、西夏、金、元先后并立对峙。北宋始，中国经历了继先秦秦汉、魏晋南北朝、隋唐五代之后的又一次民族融合浪潮。除汉族外，宋的周边及疆域内有契丹、党项、女真、蒙古、沙陀、回鹘、吐蕃、白族等民族。各少数民族与汉族混杂居住，各族人民频繁接触，在冲突中融合，宋辽金时期成为历史上中华民族共同体形成的重要时期。在宋代民族关系的大背景下，传统的夷夏问题再次引起学者们的高度关注。宋代道学首提"华夷之辨"，强调"谨华夷之辨"乃《春秋》之旨、圣人道统。《春秋》学乃宋代道学的重要内容，著名的道学家几乎都有关于《春秋》史事的阐发。儒家学者二程、胡安国、朱熹、陆九渊、陈亮等通过诠释《春秋》，先后明确提出了"华夷之辨""夷夏之辨""华夷之防"的命题。

宋代道学诠评《春秋》史事，以春秋大义批评两宋的对外关系。史载春秋初鲁隐公与戎会于潜，盟于唐①，道学家们对这一事件进行阐发，程颐认为，"居其地，而亲中国、与盟会者，则与之。公之会戎，非义也"②，周室既衰，蛮夷猾夏，鲁隐公会戎，是纵容夷狄乱华，不符合春秋大义。武夷先生胡安国认为，"中国而夷狄则狄之，夷狄猾夏则膺之，此《春秋》之旨也，而与戎歃血以约盟，非义矣"③。《春秋》记载，"公子遂会晋赵盾，盟于衡雍"，"公子遂会伊雒戎盟于暴"④。胡安国认为，《春秋》词约志详，而记载公子与赵盾及洛邑之戎的会盟"何词之赘乎"⑤，原因在于洛邑居天地之中，而戎狄杂居其间，足见彼时夷狄乱华之甚。圣人的记述体现春秋书法，强调"明族类、别内外"，"中国夷狄终不可杂"⑥的春秋大义。他说，自东汉至于有唐一代，华夏与戎狄杂处，最终导致西晋亡于五胡乱华，唐亡于藩镇之祸，究其原因是最高权力者不知春秋大义，"谋国者不知学《春秋》之过"⑦。史载，春秋时期被视为南

---

① 事见隐公二年。
② 《二程集·河南程氏经说》卷四《春秋传》。
③ 《春秋胡氏传》卷一。
④ 《公羊传·文公八年》。
⑤ 《春秋胡氏传》卷十四。
⑥ 同上。
⑦ 同上。

蛮的楚伐郑，晋出兵相救①，陆九渊认为，晋国势日衰，楚强势崛起，从《春秋》笔法来看，圣人对晋维护有加，这并不是对晋的偏私，而是因为晋为中国，楚为蛮夷，体现了圣人彰显春秋大义的深刻用意，"圣人之情，常拳拳有望于晋，非私之也，华夷之辨当如是也"②。陈经说，周朝设立五服之制，邦内甸服，邦外侯服，侯卫宾服，蛮夷要服，戎狄荒服。在五服中，宾服之内为中国，宾服之外则为蛮夷戎狄，周人设宾服以别内外，由此可见"圣人疆理天下，尤谨华夷之辨"③。胡安国看到并承认春秋时期的民族大融合现象，但他把戎夏杂处看作"族类不复分也"，"与非我族类者共焉"，提出《春秋》"所以谨者华夷之辨也"④。

《春秋》始于隐公元年（公元前722年），迄于哀公十四年（公元前481年），这二百四十二年正是以华夏族为主干的中华民族共同体形成的重要时期。针对《春秋》所记蛮夷猾夏、华夷杂处的《春秋》史事，道学家认为"攘夷"是春秋大义。程颐认为，春秋时期攘夷为上，谨固封守为次，与夷狄讲和违背春秋义理，"若与之和好，以免侵暴，非所谓戎狄是膺，所以容其乱华也。故春秋华夷之辨尤谨"⑤。史载，隐公二年（公元前721年）"公会戎于潜"，南宋学者陈深认为，鲁隐公作为周公的后人，非但不能惩戒戎狄，反而与之修好，不啻将自己胥而为夷，孔子圣笔直书，褒贬自明，足见"《春秋》于华夷之辨尤谨"⑥。史载，"契丹主服赭袍，坐崇元殿，百官行入阁礼"⑦，这则史料记载了辽太宗耶律德光灭后晋，建立辽，都开封，在正殿接受百官行君臣之礼的情形，反映了唐末五代时期北方游牧民族契丹南下建立中原的史事。对此，道学家们表现出极大的愤慨。朱熹援引胡安国的观点认为，卫宣公淫乱，遂为狄人所灭；西晋三纲绝，于是五胡乱华；唐朝家法不正，结交戎狄，非独有唐一代困于夷狄猾夏，其弊流及五代乃至于宋。朱熹认

---

① 事见宣公九年。
② 《陆九渊集》卷二十三《讲义》。
③ 《尚书详解》卷六。
④ 《春秋胡氏传》卷二十。
⑤ 《二程集·河南程氏经说》卷四《春秋传》。
⑥ 《读春秋编》卷一。
⑦ 《资治通鉴》卷二百八十六《后汉纪一》。

为,"尧、舜修德而建士师,三王自治而立司寇,谨华夷之辨,禁侵乱之阶,所以深扶人理,虑末流之若此,使斯人与禽兽杂处而罹其凶害也"①。陈亮认为,有中国必有夷狄,有夷夏关系,则有待夷之道。从历史来看,禹汤明刑蛮夷莫敢不来王,周朝分天下为五服而外四夷,幽王之乱导致中国蛮夷混而为一。春秋时期,楚僭王,吴争霸,蛮夷猾夏愈演愈甚,"此商周而上夷狄未有之祸也。圣人有忧焉而作《春秋》,其所以致夷夏之辨亦难矣"②。

宋代道学家热衷于春秋学,以公羊学方法诠释《春秋》,显然不仅仅是出于学术兴趣,而是以史鉴今,批评两宋的对外政策,具有鲜明的现实指向。北宋时期,他们以春秋微言大义讽谏宋对辽、夏的国策,意在批评北宋在契丹和西夏问题上的主和之策。宋室南渡后,道学家批评南宋偏安一隅,借阐发春秋义理,呼吁抗金北伐,收复故地。在宋代民族融合波澜壮阔的大背景下,道学家对夷夏之辨的讨论表明了他们对时代重大问题的深切关注。

五、道学人伦观的问题意识

道学是新儒学,宋明道学作为新儒学之"新",在于排斥佛老的同时吸纳佛老,使儒家伦理学说实现了本体论转向。"这一学说最大的特点,就是为儒家所倡导的伦理道德设立了一个思辨的理性根据,并从本体论的角度对它进行了全面深刻的论证"③。尽管宋代道学家内部学术思想、政治立场、价值取向并不完全一致,甚至对峙攻讦,但他们契合时代需要,反映出鲜明的问题意识和价值取向。

第一,道学人伦观关注时代问题,在道义论与功利论的理论对峙中回应时代关切,反映了经世致用意识。理欲义利之辨成为宋明理学的重要议题,有其深刻的社会历史原因。宋至明代中叶,是中国封建制度进一步完备、成熟的时期。宋代政治、军事上的失利并不意味着社会经济的衰退,

---

① 《资治通鉴纲目》卷五十八。
② 《陈亮集》卷四《问答下》。
③ 《中国伦理思想史》编写组:《中国伦理思想史》,第209页。

两宋三百多年社会生产力发展很快，出现了汉唐盛世所无法相比的新气象①。明代中后期，随着商品经济发展，出现了资本主义经济的萌芽，社会财富快速增加，消费水平大大提高，一改社会简约、俭朴之风，奢侈靡费流行；与此同时，土地兼并现象严重，豪强与民争利，官员贪污腐败，皇室穷奢极欲，社会弥漫着贪利、贪欲之风。北宋末期，宋徽宗搜罗天下奇花异石，花石纲之役为害天下二十余年。南宋官场腐败，浙中风俗"甚者以金珠为脯醢，以契券为诗文"②。朱熹在给宋孝宗的上疏中批评朝中近臣"招集天下士大夫之嗜利无耻者"，他们货赂公行，打击异己，蛊惑皇帝，使皇帝"不信先王之大道，而说（悦）于功利之卑说"③。朱熹名为批评皇帝身边的近臣，实际上也在讽谏宋孝宗，告诫皇帝"天下之务莫大于恤民"，为政当正心术以立纲纪，关心百姓疾苦，明于公私义利之辨，"讲明义理之归，闭塞私邪之路"④。无论是程朱还是陆王，他们的学说虽有尊德性与道问学的差别，但总体上都是道义论，与崇尚功利的改革派、事功派相互攻讦辩难，将传统的理欲义利之辨推进到新的阶段。

第二，道学人伦观弘扬儒家道统，创造性地发展儒家人伦思想，彰显了"为往圣继绝学"的文化自觉意识。为人伦道德构建本体依据，始自先秦思孟学派。至汉代，董仲舒阐述"道"与"天"的关系，将"三纲"的人伦道德建立在天的基础上，表现出中国传统儒学构建道德形上学的努力，但终不免流于形式上的粗陋，汉代的道德形上学终究表现为经验性论证，而缺乏思辨的理论形式。魏晋玄学重有无之辨，试图解决人伦纲常名教与自然旷达人生观之间的关系，但"以无为本"的思辨最终消解掉人伦纲常的本体依据，玄学之害也被诟病为"深于桀纣"。至有宋一代，佛学传入中国已有近九百年，几百年中一直与儒家思想在碰撞中冲突，在冲突中融合。佛教从最初的神仙方术逐渐登堂入室，为士大夫们所接受。宋初的士大夫大多出入于佛老，他们既把佛老作为思想异端而排斥，同时又吸纳佛教思辨的思想形式，为儒家的人伦纲常、价值理想构建形上依据，接

---

① 参见龚书铎总主编：《中国社会通史·宋元卷》，山西教育出版社，1996，第35页。
② 张亮采：《中国风俗史》，第121页。
③ 《宋史》卷四百二十九《道学三·朱熹传》。
④ 同上。

续中断千余年的人伦传统。在道学家们看来，人伦传统千余年来命运多舛，它颠错于秦火，支离于汉儒，两汉以降，更是择焉而不精，语焉而不详，为佛老异端所坏；迄于唐末五代，篡弑相寻，人伦尽丧，三纲五常之道绝，制度文章扫地。因此，宋代道学越度诸子而上承孔孟，严理欲义利之辨，只为告诫世人：人心危殆而不安，道心幽微而难见，人心道心不两立，守正无过无不及。

第三，道学人伦观关注世道人心，倡导以社稷为己任的士人精神，具有深厚的家国意识。宋初待士人宽厚，士风得以涵育，出现了以范仲淹为代表的一批士人楷模，他们忧乐天下，以直言谠论为天下做样板，"于是中外缙绅，知以名节为高，廉耻相尚，尽去五季之陋"①。程颢就变法与王安石论辩于朝堂，"天下事非一家私议"②。杨时批评宋徽宗收罗江南奇花异石，耗费巨大人力物力运至京城，加重江浙百姓负担，"其害尤甚"③。朱熹为官勤政，钩访民隐，赈济灾民，忧心国家生变，"蒙其害者不止于官吏，而上及于国家也"④。他们或者上疏痛陈时事，或者开坛讲学；进而出仕，退而为师，正人心，维风化，教化天下。正如《宋史》所言，"其于世代之污隆，气化之荣悴，有所关系也甚大"⑤。明清之际的颜元在批评道学时说，北宋亡于金，南宋亡于元，究其根本，是知识阶层空谈道德、轻薄事功，最终葬送了宋朝。历史地看，宋代道学确有僵化、空疏的一面，"天理"确有"以理杀人"的严酷性，内外交困之时，空谈心性确实于社稷无补；但不能否认，经过道学涵育，士大夫以社稷为己任，出现了一大批忧乐天下的士人楷模。他们为天地立心，为生民立命，为往圣继绝学，为万世开太平；他们的家国情怀和浩然正气彪炳史册，是中华民族爱国主义精神的重要历史资源。

第四，道学以夷夏之辨为武器，维护中华文化正统，反映出强烈的"中国"意识。道学"华夷之辨"是两宋各民族关系错综复杂的反映。民

---

① 《日知录》卷十三。
② 《宋史》卷四百二十七《道学一·程颢传》。
③ 《宋史》卷四百二十八《道学二·杨时传》。
④ 《宋史》卷四百二十九《道学三·朱熹传》。
⑤ 《宋史》卷四百二十七《道学一》。

族是一个历史范畴，我们不能以今天的中华民族共同体来看两宋时期的民族关系和民族情感。两宋时期的民族关系错综复杂，北宋与金联合灭辽，金灭北宋，元灭南宋统一中国，这一时期是中华民族共同体形成史上的重要时期，客观上促进了各个民族的大融合。民族融合的历史进程加深了各个民族对"中国""中华"的认同。辽建立后，既保留本民族文化，同时又认同中国文化，"契丹主改服中国衣冠，百官起居皆如旧制"，"百官朝贺，华人皆法服，胡人仍胡服"①。金太祖心怀"天下一家"意识，体恤因战乱关津阻绝无法返乡的辽、金、宋百姓，"今天下一家，若仍禁之，非所以便民也"②。金废帝海陵王完颜亮有诗云："自古车书一混同，南人何事费车工。提师百万临江上，立马吴山第一峰"③。这反映了女真族对大一统的认同。据史记载，金世宗时期，设译经所，将儒家五经及诸子书、史书翻译成女真文字，"译经所进所译《易》《书》《论语》《孟子》《老子》《扬子》《文中子》《刘子》及《新唐书》"④，并将《孝经》赐给护卫亲兵。金世宗说，之所以要翻译五经等经典，目的是"欲女直（真）人知仁义道德所在耳"⑤。各少数民族对中华文化的倾慕和认同是其"中国"意识的重要内容，印证了各个民族都被称为"桃花石"的史实。因此，道学家谨"华夷之辨"，这是思想史上的客观事实，当时各少数民族认同中国大一统的政治传统，认同车书一家的中华文化传统，认同仁义道德的人伦传统，同样是历史事实。宋代道学的华夷之辨与两宋时期民族融合的浪潮相互激荡，中华文化的主体性愈发凸显，中华民族的认同感愈发明确，对加深各个民族的"中国"认同，对促进中华伦理文化认同，对中华民族共同体的形成，具有重要意义。

---

① 《资治通鉴》卷二百八十六《后汉纪一》。
② 《金史》卷二《太祖本纪》。
③ 《大金国志》卷十四《海陵炀王中》。
④ 《金史》卷八《世宗本纪下》。
⑤ 同上。

第七章 人伦、文化传统及其现代审视

世界上每个民族都有自己的文化，都有独属于自己的精神传统。中国传统文化是伦理型文化，其核心是人伦道德，重人伦是中国文化的精神传统，在几千年的历史进程中对中国社会产生了重要影响。随着社会的发展，我们进入一个家庭结构变化、交往方式革新、科技日新月异的新时代，传统的人伦观念必然随着时代语境而变化，新的婚育观念、人际交往观念、共同体观念必然成为新时代人伦观的重要内容。回溯中国传统人伦观的变迁史可以看出，人伦观总是随着社会发展而发展，"变"中有"常"，"常"寓"变"中。

第一节 人伦与文化传统

一、文化传统：民族的精神标识

"文化"是一个非常大的概念。从人与动物、人类社会与自然界本质区别的角度，广义的文化是指人的生存方式，故人类的一切活动及创造，无不是文化。广义的文化包括物态文化、制度文化、行为文化、心态文化，此即所谓的"大文化"概念。狭义的文化则是指其中人类的精神创造及其结果，此即所谓的"小文化"概念。

人创造文化，文化浸润人并塑造人，人伦观念是文化的核心内容。在先秦典籍中，"文化"的含义即"以文化人"，"以文化天下"。《周易》说：

"刚柔交错，天文也；文明以止，人文也。观乎天文，以察时变；观乎人文，以化成天下"①。自然的秩序谓之"天文"，人类的创造谓之"人文"。人们要尊重自然规律，应时而动；同时要用文明之道教化天下，完善社会。人类创造的文明之道包括制度设计、服章礼仪、经史子集、人伦道德等。《周易》将"人文"与"化成天下"并而用之，是"文化"一词的最早使用，表达了中国古人对"文化"概念朴素而深刻的理解。

文化是一个含义丰富的范畴，"文化并不局限于人们通常所理解的具体的文化存在形式，而是内化到人的活动和社会运动各个领域之中的，历史地凝结成的生存方式"②。文化包括世代流传下来的人类种种物质和精神的遗存，它是一个民族日用而不知的第二天性，是一个民族的生存方式。文化是社会维系和发展的精神动因，积淀着一个民族最深层的精神追求，能够反映出一个民族独特的精神传统。

文化传统不是凝滞的历史，而是活在今天的过去。传统是一个复杂的概念，"就其最明显、最基本的意义来看，它的涵义仅只是世代相传的东西，即任何从过去延传至今或相传至今的东西（traditum）"③。人类经年累代流传下来的物质产品和精神产品，包括器物层面、制度层面、信仰和道德层面的种种人类遗存，都是传统。任何一个民族，都有其古老的历史和文化，但传统不是博物馆中陈列的历史遗产，不是僵死的旧邦的历史残片。黑格尔说过，"传统并不仅仅是一个管家婆，只是把她所接受过来的忠实地保存着，然后毫不改变地保持着并传给后代。它也不像自然的过程那样，在它的形态和形式的无限变化与活动里，仍然永远保持其原始的规律，没有进步"④。传统是发展的，传统的思维范型、制度范型、观念范型、行为范型，既是过去的遗存，也是延传至今的生命，无不对今天人们的思维方式、行为选择、价值取向和制度建构产生持续性的影响。

文化传统是一个民族的精神标识。爱德华·希尔斯（Edward Shils）将传统界定为文化传承中代与代之间的同一性和连续性，与中国文化关于

---

① 《周易·贲·彖辞》。
② 衣俊卿：《现代化与文化阻滞力》，第83页。
③ 爱德华·希尔斯：《论传统》，傅铿、吕乐译，上海人民出版社，2009，第12页。
④ 黑格尔：《哲学史讲演录》第1卷，贺麟、王太庆译，第8页。

传统的理解异曲同工。孔子认为在文化发展中存在"百世可知"的精神传统，朱熹认为在文化损益中存在"不坏"的"所因者"，张岱年先生谈及中国哲学时总结出一种"根本倾向"。文化是一个民族区别于其他民族的独特标识。一种文化是否保持、坚守自己的传统，也就决定了这种文化是否有连续性，是否有生命力，是否能够存活下去。明清之际的顾炎武对"亡国"与"亡天下"做了区分。他认为，易姓改号，谓之"亡国"；斯文坠地，道德沦丧，谓之"亡天下"。"亡天下"更为可怕，因为这意味着中国传统人伦观念的式微，预示着传统作为一种秩序力量的消亡。梁启超认为，放弃传统不仅意味着困难，而且意味着灾难，"一个民族必须行动起来保护它的民族特点——通过语言、文学、宗教、习惯、礼仪和法律表现出来，因为当一个民族的特点被清除时，这个民族也就死亡了"①。从文化多样性与文化守土的辩证关系来看，抛弃传统，无疑等于割断自己的精神命脉；丢掉根本，不啻在世界文化多样性大潮的激荡中失去立足的根基，泯然众人。需要指出的是，强调传统、文化基因和精神标识，并非消弭文化个性；相反，个性恰恰是在传统中生长出来的。与自然界中子代与亲代的关系一样，文化中亦存在绵延不断的代际之链。任何一个时代的文化都有其脱胎的文化母体，子代的文化在继承其文化母体的精神基因、将其写入自己的文化密码的同时，也创造了自己的文化密码。因此，文化代际中传统的同一性和连续性，是文化基因的复制，也是再创造的过程。正是在这个意义上可以说，传统不仅意味着同一性和连续性，也孕育了文化个性。

文化传统是秩序的保障。传统不仅是无法割断的、活在今天的文明之链，而且关乎社会生活的秩序和质量。生命有创造的冲动，同时也有秩序的需要。社会生活需要既定的、传承下来的范畴和规则，需要道德判断的价值准则，需要前人创造性想象的沉淀，甚至需要经验和权威的导向。孟子说："天下有达尊三：爵一，齿一，德一。朝廷莫如爵，乡党莫如齿，

---

① 约瑟夫·阿·勒文森：《梁启超与中国近代思想》，刘伟、刘丽、姜铁军译，四川人民出版社，1986，第274页。

辅世长民莫如德"①。爵、齿、德代表着社会生活中三种传统力量所具有的克里斯玛光环。儒家言必称尧舜，对道统念兹在兹，说明人们总是祈望传统带来的安全感和秩序感。尊重传统往往使人们受益，反传统则因为割断了代际关联性和同一性而意味着要付出代价。希尔斯说，这就如同剥夺了未来一代人的导向图，使他们置身于茫然和无序中②。林毓生援引怀特海观点认为，生命有要求原创的冲动，但社会与文化必须稳定到能够使追求原创的冒险得到滋养，如此，这种冒险才能开花结果而不至于变成没有导向的混乱③。传统是活在今天的生命，而不是历史的遗骸，这证明了有活力的传统对于维护秩序与促进社会进步的双重重要性。

无论在何时，活在今天的"传统"都将与负载着传统的"今天"纠葛在一起，以物质遗存和精神遗存的形式，为现代社会的创新提供思想资源，持续地发挥着影响。创新离不开传统的滋养，只有立足于社会实践，让传统"活"在今天，文化才能生生不息、日新不已。中国历史上各个时期的礼仪变迁、文字演变、古文运动、伦理观念革新等，是社会变迁决定观念变迁的客观反映，是在新的历史条件下，与时俱进地适应生活实践需要的创新之举，是尊重传统与文化创造性转化和创新性发展相结合的成功范例。

二、人伦：中华民族的文化基因

世界上的每个民族都有独属于自己的文化，镌刻着该民族独特的精神基因。一切文化形式无不是价值观念的载体，世界上各种文化的不同本质上是价值观的不同。每一社会有每一社会的人伦观，每一时代有每一时代的人伦观。中国传统文化绵延数千年，有其独特的价值体系。中国人之为中国人，最根本在于有中国人独特的价值观。在中国传统价值观中，中国传统人伦观居于重要地位。

中国有一万年的文化史，五千多年的文明史，重人伦的传统古已有

---

① 《孟子·公孙丑下》。
② 参见爱德华·希尔斯：《论传统》，傅铿、吕乐译，第 350－351 页。
③ 参见林毓生：《中国传统的创造性转化》，三联书店，1988，第 84 页。

之。据史记载，人伦传统始于三代时期。彼时人际关系疏离，家庭关系悖谬。舜命契做司徒，司徒负有执掌教化、敦厉民风之责，针对当时"五品不亲"的人伦状况，强化五种主要的社会伦理关系，以五种规范进行人伦教化，即"五教"。"五品""五教"分别指人伦关系和人伦规范①。

与西方相比，中国古代社会是血缘型社会，中国传统文化是重血缘的文化。费孝通先生说，血缘在严格的意义上是指由生育所发生的亲子关系。人类的生产包括两种形式，即物质资料的生产和人自身的生产。人自身的生产是一个社会得以存在和发展的生物学前提，生育是各种社会形态中、各个文化类型中的共同现象，血缘因生育而发生。生育具有维系社会结构稳定的功能，"大体上说来，血缘社会是稳定的，缺乏变动；变动得大的社会，也就不易成为血缘社会"②。费孝通先生研究乡土中国而得出关于中国古代血缘社会的观点，已经成为中国古代社会特质问题的经典理论。学者们从各个不同视角，探讨血缘在中国传统社会中的地位、作用及影响。当代学者何新认为，中国传统社会结构上的一个根本特点是血缘亲族关系，这是中西文化差异的重要结点③。当代史学家王家范教授指出，血缘关系反映了中国传统社会的深层结构，"以家长制为核心的血缘关系在中国社会中始终是最具原生性的人际互动模板，属于社会深层结构性质的东西"④。血缘与生育相关，由生育所发生的亲子关系在任何社会都是存在的，但由血缘关系来规定每个人在社会生活中的地位、身份、权利与义务，将每个人安放在社会伦理关系网络的一个个纽结中，却是血缘社会的特征。

人自身的生产以及由此而产生的亲子关系、血缘关系是人类社会的共同现象，但在不同的文化传统之下，人们的人伦观则完全不同。在古代希腊，由于独特的地理环境、私有制的发育，希腊的地域国家产生之前，氏族的血缘组织被彻底打破，在此基础之上生长出古希腊城邦观念。血缘关

---

① 参见《尚书·舜典》《左传·文公十八年》。
② 费孝通:《乡土中国》，第71页。
③ 参见何新:《中国文化史新论》，黑龙江人民出版社，1987，第86页。
④ 王家范:《中国历史通论》，华东师范大学出版社，2000，第11页。

系被摧毁的同时，城邦精神在生长，共同体的美德与个人美德、权利与义务、伦理与法律等精神由此孕育。在古希腊思想家那里，对于君臣、父母、主奴、朋友之间的关系都有涉及，社会生活中不同的人有不同的分工，由此而产生不同的义务。柏拉图从城邦伦理的角度，认为城邦-国家由智者、武士、自由民三个不同的社会阶层组成，"三个不同的阶层有不同的美德要求，智者尚德于智慧，武士尚德于勇敢，平民则尚德于节制，三者各安其位，各得其所，便可各成其美德，而整个城邦-国家则因此可以达于秩序井然，成就城邦-国家的正义美德"①。亚里士多德在《政治学》中对社会生活中人与人的关系进行了阐述。但古希腊哲人们的目光虽然从宇宙自然转向认识人自身，"认识你自己"的箴言镌刻于神庙之上，但他们并没有将人（"自己"）置于人伦关系中加以认识，并没有把人伦关系作为伦理学的重要内容加以考察，更没有把人伦问题作为道德教育的首要问题，"这种研究始终没有扩展到对社会各种人伦关系或者一般人伦关系的深入全面的考察，没有把人伦关系作为伦理学的重要内容来分析概括"②。不仅如此，他们关注城邦伦理，城邦正义高于或者优先于对个人美德的要求。中世纪以后，哲学成为神学的婢女，人与人之间的伦理关系要通过神与人之间的关系来说明。因此，从源头而论，理性主义伦理学和神道主义伦理学的双重传统，使西方伦理思想的关注点始终在理性与信仰、世俗与彼岸、人与神之间撕扯互竞，而没有转向对社会关系网络中伦理关系及其相应规范的关注。

不同的文化系统中，价值观不尽相同甚至迥然相异，这是文化发展规律使然。独特的文化传统，独特的历史命运，独特的基本国情，决定了中国价值观的独特性。中国的人伦观既要根植于文化传统，又要回应时代发展带来的人伦困惑；既要彰显中华民族人伦观的特色，又要在世界各国文化的互鉴中海纳百川；既要守住传统人伦的根和魂，警惕中华民族人伦传统的"转基因"倾向，又要在时代发展中与时俱变，实现中华优秀人伦文化的创造性转化与创新性发展。

---

① 《伦理学》编写组：《伦理学》，第41页。
② 罗国杰：《中国伦理思想史》，"绪论"第13页。

三、人伦传统:"变"与"常"的辩证

冯友兰先生晚年把《诗经·大雅·文王》中的"周虽旧邦,其命维新"概括为"旧邦新命",并且做出了自己的阐释。他认为,所谓"旧邦",即指文化传统;所谓"新命",即指现代化。陈来先生对此阐发说:"'旧邦'就是具有古老的历史和文化,'新命'就是在历史的连续中不断地有新的发展。从这个观点看,古希腊、罗马及巴比伦、埃及都是有旧邦而无新命,有古而无今。只有中国的历史文化一直连续发展,有古有今"①。可以说,"旧邦新命"命题,既是一个彰显中国文化内在生命的文化史上的深邃谜题,也提出了关于人伦传统的"变"与"常"的问题。

传统人伦观规定了君臣、父子、夫妇、长幼、朋友之间的伦理关系及其相应规范,伦常差等不仅意味着尊卑差等,也是权利差等和人格差等,其时代局限性不言而喻;在现代语境中对其进行变革是不以人的意志为转移的客观必然,"变"是传统得以延续的内生动力。同时,传统具有代际的同一性。虽然经过了数代的延传,甚至在某些方面已经改变了其最初的面貌,但只要与传统的核心特征保持同一性,具有共同的渊源、共同的主题、共同的认同意识,传统就会被延续下来。在中国传统人伦观发展过程中,汉儒人伦观、宋儒人伦观与先秦原始儒家人伦观相比,人伦的时代语境、言说方式均已发生改变,但重视人伦的核心特征始终如一。《中庸》有言:"天下之达道五",为君臣、父子、夫妇、昆弟、朋友。儒家将这五种关系称作"天下之达道也"。朱熹说,《中庸》所谓的"达道",乃"天下古今所共由之路"②,其内容就是《尚书》所谓"五典"、孟子所谓"五伦"。"伦"以及伦之理为古今所共有,成为中国文化传统的核心,此即"变"中之"常";人伦关系则根据时代变化而代有增损,人伦规范则依据时代问题而不断改变,此即"常"中之"变"。

人伦观的"变"与"常"表明,传统与现代不是相互隔绝,而是相互

---

① 陈来:《从"贞元之际"到"旧邦新命"——写在冯友兰先生全集出版之际》,《中华读书报》2002年8月21日。
② 《四书章句集注·中庸章句》。

依存、相辅相成的辩证关系。中国的人伦传统于变化之中体现恒久价值，反映了中华文化突出的统一性和连续性。变中有常，常因变存，人伦传统因之得以绵延而日新。于今而言，尊重传统不仅仅意味着对中华民族悠久的人伦文化怀有礼敬之心，尊重人伦传统也非聊发思古幽情，更不是回到儒家的三纲五常六纪，而是继承传统人伦观的精神内核并对其进行创新发展。唯有创新发展，优秀的人伦传统才能是生长的、日新的、活的生命，否则，只能是与时代无涉、不能回应时代的人伦困惑、不能为奋斗的人们提供道德精神滋养和心灵安宁的陈词滥调。站在新的历史方位，在世界上不同文化冲突交锋、科技进步日新月异、价值观念迭代更新的今天，中国传统人伦观的变与常问题，尤为引发我们思考，成为一个时代攸关的重大课题。

第二节　传统人伦观的现代思考

在当今世界百年未有之大变局下，中国社会正在发生巨大而深刻的变化。这一变化在道德领域中的重要表现之一就是，中国社会长期积淀形成的人伦关系和人伦规范已然发生嬗变。传统的"五伦"已不能完全覆盖现代人的生活和交往领域，人伦关系中的主体性意识渐趋凸显，法治意识、权益意识、边界意识成为人伦关系和人伦规范的关键词。特别是在新时代语境下，人伦传统的"变"与"常"变得更加复杂而纠结。一些传统的人伦关系已然式微，一些新的人伦关系逐渐出现，一些新的人伦观念正在生长。因此，回溯中国社会人伦关系和人伦观念变迁的历史过程，在新的时代语境中，审视传统人伦观的价值合理性及思想限度和现代缺陷，在人伦教育中体现人伦传统的现代转换与创新发展，无疑具有重要的理论意义和现实价值。

一、比较视域中的人伦观

人伦观是对社会生活中人伦关系及相应人伦规范的看法和观点。在任何一种文化中，都存在人与人之间普遍的社会交往关系，交往的主体同时是道德主体，人与人的关系同时是伦理关系。人伦问题与人、人的实践、人的交往密切相关，人伦观是人生观、价值观的重要内容。人伦关系和人伦规范普遍存在于一切社会生活领域中，普遍存在于一切社会形态中，普遍存在于任何一种文化中。

在谈到中西伦理文化的差异时，学者们将重视人伦关系及其相应人伦规范看作中国传统伦理的基本特质，甚至是最重要的特质。罗国杰先生认为，人伦是中国传统伦理文化区别于西方文化的重要特质，"同西方相比，中国传统伦理思想特别重视人伦关系"①。有学者指出，在中国古代，"伦常不仅对于个人的身份认同具有根本性的建构作用，而且也是社会、国家乃至世界秩序的规范性力量"②。有学者从中国文化与西方文化不同的视角，指出中国文化是以人为核心的文化，"表现了鲜明的重人文、重人伦的特色"③。

西方学者从文化比较的角度，对古老中国这个对于西方人来说的"他者"，表现出了浓郁的兴趣。他们发现中国文化重视整体、重视权威、重视人伦秩序，表现出家族本位和国家利益至上的价值取向。利玛窦说，中国人利用"五对不同的组合来构成人与人的全部关系，即父子、夫妇、主仆、兄弟以及朋友五种关系"④；伏尔泰对中国文化重视人伦和谐的特质表现出某种赞赏，他援引在中国的传教士的话说，公共集市上拥挤混乱，在西方"就会引起粗鲁的吵闹和经常发生无礼举动"，但在中国，人们"彼此作揖，为给对方造成麻烦而请求原谅，他们互相帮助，心平气和地解决一切问题"⑤。黑格尔则批评儒家道德哲学停留在感性的、直观的、经验的层面，在他看来，儒家的人伦道德不能提供普遍原则，"在这一套具体原则中，找不到对于自然力量或精神力量有意义的认识"⑥。与黑格尔将西方文化作为普遍的参照标准而评价中国传统伦理不同，美国前国务

---

① 罗国杰：《中国伦理思想史》，"绪论"第13页。
② 《伦理学》编写组：《伦理学》，第35-36页。
③ 张岱年、方克立主编：《中国文化概论》，第280页。
④ 利玛窦、金尼阁：《利玛窦中国札记》，何高济、王遵仲、李申译，何兆武校，中华书局，1983，第104页。
⑤ 伏尔泰：《风俗论》上册，梁守锵译，商务印书馆，1995，第217页。
⑥ 黑格尔：《哲学史讲演录》第1卷，贺麟、王太庆译，第131页。

卿基辛格则以"中国的独特性"来描述儒家关注人伦和谐、倡导"恪守本分"的人伦义务①，体现了对文化他者的尊重。

我们在比较文化视域中以"他者"视角反观"我者"，会发现我们浸润其中而不自知的文化传统的巨大力量，这就是中国社会对人伦问题的格外偏好。《尚书》将"彝伦攸叙"看作与"洪范九畴"同等重要的政治伦理规范②。孟子言教育的首要目的是"明人伦"③。朱熹讲道德修养和道德教育"不待求之民生日用彝伦之外"④。在中国传统文化尤其是在儒家的道德理论中，一切社会问题皆可归为伦理道德问题，伦理道德问题又可归为人伦问题；只要做到安伦、明伦、尽伦，一切社会问题均可迎刃而解。翻开历代正史，史家总结前朝政治得失，论及政权更迭，往往会从人伦问题入手去钩沉索隐，"人伦无不大坏""世道衰人伦坏"等字眼不绝于史，人们从中找到了解释中国传统政治的密钥，也因此找到了解决传统社会中一切问题的纽结。人不能无群，群不能无伦。在某种意义上可以说，人伦问题是关乎人的存在的"类"的哲学问题。由于中国古代社会特定的地理环境、经济基础、政治结构诸因素，人伦问题成为中国传统文化的某种象征，甚至可以说仅仅是在中国传统文化中才出现的重要问题，它在特定的历史条件下形成，又在历史过程中被不断继承、发展，其人伦价值意义被不断赋予和强化，表现为百姓日用而不觉的价值理念，呈现出中国人重视人伦的独特精神世界。

二、传统人伦观的价值合理性

中国传统人伦观为人与人之间的关系注入了人伦文化意蕴，凸显了中国传统文化重视人伦的特色，构成了中国传统文化的核心内容。人必有群，群必有伦。不独中国文化如此，只要存在人与人之间由交往而形成的社会关系，伦理关系就必然蕴含其中。伦理关系不在社会关系之外，社会

---

① 参见亨利·基辛格：《论中国》，胡利平、林华、杨韵琴、朱敬文译，中信出版社，2012，第11页。
② 参见《尚书·洪范》。
③ 《孟子·滕文公上》。
④ 《四书章句集注·大学章句·大学章句序》。

关系同时就是伦理关系。因此，伦理关系是一种普遍存在的关系。但在世界上的所有文化类型中，中国传统文化最注重人与人之间的伦理关系。

在中国传统文化中，伦理即人伦之理，即做人的基本规范。中国传统文化的核心是人伦道德。中国古人认为，人一方面要尊重天道自然规律，另一方面要用人伦道德教化天下，改变社会。在他们看来，"文化"就是教人以人伦道德，以此别于禽兽，凸显人作为宇宙中最高贵存在的基本特质，凸显人之为人的特殊本质，并通过社会伦理关系的有序和谐，进而实现整个社会的秩序与和谐。在孟子看来，仅仅停留在物质满足上而缺乏人伦教化的人，徒有人形而为禽兽。只有确立人伦意识，按照五种最基本的伦理关系，完成伦理关系赋予自己的伦理义务的人，方别于禽兽，成其为人。换句话说，使人人安伦、明伦、尽伦，人禽之别才彰显出来，人之为人才得以确认。

儒家的人伦观重视人伦道德，致力于天下同伦，对中国社会产生了深远影响。春秋战国时期，百家争鸣达到鼎盛。据史记载，墨子、杨朱言盈天下，天下不归杨则归墨；儒家、墨家曾经也都是当时的"显学"；道家学者也有大批追随者，其规模甚至可与孔子分庭抗礼；纵横家游说诸国，一怒而诸侯惧，安居而天下熄。诸家各自立论，彼此攻讦，和而不同，殊途而同归。其中，儒家以人伦道德整合社会，使社会归于有序的方案，虽然没有被当政者采纳，虽然是一个被束之高阁的方案，但却是对中国社会影响最为深远的一个方案。孟子认为，人人各尽其伦，人人恪守孝悌忠信，在社会中尊老敬长，在家庭中孝父敬兄，这个社会必将战无不胜，"修其孝悌忠信，入以事其父兄，出以事其长上，可使制梃以挞秦楚之坚甲利兵矣"[①]。儒家的观点虽然带有道德决定论的倾向，但确实反映出人伦道德对于一个社会的重要意义。于一个社会而言，物质固然重要，人伦道德同样可以凝聚人心、淳化风俗，使人们出入相友、守望相助，形成一种强大的甚至可以与物质力量匹敌的精神力量。古希腊哲人以"认识你自己"来表达对人存在的反思，中国传统文化则以人禽之别来回答人伦对于人的重要意义。对于今人而言，中国传统人伦观的意义不仅仅是学理上

---

① 《孟子·梁惠王上》。

的,更是具有现实意义。物质生活必不可缺,追求日益增长的物质文化生活需求的满足是每个人的基本权利,也是好社会和好生活的题中应有之义。然而,在追求饱食暖衣的同时,亦不能忘记孟子提出的人伦隐忧与警示:人如果仅仅以物质生活为目的,则必然丧失人之为人的道德规定性而近于禽兽。道德主体应时刻怀有忧惕之心,保持人之为人的规定性,坚守基本人伦之道,彰显人作为万物之灵秀的高贵与尊严。

三、构筑新时代的人伦观

教育的本质是人的完善,这是中外教育学家的基本共识。人的完善是个多维度命题,其中必然包含着人对自己所处其中的社会关系(伦理关系)的认识和把握。麦金泰尔深刻地分析了伦理关系对于一个人确认自己存在的重要性,"在现代之前的许多传统社会中,人们通过各种不同社会群体的成员身份来辨认自己和他人。我可以同时是哥哥、堂兄和祖父;可以既是家庭成员,又是村庄成员,还是部落成员。这些并不是偶然属于人们的特性,不是为了发现'真实的自我'而须剥除的东西。它们是我的实质的一部分,它们至少部分地,有时甚至是完全地限定了我的责任和义务。在相互联结的社会关系中,每个个人都继承了某种独特的位置,没有这种位置,他就什么也不是,或至多是个陌生人或被放逐者"[①]。人通过与他人的关系不但确认了自己的存在,更主要的是,确定了一个人在社会生活中的义务和责任。义务和责任或许意味着沉重,但却是人愿意背负的沉重,因为它们使人在社会生活中摆脱了"陌生人或被放逐者"的轻飘感和无归属感。

中国人伦传统在一百年前遭遇了五四新文化运动激烈的反传统主义大潮的冲击。新文化运动的思想先锋抨击的矛头是封建专制制度和专制伦理,但对传统伦理道德进行了全面清算和批判,全盘引入西方伦理道德学说,大力提倡个人主义、合理利己主义的人伦观念,破旧有余而立新不足,批判有余而继承不足,违背了道德文化发展规律,致使人伦传统出现断裂。新中国成立后的一个时期内,我国的道德教育以阶级斗争为纲,阶

---

① 麦金泰尔:《德性之后》,龚群、戴扬毅等译,中国社会科学出版社,1995,第44页。

级关系吞没人伦关系，阶级对立取代人伦和谐，人伦教育被排除在社会主义道德教育之外，造成了中国社会的人伦伤痕甚至道德浩劫。改革开放后，1982年《宪法》提出"五爱"，即爱祖国、爱人民、爱劳动、爱科学、爱社会主义，在强调政治教育和思想教育的同时关注人伦教育。进入21世纪，2001年《公民道德建设实施纲要》颁布，"爱国守法、明礼诚信、团结友爱、勤俭自强、敬业奉献"的二十字规范，首次概括了公民在社会生活中应当遵守的道德要求，在规范公民个人与国家之间关系的同时，"规范公民与公民之间的道德关系，强调公民之间的亲和力，注重公民个人之间的亲善关系"[①]。这反映了进入21世纪的中国主流道德教育开始关注社会生活中人与人之间的关系，人伦教育进入道德教育的视野。进入新时代，2019年中共中央、国务院印发《新时代公民道德建设实施纲要》（下文简称《纲要》）。《纲要》在国际国内形势深刻变化、我国经济社会深刻变革的大背景下，针对社会生活中不同程度存在的道德失范现象，针对拜金主义、享乐主义、极端个人主义较为突出的问题，针对一些人道德观念模糊、缺失，是非混淆、善恶不明、美丑不分，针对久治不绝的见利忘义、唯利是图、损人利己、损公肥私等现象，针对时有发生的公序良俗被破坏的事件，将公民道德建设作为一项长期任务。《纲要》指出，中华优秀传统文化蕴含讲仁爱、重民本、守诚信、崇正义、尚和合、求大同等思想理念，让中华文化基因更好地植根于人们的思想意识和道德观念是新时代公民道德建设的重要内容。

教育的宗旨是立德树人，人伦教育是成人成德教育，是学校教育的题中应有之义。新时代的教育目标是培养中国特色社会主义事业的合格建设者和接班人，不是培养旁观者和反对派，不是培养"长着中国脸，不是中国心，没有中国情，缺少中国味"的未来一代。因此，人伦教育与政治教育目标一致，相辅相成。人伦教育不可代替政治教育，政治教育也不能吞并人伦教育，二者共同致力于健全的人格养成，实现教育宗旨。人伦教育与知识教育并行不悖，辩证统一。"才者德之资也，德者才之帅也。……才

---

① 罗国杰、夏伟东、关健英、杨宗元：《德治新论》，研究出版社，2002，第115页。

德全尽谓之圣人，才德兼亡谓之愚人，德胜才谓之君子，才胜德谓之小人"①。缺失人伦教育的知识教育，或者培养出粗鄙的见利忘义之徒，或者培养出精致的利己主义者。

家庭是私人领域，但家庭教育是社会的公共事务，如果说教育的失败是一个国家最根本的失败，那么国家安全和国家未来就掌握在家长手中。在家庭教育中，人伦教育是扣好人生第一粒扣子的首要环节，是健康人格养成的必由之路。人伦是为人之道。对同类怀有仁爱之心，对弱势群体抱有怜恤之意，对国家心怀礼敬之情，是为人之道，应该成为家庭教育的首要内容。家庭人伦教育要培养人作为万物之灵的尊严感和高贵感，培养有所不为、知耻知止的底线意识，培养民吾同胞、物吾与也的仁爱意识，培养热爱祖国、修齐治平的家国情怀。把人当作人，以人道方式对待他人。对他人的身体摧残、精神欺凌、人格践踏是禽兽之行。近年一些青少年校园霸凌事件频繁见诸报道。诸小年纪丧心病狂的所作所为令人发指，发人深思。法治教育缺位是导致校园霸凌的重要因素，家庭人伦教育缺失则是导致校园霸凌的首要原因。

传统伦理文化积淀了人伦教育的丰厚思想资源，但也必须看到，中国传统文化"明人伦"教育的实质是要人在"君君、臣臣、父父、子子"的社会伦理格局中找到自己的恰当位置并自觉服膺其伦理要求，必然表现出它本身无法克服的历史局限和理论误区。在中国古代，家国一体的社会结构决定了道德教育的主要内容就是人伦教育，目的是构建和谐的人伦关系，以此来整合社会关系，实现社会的秩序化与同一化。在中国古代社会结构下，个人被淹没在纵横交错的人伦网络中，在种种伦理规范面前，个人只有服从的义务，而没有质疑的权利。和谐的人伦关系背后存在不平等、专制、人际倾轧等种种不和谐。现代社会是法治社会，自由选择观念、平等交往观念、权利义务观念是现代社会的核心理念，公共领域与私人领域的界限相对清晰，陌生人社会的观念已为现代人所接受。与公共生活和法治精神相适应的现代人格只能是自由的独立型人格，而不是依附型人格。现代的人伦教育要立足于现代的公共生活和法治精神，在人伦教育

---

① 《资治通鉴》卷一《周纪一》。

中体现现代精神，彰显个性的自由和独立，在独立型人格养成中坚守中华文化立场，展现中华文化人伦和谐之美和道德的力量。

当代中国正在发生巨大变化，这一变化深刻地体现在道德领域中。一方面，传统的人伦关系已不能完全覆盖现代人的生活和交往领域，一些传统的人伦观念渐趋式微，一些新的人伦观念逐渐生长。社会生活中一些丑恶的道德现象屡屡触碰人伦底线，人们面临着人伦的纠结甚至是撕裂之痛，人伦修复是社会道德建设的重要内容。另一方面，随着科技发展，各种新技术层出不穷，很多出现在科幻作品中的场景正在变成现实，应用伦理已成显学之势。人工智能极大地方便了现代人的生活，人脑与外部机器之间信息交换和控制技术的突破将为失能人群提高生存质量带来希望，打破传统生育方式的辅助生殖技术带来人自身的生产的重大革命。科技革命在造福现代人生活的同时，必然对传统人伦关系和人伦规范提出挑战。

健全的人伦关系和健康的人伦观念是凝聚社会力量、提升道德境界、构筑意义世界、实现人的全面发展的重要力量。回溯中国传统人伦思想史，不难发现人伦伤痛是社会道德乱象的重要表征，道德建设必须从人伦关系及人伦观念的构建做起。如何既立足传统，又面向未来，修复和固守基本的人伦关系和人伦观念，重建与新时代相适应的现代人伦观，通过人伦关系和人伦观念的重塑，彰显权利与义务、个人与社会、利益与道德之间既冲突又统一、既蕴含又超越、既制衡又有张力的关系，如何实现传统人伦观之精华部分的创造性转化与创新性发展，仍然是一个未完结的理论和现实问题。

参考文献

司马迁．史记．裴骃，集解．司马贞，索隐．张守节，正义．北京：中华书局，2000.

班固．汉书．颜师古，注．北京：中华书局，2000.

范晔．后汉书．李贤，等注．北京：中华书局，2000.

陈寿．三国志．裴松之，注．北京：中华书局，2000.

房玄龄，等．晋书．北京：中华书局，2000.

沈约．宋书．北京：中华书局，2000.

萧子显．南齐书．北京：中华书局，2000.

姚思廉．梁书．北京：中华书局，2000.

姚思廉．陈书．北京：中华书局，2000.

魏收．魏书．北京：中华书局，2000.

李百药．北齐书．北京：中华书局，2000.

令狐德棻，等．周书．北京：中华书局，2000.

李延寿．南史．北京：中华书局，2000.

李延寿．北史．北京：中华书局，2000.

魏徵．隋书．北京：中华书局，2000.

刘昫，等．旧唐书．北京：中华书局，2000.

欧阳修，宋祁．新唐书．北京：中华书局，2000.

薛居正，等．旧五代史．北京：中华书局，2000.

欧阳修．新五代史．徐无党，注．北京：中华书局，2000.

脱脱，等．辽史．北京：中华书局，2000.

脱脱，等．金史．北京：中华书局，2000.

脱脱，等．宋史．北京：中华书局，2000.

宋濂，等．元史．北京：中华书局，2000

张廷玉，等．明史．北京：中华书局，2000.

杜佑．通典．王文锦，王永兴，刘俊文，徐庭云，谢方，点校．北京：中华书局，1988.

十三经注疏：周易正义．王弼，注．孔颖达，疏．北京：北京大学出版社，1999.

十三经注疏：毛诗正义．毛亨，传．郑玄，笺．孔颖达，疏．北京：北京大学出版社，1999.

十三经注疏：尚书正义．孔安国，传．孔颖达，疏．北京：北京大学出版社，1999.

十三经注疏：论语注疏．何晏，注．邢昺，疏．北京：北京大学出版社，1999.

十三经注疏：孟子注疏．赵岐，注．孙奭，疏．北京：北京大学出版社，1999.

十三经注疏：尔雅注疏．郭璞，注．邢昺，疏．北京：北京大学出版社，1999.

十三经注疏：孝经注疏．李隆基，注．邢昺，疏．北京：北京大学出版社，1999.

十三经注疏：春秋左传正义．左丘明，传．杜预，注．孔颖达，正义．北京：北京大学出版社，1999.

十三经注疏：春秋公羊传注疏．公羊寿，传．何休，解诂．徐彦，疏．北京：北京大学出版社，1999.

十三经注疏：春秋穀梁传注疏．范宁，集解．杨士勋，疏．北京：北京大学出版社，1999.

十三经注疏：周礼注疏．郑玄，注．贾公彦，疏．北京：北京大学出版社，1999.

十三经注疏：仪礼注疏．郑玄，注．贾公彦，疏．北京：北京大学出版社，1999．

十三经注疏：礼记正义．郑玄，注．孔颖达，疏．北京：北京大学出版社，1999．

老子道德经注校释．王弼，注．楼宇烈，校释．北京：中华书局，2008．

邬国义，胡果文，李晓路．国语译注．上海：上海古籍出版社，2017．

朱熹．四书章句集注．北京：中华书局，1983．

吴则虞．晏子春秋集释．北京：中华书局，1962．

孙诒让．墨子间诂．孙启治，点校．北京：中华书局，2001．

蒋礼鸿．商君书锥指．北京：中华书局，1986．

黎翔凤．管子校注．梁运华，整理．北京：中华书局，2004．

刘钊．郭店楚简校释．福州：福建人民出版社，2003．

郭庆藩．庄子集释．王孝鱼，点校．北京：中华书局，2012．

王先谦．荀子集解．沈啸寰，王星贤，点校．北京：中华书局，1988．

韩非．韩非子新校注．陈奇猷，校注．上海：上海古籍出版社，2000．

刘文典．淮南鸿烈集解．冯逸，乔华，点校．北京：中华书局，1989．

王利器．新语校注．北京：中华书局，1986．

贾谊．新书校注．阎振益，钟夏，校注．北京：中华书局，2000．

王聘珍．大戴礼记解诂．王文锦，点校．北京：中华书局，1983．

苏舆．春秋繁露义证．钟哲，点校．北京：中华书局，1992．

陈立．白虎通疏证．吴则虞，点校．北京：中华书局，1994．

汪荣宝．法言义疏．陈仲夫，点校．北京：中华书局，1987．

盐铁论校注．王利器，校注．北京：中华书局，1992．

王符．潜夫论笺校正．汪继培，笺．彭铎，校正．北京：中华书局，1985．

黄晖．论衡校释．北京：中华书局，1990．

段玉裁．说文解字注．北京：中华书局，2013．

七纬．赵在翰，辑．钟肇鹏，萧文郁，点校．北京：中华书局，2012．

荀悦，袁宏．两汉纪．张烈，点校．北京：中华书局，2020．

杨伯峻．列子集释．北京：中华书局，1979．

王明．抱朴子内篇校释．北京：中华书局，1985．

杨明照．抱朴子外篇校笺．北京：中华书局，1991．

葛洪．神仙传校释．胡守为，校释．北京：中华书局，2010．

刘义庆．世说新语笺疏．刘孝标，注．余嘉锡，笺疏．北京：中华书局，2007．

王利器．颜氏家训集解．北京：中华书局，1993．

吴兢．贞观政要．骈宇骞，译注．北京：中华书局，2011．

韩愈．韩愈全集．钱仲联，马茂元，校点．上海：上海古籍出版社，1997．

张载．张载集．章锡琛，点校．北京：中华书局，1978．

陆九渊．陆九渊集．钟哲，点校．北京：中华书局，1980．

石介．徂徕石先生文集．陈植锷，点校．北京：中华书局，1984．

李觏．李觏集．王国轩，校点．北京：中华书局，1981．

程颢，程颐．二程集．王孝鱼，点校．北京：中华书局，1981．

王安石．王荆公文集笺注．李之亮，笺注．成都：巴蜀书社，2005．

欧阳修．欧阳修诗文集校笺．洪本健，校笺．上海：上海古籍出版社，2009．

朱熹．朱子全书．朱杰人，严佐之，刘永翔，主编．上海：上海古籍出版社，2002．

陈亮．陈亮集．北京：中华书局，1974．

叶適．叶適集．刘公纯，王孝鱼，李哲夫，点校．北京：中华书局，1961．

黄宗羲，等．宋元学案．北京：中国书店，1990．

王守仁．王阳明全集．张立文，整理．北京：红旗出版社，1996．

王夫之．读通鉴论．舒士彦，点校．北京：中华书局，2013．

王夫之．宋论．舒士彦，点校．北京：中华书局，1964．

顾炎武．日知录集释．黄汝成，集释．栾保群，吕宗力，校点．上海：上海古籍出版社，2006．

赵翼．廿二史劄记．曹光甫，校点．南京：凤凰出版社，2008．

孙光宪．北梦琐言．贾二强，点校．北京：中华书局，2002．

王仁裕．开元天宝遗事．曾贻芬，点校．北京：中华书局，2006．

姚汝能．安禄山事迹．曾贻芬，点校．北京：中华书局，2006．

刘𫗧．隋唐嘉话．程毅中，点校．北京：中华书局，1979．

张鹭．朝野佥载．赵守俨，点校．北京：中华书局，1979．

郑处诲．明皇杂录．田廷柱，点校．北京：中华书局，1994．

裴庭裕．东观奏记．田廷柱，点校．北京：中华书局，1994．

刘肃．大唐新语．许德楠，李鼎霞，点校．北京：中华书局，1984．

王谠．唐语林校证．周勋初，校证．北京：中华书局，1987．

王定保．唐摭言．北京：中华书局，1959．

白寿彝．中国通史：第 5 卷．上海：上海人民出版社，1995．

傅乐成．中国通史．贵阳：贵州教育出版社，2010．

侯外庐，赵纪彬，杜国庠．中国思想通史：第 1 卷．北京：人民出版社，1957．

龚书铎．中国社会通史．太原：山西教育出版社，1996．

吕思勉．中国民族史两种．上海：上海古籍出版社，2008．

葛兆光．中国思想史．上海：复旦大学出版社，2013．

张亮采．中国风俗史．北京：中国人民大学出版社，2013．

王家范．中国历史通论．上海：华东师范大学出版社，2000．

向世陵．中国学术通史：魏晋南北朝卷．北京：人民出版社，2004．

蔡元培．中国伦理学史．北京：商务印书馆，1999．

《中国伦理思想史》编写组．中国伦理思想史．北京：高等教育出版社，2015．

罗国杰．中国伦理思想史．北京：中国人民大学出版社，2008．

张锡勤，孙实明，饶良伦．中国伦理思想通史．哈尔滨：黑龙江教育出版社，1992．

张锡勤，柴文华．中国伦理道德变迁史稿．北京：人民出版社，2008.

朱贻庭．中国传统伦理思想史．上海：华东师范大学出版社，2003.

张锡勤．中国传统道德举要．哈尔滨：黑龙江大学出版社，2009.

张岱年．中国伦理思想研究．南京：江苏教育出版社，2005.

张岱年．中国哲学大纲．北京：中国社会科学出版社，1982.

许倬云．西周史．北京：三联书店，2012.

翦伯赞．先秦史．北京：北京大学出版社，2001.

王蘧常．秦史．上海：上海古籍出版社，2000.

顾颉刚．顾颉刚古史论文集．北京：中华书局，1988.

徐复观．两汉思想史．上海：华东师范大学出版社，2001.

金春峰．汉代思想史．北京：中国社会科学出版社，1997.

汤用彤．汉魏两晋南北朝佛教史．武汉：武汉大学出版社，2008.

韩国磐．魏晋南北朝史纲．北京：人民出版社，1983.

唐长孺．魏晋南北朝史论丛．北京：三联书店，1955.

陈寅恪．隋唐制度渊源略论稿·唐代政治史述论稿．北京：三联书店，2004.

罗新，叶炜．新出魏晋南北朝墓志疏证．北京：中华书局，2005.

殷宪．北朝史研究．北京：商务印书馆，2004.

孙实明．简明汉—唐哲学史．哈尔滨：黑龙江人民出版社，1981.

吕思勉．隋唐五代史．上海：上海古籍出版社，2005.

唐宋传奇集．鲁迅，校录．济南：齐鲁书社，1997.

费孝通．乡土中国．北京：三联书店，1985.

费孝通，等．中华民族多元一体格局．北京：中央民族学院出版社，1989.

张岱年，方克立．中国文化概论．北京：北京师范大学出版社，2004.

钱穆．国史大纲．修订本．北京：商务印书馆，1996.

钱穆．中华文化十二讲．北京：九州出版社，2012.

钱穆．中国文化精神．北京：九州出版社，2012.

徐复观．中国人性论史：先秦篇．北京：九州出版社，2014.

林毓生．中国传统的创造性转化．北京：三联书店，1988.

焦国成．中国伦理学通论：上册．太原：山西教育出版社，1997.

杨国荣．伦理与存在：道德哲学研究．上海：上海人民出版社，2002.

夏伟东．道德本质论．北京：中国人民大学出版社，1991.

衣俊卿．现代化与文化阻滞力．北京：人民出版社，2005.

肖群忠．孝与中国文化．北京：人民出版社，2001.

唐翼明．魏晋清谈．北京：人民文学出版社，2002.

傅佩荣．儒道天论发微．北京：中华书局，2010.

刘伟航．三国伦理研究．成都：巴蜀书社，2002.

徐儒宗．人和论：儒家人伦思想研究．北京：人民出版社，2006.

宋五好．人伦与道德教育．西安：陕西师范大学出版社，2011.

方朝晖．"三纲"与秩序重建．北京：中央编译出版社，2014.

何新．中国文化史新论．哈尔滨：黑龙江人民出版社，1987.

汉魏六朝诗选．余冠英，选注．北京：人民文学出版社，1978.

郭绍林．唐代士大夫与佛教．增补本．西安：三秦出版社，2006.

虞云国．从陈桥到厓山．北京：九州出版社，2016.

亨利·基辛格．论中国．胡利平，林华，杨韵琴，等译．北京：中信出版社，2012.

爱德华·希尔斯．论传统．傅铿，吕乐，译．上海：上海人民出版社，2009.

黑格尔．哲学史讲演录．贺麟，王太庆，译．北京：商务印书馆，2009.

利玛窦，金尼阁．利玛窦中国札记．何高济，王遵仲，李申，译．何兆武，校．北京：中华书局，1983.

伏尔泰．风俗论．梁守锵，译．北京：商务印书馆，1995.

麦金泰尔．德性之后．龚群，戴扬毅，等译．北京：中国社会科学出版社，1995.

约瑟夫·阿·勒文森．梁启超与中国近代思想．刘伟，刘丽，姜铁军，译．成都：四川人民出版社，1986.

图书在版编目（CIP）数据

人伦的文化基因与现代思考 / 关健英著. -- 北京：中国人民大学出版社，2025.1. --（当代中国社会道德理论与实践研究丛书 / 吴付来主编）. -- ISBN 978-7-300-33397-7

Ⅰ. B825

中国国家版本馆 CIP 数据核字第 20243F0G33 号

国家出版基金项目
当代中国社会道德理论与实践研究丛书·第二辑
主编　吴付来
人伦的文化基因与现代思考
关健英　著
Renlun de Wenhua Jiyin yu Xiandai Sikao

出版发行	中国人民大学出版社	
社　　址	北京中关村大街 31 号	邮政编码　100080
电　　话	010 - 62511242（总编室）	010 - 62511770（质管部）
	010 - 82501766（邮购部）	010 - 62514148（门市部）
	010 - 62515195（发行公司）	010 - 62515275（盗版举报）
网　　址	http://www.crup.com.cn	
经　　销	新华书店	
印　　刷	涿州市星河印刷有限公司	
开　　本	720 mm×1000 mm　1/16	版　次　2025 年 1 月第 1 版
印　　张	18.25 插页 3	印　次　2025 年 1 月第 1 次印刷
字　　数	276 000	定　价　89.00 元

版权所有　侵权必究　印装差错　负责调换